中国婺派建筑

金 东 卷

洪铁城　编著

中国建筑工业出版社

图书在版编目（CIP）数据

中国婺派建筑. 金东卷 / 洪铁城编著. —北京：
中国建筑工业出版社，2023.10
　　ISBN 978-7-112-29351-3

　　Ⅰ.①中… Ⅱ.①洪… Ⅲ.①建筑艺术—金华 Ⅳ.
①TU-862

中国国家版本馆CIP数据核字（2023）第221474号

责任编辑：边　琨　兰丽婷
版式设计：锋尚设计
责任校对：张　颖
校对整理：董　楠

中国婺派建筑　金东卷
洪铁城　编著
*
中国建筑工业出版社出版、发行（北京海淀三里河路9号）
各地新华书店、建筑书店经销
北京锋尚制版有限公司制版
北京富诚彩色印刷有限公司印刷
*
开本：880毫米×1230毫米　1/16　印张：28¼　字数：481千字
2023年12月第一版　　2023年12月第一次印刷
定价：**218.00**元
ISBN 978-7-112-29351-3
　　（42016）

《中国婺派建筑　金东卷》工作人员名单

主编单位　中共金华市金东区委宣传部

负 责 人　中共金华市金东区委常委、宣传部长　徐　琰

承办单位　金华市金东区住房和城乡建设局

负 责 人　金华市金东区住房和城乡建设局党组书记、局长　余卫群

支持单位　金华市博物馆　金华市文物保护与考古研究所

编　　务　魏康星　邢　春　宣　扬　戴书涵　倪　佳　陈　丹

金东区"三普"调查参与者　黄晓岗　俞剑勤　郑丽慧

金东区"三普"资料平面图绘制者　郑丽慧

审稿专家　方　鹰　程建金　潘江涛　吴远龙　李　英　徐　卫　周国良

编　　著　洪铁城

统　　稿　洪铁城

审　　核　张根芳　黄晓岗　倪　佳

校　　对　魏康星　高旭彬　倪　佳　汪燕鸣　胡　波

平面图下载细分　傅　屹

平面图编辑排版　聿　巩

未注名照片拍摄　聿　巩

《综述》撰稿：洪铁城

上卷编撰人员

《第一章　山川人文形胜》撰稿：高旭彬

《第二章　旧时建筑综览》撰稿：洪铁城

《第三章　婺派民居建筑》撰稿：胡　波　聿　巩

《第四章　婺派宗祠建筑》撰稿：汪燕鸣

《第五章　婺派寺庙建筑》撰稿：洪铁城

《第六章　其他公共建筑》撰稿：汪燕鸣

《第七章　历史环境要素——以琐园村为例》撰稿：赵夏旻

《第八章　非物质文化遗产》撰稿：高旭彬

《第九章　传承后继有人》撰稿：倪　佳

《第十章　精品聚落：坡阳街》撰稿：洪铁城

《第十一章　精品聚落：山头下村》撰稿：洪铁城

《第十二章　精品聚落：琐园村》撰稿：洪铁城

《第十三章　存在特征分析》撰稿：洪铁城

《第十四章　保护价值分析》撰稿：洪铁城

下卷编撰人员

《第一章　精品聚落》编撰：洪铁城

《第二章　民居集锦》编撰：洪铁城

《第三章　祠堂集锦》编撰：洪铁城

《第四章　寺庙集锦》编撰：洪铁城

《第五章　其他公共建筑集锦》编撰：洪铁城

《第六章　非物质文化遗产集锦》编撰：洪铁城

發派建築是物化的
書五經唐詩宋詞了
訓融經史子康之於
琴棋書畫之神韻之
百工业智慧具位中
形象齋質興品禮位
父化的產物很國儀
園很大匠很中國是
可低估的歷史文化
中術社會和經濟價值
藝國國學的中標本科
石將礼遠屹立於標著
之林歲在癸卯年春很
洪鐵城撲父楊六建儒
民化是學京家家家藝涵寓四的

综　述

一

不知道多少年多少个世纪，我们金华人误以为自己旧时的房屋是徽派建筑。似同一大家子人不知自己"贵姓何来"，让人甚感惭愧。直至2018年金华市政协组织编写的《中国婺派建筑》一书于中国建筑工业出版社正式出版，当然还有前前后后的媒体宣传，现在金华人多知道我们旧时的房屋是婺派建筑，不是徽派建筑，姓"婺"不姓"徽"。

而且不少外地人也知道了我们的婺派建筑。

2019年1月5日下午，《中国婺派建筑》等新书发布仪式及研讨会在北京举办，来自国务院发展研究中心、住房和城乡建设部建筑杂志社、《中华民居》杂志、北京大学、清华大学、北京交通大学、北京建筑大学、海南大学建筑学院、浙江工商大学规划建筑设计院、解放军某部建筑设计院等几十家单位的专家、学者参会，对《中国婺派建筑》一书给予高度评价。

"……《中国婺派建筑》，为我们金华传统建筑正了名。这是可以与徽派建筑媲美的传统建筑，是一对姐妹花。"

"婺派建筑第一次听到。但五大特征讲得很要点、很系统、很生动，一听就明白。"

"洪铁城教授几十年做中国婺派建筑研究，非常令人钦佩，值得大家赞赏！"

"《中国婺派建筑》很系统、很精致、很深入的研究方法，值得我们好好学习。"

"洪教授的立论大家一致公认，没有异议。这是极为难得的！"

2019年1月18日，金华市政协举办"《中国婺派建筑》首发式暨理论研讨会"，时任金华市政协副主席胡锦全在主旨报告中说："洪铁城老先生花了一万多个日日夜夜，做了一件目前为止金华人没有做过的事——为婺派建筑正本清源、正名立万！"

未曾参加活动的原建设部设计局局长张钦楠致函："你做了一件非常了不起的事情。几十年努力，把一个地方的建筑推向全国、推向全世界。大家都应该向你学习。"中国建筑学会建筑理论与创作委员会原主任委员布正伟致贺词："您几十年呕心沥血为中国民居建筑遗产整理与研究所作的非凡贡献，将永存中华建筑史册！"北京市建筑设计研究院资深建筑师玉珮珩发来微信："几十年的辛劳成果，关键是开创性的工作可贵，改变多年人云亦云的学术认同。"新华社著名记者丛亚平："尤其令人敬佩的是洪先生数十年如一日地对婺派建筑与东阳文化的扎实调研、精心收集、慧眼识珠、诚心厚爱、倾力推广，这种坚持和独到，是十分罕见和珍贵的！"时任中国行政管理学会会长助理张学栋："婺地建筑因先生之疏源析理而遂成一派，进而成为中国民居百花园中的一朵奇葩。"

2017年，中共中央宣传部与住房和城乡建设部联合筹办《中国传统建筑智慧》大型纪录片拍摄，笔者的《中国儒家文化标本：婺派建筑》为浙江省唯一入选论文。

2019年，中国艺术研究院研究员崔勇博士，为在海南省召开的"第三届全国建筑评论研讨会"专门撰写了《中国婺派建筑的文化与艺术——兼评洪铁城中国婺派建筑》长篇发言稿。

研究婺派建筑四五十年的洪铁城，2019年再次出任《建筑》杂志编委会委员时，被冠以"中国婺派建筑学说创立者、建筑规划师"衔。这在建筑行业内，是很难得的事例。

二

表面上粗看，婺派建筑跟徽派建筑都是粉墙黛瓦，很容易混淆。《中国婺派建筑》告诉读者，其实两者大不一样。概括起来有五个不同特征：

其一，婺派建筑是大户型，一户人家十三间房子，占地600平方米左右；徽派建筑是小户型，一户人家三间正房带两个小插厢，占地只有110平方米左右。

其二，婺派建筑是马头墙，造型上左右对称而且端头起翘，有动感；徽派建筑是屏风墙，左右不对称而且端头不起翘，用"藏金藏银"的小方斗收头。

其三，婺派建筑是大院落，由三间上房与左右厢房各三间围合，院落面积达120平方米左右；徽派建筑是小天井，由上房的明间与左右小插厢围合，院落面积10余平方米。

其四，婺派建筑是大厅堂，指上房三间是不分隔、不封闭的敞口式公用大空间，90平方米左右；徽派建筑是小堂屋，即用上房明间的前半间20余平方米作为公用空间。

其五，婺派建筑是百工精装修，指的是有木雕、石雕、砖雕、瓦雕加壁画、灰塑、彩绘及墁石等多工种参与室内外装修；徽派建筑是三雕精装修，即木雕、石雕、砖雕三个工种参与室内外装修。至于砖雕还有婺派泥胚雕、徽派熟胚雕之分，木雕还有婺派清水成活、徽派雕完之后上油漆之分等等，不多赘述。

婺派建筑的五大特征是笔者在《东阳明清住宅》《经典卢宅》《稀罕河阳》《沉浮榉溪》《原真永安》《"十三间头"拆零研究》及《儒家传人创造的东阳明清住宅》《论东阳明清住宅的存在特征与价值》等专著、长篇论文的写作过程提炼出来的文化艺术概念，是经过婺派建筑与徽派建筑反复对比总结出来的建筑流派，而且是通过跟北京四合院、四川挂脚楼、福建土楼、窑洞民居、蒙古包、西双版纳竹楼、西藏碉楼式民居、广东潮州木雕建筑、上海里弄民居、台湾民居、新疆民居等各地民居比较出来的一个不可替代的民居类型。

而且需要着重说明，婺派建筑作为人居空间环境，除具有五大特征的建筑本体之外，还包括诸如道路、桥梁、牌坊、古树、寨墙、池塘、溪流之类历史环境要素和诸如龙灯、台阁、大旗、拳术、秧歌、年画、米酒、火腿、酥饼等非物质文化遗产，这些都是婺文化不可或缺的保护、研究与传承对象。大家都知道，如果没有历史环境要素，建筑就会孤零零地像浮萍一样无依无靠；如果没有非物质文化遗产，人们的生活就会干巴巴地像枯树一样缺少生命的色彩和情调。

因为研究中发现，我们的历史环境要素和非物质文化遗产，其实与建筑物相当，同样具有大家族、大建筑、大国情怀的文化特质。

多年的比较研究发现，婺派建筑及其历史环境要素和非物质文化遗产，多是北方士大夫、名门望族、皇亲国戚们南迁带来的产物。

这就是婺派建筑、徽派建筑两大派建筑、两大派文化艺术体系形成地方特征的文化源流或说是不同历史依据之所在。

三

五大特征，是金华各县、市、区，包括金华周边县、市、区婺派建筑的共性。其实除了共性，还存在着各县、市、区，甚至更小地理单元上极为明显、极为重要的地方特征。

不研究地方特征，会陷入"只知其一，不知其二"的肤浅。这是为几个县、市撰写中国婺派建筑分卷时获得的认识。知道了地方特征的存在，就会更知道婺派建筑系统之宏大，婺派建筑根基之深，婺派建筑源流之渊、博智慧之众，精美绝伦。

举磐安县为例。磐安婺派建筑五大特征表现得淋漓尽致。但是，一、因为是山区，山区保护为先，采石烧砖不宜，故此宅院多采用鹅卵石、块石砌墙，甚至用鹅卵石代替长石条铺阶沿、砌明沟，实例有榉溪村九思堂等；二、在榉溪村，因山体等高线上地基进深有限，所以十三间头基本单元出现了厢房增加变成十五间，或减少变成十一间，或一侧三间一侧五间不对称的状况；三、因建筑坐落于山体等高线上，地基进深有限，故此多进式纵向发展条件不具备，一户人家要建几座宅院时只能在同等高线地块上横向布置，实例有梓誉村钟英堂与下厅等；四、磐安县虽多山区，但对"大户人家"十三间头宅院模式特别看重，即便到了新中国成立后的六七十年代，还有人采用十三间头宅院模式建房。这一切就是地方特征，如果不是撰写《中国婺派建筑　磐安卷》（中国文史出版社，2019年出版），就不会知道。所以特称"磐安卷"为"山地版"。

再看"兰溪卷"。兰溪市东部保存很多旧时的十三间头实例，五大特征表现得一丝不苟。但到了西部，如诸葛镇的诸葛村、长乐村和黄店镇的芝堰村，十三间头好像绝了迹，多见的是三间、五间的半合楼、对合楼，占地面积只有100平方米、200平方米左右。为什么？因为东部与盛行十三间头婺派建筑的义乌市、浦江县相邻，西部与喜好100平方米、200平方米中小户型宅院的龙游县、建德市相邻。不深入就容易表面化。兰溪人讲究经济实惠，亦讲究生活情调，所以他们增加了中小户型。这不是对婺派建筑的背离，而是对婺派建筑作出贡献。笔者特名"兰溪卷"为"小康版"，道理就在其中。兰溪极为了不起，"三普"❶调查点多达2631个，位居金华市榜首。自宋元明清至民国，保存着各个时代的标本式实物遗存。而且，兰溪建筑类型也极多，在全国范围都可名列前茅。笔者因此还称兰溪拥有"半部立体的古代建筑史"。如果不是撰写《中国婺派建筑　兰溪卷》（中国建筑工业出版社，2020年出版），这些难能可贵的兰溪婺派建筑地方特征，就会被时间埋没。

❶　第三次全国文物普查，下文简称"三普"。

2021年，国家文物局专家、中国报道网专栏作家丹青先后在《中国报道》发表长篇"读后感"——《感悟乡村残留的传统建筑之美》与《保护自己的家园、自己的故乡》："翻开《中国婺派建筑　磐安卷》，每一页都能感受到行走的力量，看到大地山脉的苍茫，听到自然和远古的声音，悟到思想的深邃，闻到清新悠久的历史余香！""这部'兰溪卷'，是先生用奇妙的情缘编织而成的一部耐人寻味的中国古代建筑永不消失的文化剪影，它从不同侧面折射出作者对中国传统文化的理解与心灵的纠结。这一切虽看不见风起浪击的暗流涌动，但作品的经典之处在于作者洪铁城先生用平实而饱含真情的文字将点滴情缘铺陈开来，故而满纸笔墨生香。"

著名书画家、书画理论家、中国民间文物传世工程组委会副主席郑竹三在《建筑之美　兰溪之光——兼论洪公铁城先生构和兰溪婺派建筑之美与人文价值》文中写道："洪铁城先生编著的《中国婺派建筑　兰溪卷》，其内涵之深沉，正涵盖着人类文化中的道德、艺术、科学三大支柱之品质。"

中国建筑学会副理事长、中国民族建筑研究会专家委员会主任李先逵在《乡愁不忘看兰溪》文中写道："洪先生去年出版了《中国婺派建筑》专著，不仅提出了该地域建筑的五大特征，即'马头墙、大院落、敞口厅、大户型、精装修'，而且还分出系列分卷本，细数有'山地版''小康版'等，反映出他独特的体验与创意。尤其可贵的是，除了各种形式的院落民居之外，还有大量的宗祠、会馆、寺庙、客栈、牌坊以及古桥等丰富的实例遗存的研究介绍。这些都是十分宝贵难得的，其调研、收集、整理、绘制等等巨大的工作量需要许多辛勤的付出，实在是极其不易的。"

四

《中国婺派建筑　金东卷》编撰组的工作目标，不仅仅要厘清金东婺派建筑的五大特征，更重要的在于厘清金东婺派建筑有哪些地方特征。

《中国婺派建筑　金东卷》分上下卷，与《中国婺派建筑　磐安卷》《中国婺派建筑　兰溪卷》体例相同。

《中国婺派建筑　金东卷》上卷是正文，共14个章节。其中第一、二章是金东区山川人文历史总述与金东区旧时建筑总览；第三至六章是民居、宗祠、寺庙及亭台楼阁四大类建筑的介绍与评价；第七至九章写历史环境要素和非物质文化遗产，这是构成人居空间环境不可或缺的组成部分；第十至十二章是岭下朱五村、山头下村、琐园村三个范例村的介绍与评价；第十三、十四章是对整个金东区旧时建筑存在特征与保护价值的归纳与分析。

下卷相当于本书附录，均为彩色图片，分聚落、民居、祠堂、寺庙、亭台楼阁及非遗六个章节，直观且漂亮。

五

下面给读者圈点一下金东区婺派建筑的地方特征。

第一点，浙江人民出版社1992年出版的《金华县志》记载："农村住房，建国前以砖木和土木结构二层瓦房为多，平房次之，间有草房。内有天井的五间头、七间头和九间头，均有正屋和厢房，为中上人家住房。十八间、廿四间一幢，前有厅后有堂屋的大房，则为大家富户住宅。"这就是金东区旧时建筑的主要形式。

第二点，金东区"三普"资料显示，保存不可移动文物总量739处，其中住宅447座。共性不赘述了，这里说说金东447座古代住宅的地方特征，主要表现在——

（1）虽然金东区四周被婺派建筑之乡义乌、武义、兰溪、婺城包围，但金东没有婺派建筑最常见的基本单元"十三间头"。这是十分不可思议的现象。但深入进去可以发觉金东人把"十三间头"变成自己的"十八间头"和"九间头"了。这是金东人为婺派建筑体系增加了常用户型。

（2）金东区447座古代住宅中，多是清代与民国时期的遗存。但，赤松镇上钱村"香火前"民居是宋元建筑，为《金华万年建筑史》增加了宝贵实例，而且为《中国古代建筑史》填补了无宋元住宅实例的空白。

（3）傅村镇向阳村惟善堂，坐西朝东，占地面积约计1000平方米，平面略呈扇形。整个建筑极了不起的是布设立体的排水系统，从屋面到檐沟、到伸进石头柱础的落水管、到有盖板的天井水沟，再到有石头盖板、埋在走廊地下的18口陶质太平缸，数百年来缸里的水不污不臭，不涸不溢，极现科学性与合理性，具备雨水收集系统和消防用水贮存系统双重功用。这在中国古代建筑史上属罕见之例。

（4）澧浦镇琐园村的两面厅，建于清乾隆早期，由两个厅堂背对背联结而成——前厅明间悬挂"忠恕堂"匾，后厅明间悬挂"继述堂"匾，占地面积986.8平方米，不但是金东区民居建筑中规模最宏大的实例，而且是非常特殊的空间组合设计亮点，在我国古代民居建筑史上是不可多见的佳例。

（5）金东人不墨守成规，敢于革故鼎新，大胆地将婺派建筑中120多平方米面积的大院落，缩版到80多平方米，甚至40多平方米。这是提高土地开发强度的尝试。

（6）金东区旧时建筑，特别是民居，敢于对木雕装饰大胆创新。具体以牛腿结构为例，常见自下而上由牛腿、琴枋、花篮栱三部分组成，遵循原则是"能透则透，不伤整体"。这是木雕匠人的一句口诀。意思是尽一切可能雕得玲珑剔透，但不能伤整体，伤整体影响受力。因此不管山水、花鸟、人物怎么雕，都不会影响或削弱牛腿、琴枋、花篮栱三部分的受力形态。但金东木雕匠人胆子大，敢于将牛腿、琴枋、花篮栱三部分的结构作用弱化，将工艺形象强化，让牛腿、琴枋、花篮栱三部分处于似与不似的神似状态。为什么？估计是他们知道了婺派建筑进入清朝，特别是晚期，木雕的装饰意义大于结构作用，牛腿、琴枋、花篮栱三部分的结构受力作用本身可以弱化甚至消失。因此在视觉上而言，给人有较多的新鲜感。

第三点，说到宗祠，金东"三普"资料显示有77座。其中建于清代56座，建于民国期间21座。清代祠堂中三开间33座，五开间23座。清代三开间祠堂中多进平面19座，两进平面9座，工字形平面8座，异形平面2座。清代五开间祠堂中多进平面21座，五间两弄多进平面21座。与兄弟县市无特异之处。

但是稀奇之处却在于——

（1）位于曹宅镇龙山村的张氏宗祠，正厅与后堂石柱上，各自镌刻着满文楹联一副（其正厅一副金东文史专家张根芳提供汉译文为："诸葛一生唯谨慎，吕端大事不糊涂"），这在我国古代民间建筑中是绝对罕见的。

（2）澧浦镇琐园村有个永思堂，始建于清嘉庆年间。坐东朝西，共三进，每进五开间，左右廊庑，占地面积841.02平方米，比称之"世界上最早的女祠"的安徽歙县棠樾清懿堂迟建10年，但面积多了23.06平方米。是中国现存规模最大的女祠。

（3）金东区旧时宗祠，石柱上镌刻书法楹联的特别多。汉字联用篆、隶、楷、行、草多种字体写成，书体规范端庄，堪称书法珍品，有极高的文物价值和艺术价值。这在兄弟县市区旧时宗祠建筑中，不多见。

（4）金东区的旧时宗祠，采用石柱、石梁作为厅、堂主体结构者较多。其中石头方柱断面只有26厘米左右见方，而长度7米左右。这样又细又长的石柱，其石料的开采难度、加工运输难度、起吊拼装难度，后人无法想象。

坦白地说，如果不是撰写《中国婺派建筑　金东卷》，金东婺派建筑这些亮丽的、极具创造性的地方特色，就不易被发掘。

六

2023年1月11日，中共金华市金东区委宣传部主持召开"金华文化名家谈会暨《中国婺派建筑　金东卷》评审会"。

金华市文史馆副馆长吴远龙（当年负责《中国婺派建筑》书稿出版并主持理论研讨会者）发言："由洪铁城老师领衔的《中国婺派建筑　金东卷》巨著，是金东区历史文化研究的一项重要成果，也是婺派建筑体系的生动展现和极大丰富，符合学术研究规范，体现了较高的学术研究水平，具有重要的学术价值、史料价值、传承价值和当代开发利用价值。"

中国作家协会会员、金华市作家协会主席、金华市文史馆馆员李英发言："《婺派建筑　金东卷》是金东婺派建筑的集大成，是金东婺派建筑的抢救性工程，系统全面、特征鲜明、调查翔实、阐述精准。该书的出版，填补了金东婺派建筑研究的空白，具有深远的历史意义和深刻的现实意义。"

金东，一片富有创造性的土地，代代都有令世人敬仰的创造者。

自从六朝时期留氏大家族迁至金华县长乐乡，金东区代代人才辈出。南宋时有与宗泽齐名的抗金名臣郑刚中，有身居宰相之位的叶衡，有宋孝宗时期任职最长的宰相王淮，有世人称为"明代开国文臣之首"的宋濂，有堪比蒲松龄的短篇小说家方元鹍，有中国天文史上绝无仅有的日晷设计制作家张作楠，有辛亥革命元老、北伐战争干将黄人望，有"五四运动"领导人之一、北京学生联合会首任主席方豪，有共青团中央首任书记施复亮，有中共金华独立支部首任书记钱兆鹏，有从延安走出来的红色新闻先驱雷烨，有晚清进士、同盟会会员、浙江新式教育开创者王廷扬，有《荷马史诗·伊利亚特》首译者傅东华，中国诗坛泰斗艾青，中国儿童文学创作领路人鲁兵，有创造了"四个第一"的生物学家胡步蟾，近代中国行政法学先行者范扬，中国军事医学科学奠基人朱壬葆，有获"改革先锋"称号的人民音乐家施光南，等等。

归纳起来一个词：创新。这是金东人为婺派建筑创造的新亮点、新贡献。笔者因此为《中国婺派建筑 金东卷》归纳三个字：创新版。

通过对金东婺派建筑进行深入研究分析，我们最终知道了保护上钱村香火前民居，其实是在保护中国古代建筑史的完整性；保护向阳村惟善堂民居，其实是在保护金东人的科学创造精神；保护龙山村张氏宗祠满文楹联，其实是在维护民族团结；保护好琐园村永思堂，实质上是在保护妇女权益；保护好琐园村两面厅，有着保护古代住宅空间组合智慧的意义；保护好金东区婺派建筑，其实是保护中国国学多样性的大课题，具有非凡的价值和意义。

婺派建筑是立体的百科全书，是物化的国学标本，是国学活化石。婺派建筑的多样性，就是中国国学的多样性。

金东人对婺派建筑的贡献，其实就是对中国国学保护与建设的贡献。

原金华市政协学习与文史委主任吴远龙先生说到了研究者的内心深处："《中国婺派建筑》研究成果的形成，不仅具有建筑学的重要意义，而且具有人类学、力学、语言学、结构学、哲学、伦理学、社会学、生态学、文化学、艺术学、美学、比较学等多重学术与实践意义，它既是学术上的一个重大突破，也是建筑实践上的重要突破；既是金华建筑理论研究和实践的一个突破性成就，也是对中国建筑理论和实践的极大丰富。"这段文字2019年1月18日发表在浙江新闻客户端上。

是的，婺派建筑研究，不仅只有物理性的建筑型制、比例尺度、空间组合、造型艺术、结构形式、色彩对比与构件配套之类问题，更重要的还在于同时研究居住模式、家庭结构、人际关系、生活特征、性情品操及健康长寿等问题。因此，早在二十多年前笔者就将婺派建筑定性为中国儒家传人创造的、适于子子孙孙数代人使用的生存空间与环境。换言之，也似同中国儒家传人创作的文学作品一样把作者的意愿藏在文字深处，中国儒家传人创造生存空间与环境，把做人的哲学、治家的知识、邻里的关系、耕读的态度、交友的尺度、艺术的修养、家国的情怀等等，全都寄存在婺派建筑一砖一瓦一石、一柱一梁一椽之中。人们从中能够得到多少，全在于阅读、体验、领悟的深度与广度。也因此，婺派建筑艺术的内涵更显深沉，婺派建筑艺术的价值更显宝贵。

作者于2023年3月

洪铁城简介

1942年生，东阳人，建筑学博士、教授、高级建筑师，中国婺派建筑学说创立者。全球人居环境论坛规划设计委员会委员，中国建筑学会资深会员，中国民族建筑研究会专家委员会委员，中国诗歌学会会员，《建筑》《景观设计学》《中国建筑文化遗产》《中华民居》期刊编委、智库专家，金华市人民政府"浙中生态廊道"专家顾问，金华市文史馆荣誉馆员，浙江师范大学城规系/艺术系兼职教授，金华职业技术学院专业指导委员会主任，东阳市城市规划建设咨询委员会主任和金华、永康、磐安、婺源、渠县等十多个县市城市规划委员会成员等。从事建筑设计、城市规划、旅游规划50多年，在国内外报刊发表专业论文、文学作品各数百篇（部），出版《东阳明清住宅》《"十三间头"拆零研究》《中国婺派建筑》《中国婺派建筑　磐安卷》《中国婺派建筑　兰溪卷》《经典卢宅》《稀罕河阳》《沉浮槎溪》《原真永安》《城市规划100问》《旅游规划101问》《建筑六论》及《新世纪如是说》等专著30多本，其成果数十次获国内外大奖。亲手推出江西婺源，浙江武义、磐安，金华寺平等地旅游。2000年3月美国科学名人传记学会授予"新千年世界科学名人"金色铭牌，2005年、2010年中国民族建筑研究会先后授予"优秀民族建筑工作者""特别贡献人物"称号，2016年11月获中国文物保护基金会颁发的"传统村落守护者"优秀人物奖，2017年9月《中国儒家文化标本：婺派建筑》入选中宣部、住房和城乡建设部联合摄制的《中国传统建筑的智慧》纪录片，2022年5月获中国老科学技术工作者协会奖。

目 录

综述

———————————— 上 卷 ————————————

—————　下　卷　—————

篆刻：程进

上卷

第一章 山川人文形胜

一、历史沿革

金东区是浙江省金华市下辖的一个古老而年轻的县级行政区。

说它古老，是因为现金东区的辖区范围主要系承袭原金华县得来。金华县历史悠久，最早称长山县，汉献帝初平三年（公元192年）从乌伤分置。后为东阳郡之附郭县。因郡内有金华山，郡名南朝梁时曾改为金华，后废。入隋后，郡称婺州。县名或为吴宁，或为东阳，隋文帝开皇十八年（公元598年）时正式定称金华。后于唐时虽又改称过金山、复称长山，但总以金华为主。由于"金华"是个美称，后遂府县同名。改区后以其大部分辖区在原县之东，而称金东区。

二、行政辖区

金东区地处北纬28°59′31.68″～29°18′32.75″，东经119°38′55.11″～119°56′40.6″，西接金华城区，东邻义乌，南毗永康、武义，北界兰溪，总面积661.80平方米。现辖多湖、东孝2个街道，孝顺、傅村、塘雅、曹宅、澧浦、赤松、岭下、江东8个镇与源东1个乡，区政府驻地位于多湖街道。

金东区的辖区与历史上的金华县相比，只是少了城区与县域西部少数几个乡镇，是原金华县人文与历史的天然承接者，为金华（市）风土与人物的杰出代表。2018年全区总户数13.9万户，常住总人口36.45万人，流动人口27.7万人。

金东区的正式建立应以2000年12月31日《国务院关于同意浙江省调整金华市部分行政区划的批复》（国函〔2000〕138号）文为标志，该文同意金华市撤销原金华县、婺城区，分设新的婺城区与金东区，此为金东区设区之始，也确定了本书涉及的建筑及其文化所讨论的范围。

三、地理地貌

金东区位处金衢盆地的核心。总体地势南北高而中间低，两山夹一流。境内最高的山——金华北山，为会稽山余脉，自义乌东北部绵延而来，跨越义乌、婺城、兰溪等市、区、县。金东区境内螺蛳尖海拔890米，是区内的海拔最高点。南部的南山系由仙霞岭余脉延伸而来，与武义、永康、义乌相邻，山深林密。元赵孟頫题金华八咏楼诗"西流二水玻璨合，南去千峰紫翠围"，或可借喻。

金东区内主要的河流为处在婺江上游的东阳江、武义江。东阳江发源于磐安，在东阳境内各有北江、南江两条支流，流经稠城、佛堂等地后而两江汇合，在孝顺镇低田管理处一带入境，称义乌江，亦称东阳江。东阳江流域面积大，流经县市多，水量丰沛，为婺江主流。

武义江发源于武义县项店乡千丈岩，绕经丽水市缙云县新建镇一带后向北折返，纳永康县杨溪、华溪以及武义县熟溪水之后，在江东镇焦岩村一带入金东区境内称武义江并最终汇入婺江。历史上武义江是这一带很重要的一条水系，在运输与灌溉上起过重要作用。

四、气候特点

金东区总体上属亚热带季风气候区，四季分明，夏季酷热而冬季寒冷，春秋季较为宜人。年平均气温17℃，7月平均气温29℃，1月平均气温4.8℃，温差显著。年均降水1300～1400毫米，水量虽充沛但分布不均。夏秋季节多干旱而春夏之交多水涝。光照充足，无霜期高达250天左右，年日照2028小时，适宜多种植物生长。由于处在四周的高山保护之中，台风、冰雹等强对流天气虽时有发生，但总体危害不大。由此形成了金东婺派建筑存在的自然环境与原始条件。

五、自然资源

金东区自然资源与物产富有特点。

矿产方面最为丰富的是北山的石灰岩资源。此地烧山作灰的历史悠久。《太平寰宇记》中记载上古仙人赤松子在金华山烧火自化，事虽不经，但反映的却很可能是早年石灰窑窑工的事迹。《太平寰宇记》成书于北宋，此时金华山的石灰烧造工艺已经相当成熟和具有规模了。有意思的是，传说中的赤松子升天处——赤松涧，即在今赤松镇境内。而这一带正是过去石灰窑遍布之区，不仅多溶洞，而且留下了"灶头"这样的地名。另，葛洪于《抱朴子》一书中记载了许多炼丹名山，金华山在列，且"可合神丹九转，可免洪水五兵"，反映的正是金华山早期矿冶活动的面貌。根据金华市风景旅游区管委会编《金华山旅游地理》所引的相关报告，金华山自兰溪的灵洞到金东赤松镇的洞殿下村一带25公里范围内，共有大小溶洞50余处，属于金东区的有13处左右。充分说明了这里岩溶地貌的普遍性与石灰岩资源的丰富程度，乃至到了明清，由于开采无度，官府曾在所谓"龙脉"经过之地立碑禁止开采；直到近现代，还是当地和附近县市重要的建材——水泥的产地。

植物方面，金东区出产多种古树名木。其中作为木结构建筑的常用树种如松树、杉树、水杉、樟树、枫树、榉木、乌桕等在金东分布非常广泛。几百年以上树龄的老树至今时有所见。尤其是樟树几乎是各个村庄的"标配"，每进入一个大村子，其村口必有几棵枝老叶绿、婆娑有致的大樟树，与池塘、小桥、溪流等一起构成一幅天然的乡村田园图画，成为这里乡愁的重要组成部分。

本地另一种较有特色的树种是乌桕树。乌桕树俗称"梗子树"（音），以其有蜡质的种子而闻名。其种子可提制"皮油"，供制高级香皂、蜡纸、蜡烛等；油为"桕油"或"青油"，亦可做油漆、油墨等。旧时乌桕树遍布田间地头，秋冬季节远望似野烧，红红的，一团团、一点点，是金衢盆地的标志性景观。郁达夫曾写有《过义乌》一诗，里面说"骆丞草檄气堂堂，杀敌宗爷更激昂。别有风怀忘不得，夕阳红树照乌伤。"说的虽然是义乌的风光，但与其连成一体的金东也没有什么差别。对此，上了年纪的老人都还记得。

农产品主要以水稻为大宗。此地产水稻的历史悠久，最早可以上溯到一万年前的"上山文化"时期。历史上以北山赤松宫附近的一些高山梯田里产的冷水米最为有名。这些田面积都很小，被称为"蓑衣田""凉帽田""仙田"，由于是山民们精耕细作所产，所以品质素来上佳，被称为贡米，特供京城，专供王公贵族享用。

畜牧业自然以养猪为主，旧时几乎家家户户都在厨房或者厕所边上建有猪栏，养殖一到两头猪，饲料以家中的厨余和谷糠、青草等为主，不另费开销。年初购进猪苗，要养足一年，到年关再屠宰食用，主要为待客之用。猪的品种是本地最有特色的"两头乌"。这种猪外形头、尾俱黑，皮薄骨细，肉质鲜红，香味浓郁，肥而不腻，是一种最适合腌制火腿的种猪。

此外，金东区著名的特产还有佛手等。佛手又名佛手柑，本是芸香科柑橘属中的一种植物——香橼的变种。表皮如柑橘而多歧，蜷缩如拳头，伸出若指，故名佛手。它气味芬芳而外形优美，素来作为观赏性的植物而深受人们的喜爱。文人雅士撷之置在案头作为清供，画家、木雕艺人也经常把它描摹、雕刻在画图、木雕中，以寄托对生活安康、富足、吉祥的企盼寓意。作为一种传统装饰纹样在金东婺派建筑中时有所见。佛手在华东、华南许多地方都可种植，但以金华所产最受欢迎，称"金佛手"。

六、交通运输条件

金华历来为我国东南水陆枢纽。钱塘江上游的富春江、兰江、衢江一线其实是京杭大运河的南延段。在海运不发达的年代，南方的广东、福建等省份的人北上、北方人南下，都要借助这条路线。金华的婺江与钱塘江相通，与京、省可以通航。

古代大宗货物运输以水路为主。金东境内的义乌江与武义江都有客货两用的船只。义乌江上有一种"芦乌船"，又称"义乌船"，载客最远可至杭州，专供沿途东阳、义乌、金华等地的百姓乘坐。1949年前在义乌佛堂与兰溪之间还专门设有固定时间的来往航班，可称便利。

至于武义江，据记载，江上的交通主要还是以木排与竹筏为主，可将远在丽水宣平（今武义柳城）、武义一带的山货运到金华售卖。

至于那些深入南北二山的山谷，则有条条溪谷与之相连。义乌江从东往西计有航慈溪、孝顺溪、东溪、西溪、山河溪、芎溪、赤松溪等溪流，它们就好像是义乌江伸向南北二山的触手，把那些小山村与大江牢牢连接。据说，在丰水期或利用筑堤坝蓄水，个别溪流中的木排、竹筏可以上溯至义乌江中游。鞋塘人据说就曾将木料通过孝顺溪，一直运到鞋塘镇上，这是我们如今难以想象的。

与小溪可以通过石桥将两岸相连不一样，金东境内的义乌江、武义江由于江面宽阔，古时无桥，全靠渡口相连。由于人员往来频繁，渡口稠密，根据《光绪金华县志》的记载，仅义乌江从低田到东关这五六十里江上就有月潭、叶宅、夏宅、严田、萧家、西庵、叶店、朱勘头、楼下殿、范家、黄牲塘、下店、洪村、桥头陆、上宅、下坊、前王、新佳、戴店、下演等20余渡口，几乎每隔两三里便有一渡口，往来非常便利。

至于陆路，旧时往东则有通过仙桥等地往义乌的官道，往东北越过太阳岭可入浦江县境。往南经江东横店、岭下朱等则有往武义与永康的大道，其中往永康的道路一直延伸至丽水、温州，基本与今330国道重叠。

进入近现代后，公路、铁路相继营建。1929年开始兴建的杭江铁路跨越金东区全境，1934年全线通车，经过金东的重要站点有孝顺站、塘雅站、东孝站等，大大方便了金东地区与外界的联系，金东至省会半日可达，在当时可称"神速"。杭江铁路后扩展为浙赣线。

由此可见，金东在旧时的交通运输条件比周边的其他县市要好得多。

七、贸易与市镇

在发达的手工业与便利的交通条件下，金东的民间贸易活跃，市镇众多。在中国古代重农抑商的经济政策下，工商业本来算不得发达。市多为草市，最初只是农民们为交换多余的农副产品自发形成的。因为地点的便利，便于大家的往来，久而久之便成了固定的商业场所。这些场所或者在水陆交通要道，或者在大族聚居之地。根据《光绪金华县志》的记载，在晚清时金东就曾有过曹宅、含香、塘下（塘雅）、傅村、低田、澧浦、鞋塘、莲塘潘（潘村）、曹村、上何、何楼11座集市，以及孝顺1镇。其中曹村、上何、何楼3市后废。而孝顺镇则早在北宋年间就已遐迩闻名，载入《元丰九域志》这样的全国性大型地理图志中，是真正的千年古镇。

这些市镇往往都设有定期的集市。届时四乡八里的商贩蜂拥而至，举凡吃穿用品应有尽有。卖梨膏糖的、拔牙齿的、看西洋景的、做把戏的，各种稀奇的玩意轮番登场。大家摩肩接踵、呼朋引伴，叫卖声、吵闹声不绝于耳！

其中最热闹的还要数茶馆店。即使不是"市日"，茶馆内往往也是人头攒动。人们在里面不仅可以喝茶、聊天、听书、下棋、打牌，进行休闲与娱乐活动，而且往往借助它来"谈事情"。有许多买卖、用工合同就是在茶馆店谈成的。这是当时社会底层重要的交际场合之一。

时至今日，当我们漫步于金东的孝顺、傅村、曹宅、塘雅、仙桥、澧浦、岭下朱、横店等古镇、古村的老街时，望着沿街两边出现的长条排门，依然可以想象当年的盛况！

八、宗教与文化

儒、释❶、道三教在金东有着悠久的发展历史。金华一词本就带有浓厚的道教色彩，是道教丹鼎派炼丹术的术语。金华山最早时就是以采药与炼丹名山、仙山的面貌著名的。《越绝书》载："乌伤常山，古仙人采药处也"，充分说明了这一点。"常山"即长山，为金华北山最早的称呼。《越绝书》成于东汉，是浙江古代地方志，所言不虚。此后，关于金华北山道教最美丽的一个传说是黄初平"叱石成羊"的故事，"叱石成羊"是中国文化中的一个典故，它的发生地即在金东境内。宋元时的赤松宫是一座有浓厚官方色彩的道观。它屡蒙皇帝敕命，规模宏大、香火鼎盛。赤松宫里面有许多楼堂馆所、草庐精舍与小桥、溪流、飞瀑、摩崖题刻。曾有无数黄冠羽客与文人雅士来此求仙问道、寻幽访胜。历史上像吕祖谦、王柏、方凤、谢翱这样的文化大咖在此留下过许多流传于世的诗文。南宋守山道士倪守约留有《金华赤松山志》一书以记其胜。一直到新中国成立前赤松宫的飞檐翘角、丹楹刻桷还屹立在卧羊山与望羊山两山之间。所以称道教文化为金华文化之根并不为过。

金华还是早期佛教传入中国的一个重要的驿站。早在南朝梁时这里就产生了以智者

---

❶　即佛教，相对于中国的儒教、道教而称释教，后文单独叙述中通称佛教。

禅师惠约以及傅大士、嵩头陀为首的许多高僧。他们在这里传教的事迹，反映了佛教早期传入中国时的面貌。其中惠约与嵩头陀在金东境内都留有痕迹。金东早期的几座寺庙都与他们结缘。如塘雅镇寺前村有一座寺庙建于南朝梁时期，因智者禅师惠约在此停留被称为"栖禅寺"，民间俗称"白佛寺"，清光绪《金华县志》有载。位于今源东乡雅高村境内的始建于南朝梁普通七年（公元526年）的普明寺（又称静岩寺），据说就是惠约大师当年的牧牛地。而位于孝顺镇中柔村附近的龙盘寺，则据说是嵩头陀这名"番僧"在金华境内建造的第三所寺庙。

当然，金东最负盛名的寺庙自然非曹宅大佛寺莫属。大佛寺又称石佛寺、西岩寺，始建于南朝梁大同六年（公元540年）。其大雄宝殿立于一堵巨大的崖壁之下，佛身内坐，有北方的石窟寺之概！据相关人士早年的考察，其主佛是直接从崖壁上雕凿出来的，后崩塌后才改为泥塑。

此外，金东较著名的还有安国寺、鹤岩寺、积道山天圣禅寺与齐云寺等。安国寺宋濂曾作记，鹤岩山、鹤岩寺唐代诗人戴叔伦题过诗，积道山是金华著名的"三佛五侯"中定光佛的道场。齐云寺僻处南山的高山之顶，上与云齐，留有"维摩座"等遗迹。可以想象这些寺庙当初肯定不仅只有黄卷青灯、梵呗钟声，也一定会有相当庄严气派的建筑屹立在青山绿水之间，是当地一道靓丽的风景！可见金东在南朝梁时期就深受佛教文化的浸润。

九、历史文化名人

道、释两家在金东尽管发展得都不错，但在一般人心目中，还是学儒方为正道。金华在宋元之际，前有吕祖谦、唐仲友、何基、王柏、金履祥、许谦等大家绍述儒学传统、开创新的源流，后有吴莱、黄溍、柳贯、宋濂等祖述前贤，在学问与道德方面都有不俗的成就，成为我国思想史、文化史、学术史上一支不容小看的生力军。有的并被纳入主流道统之中，在孔庙千秋万代享受馨香。在这样的氛围熏陶下，金东民间历来尊师重教、耕读传家。文教之盛虽不如通都大邑，但也是代不乏人。

南宋时曹宅镇郭门村人郑刚中，南宋绍兴二年（1132年）进士第三人及第，官至四川宣抚使。治蜀颇有方略，以一文臣而善于整顿军备，使金兵不敢犯界。时人有"宗泽猛虎在北，刚中伏熊在西"之称。后因与秦桧不和而去职。他不仅政绩卓著，还著有《北山集》《周易窥余》《经史专音》《论语解》《孟子解》等。

元末明初，家在今傅村镇上柳家村禅定寺之侧的宋宅人宋濂，读书刻苦用功，遍访名师耆老，终于修成正果，成为一代文化大家。入明后，他辅助朱元璋平定东南、教育太子、制礼作乐，成为"明代开国文臣之首"。

宋濂晚年虽迁居浦江郑宅，但其父祖庐墓在斯，一直自号潜溪，以示不忘自己为金华（县）人。宋濂父宋文昭墓一直保留在源东乡与傅村镇交界处的艅艎岭上。

入清以后，金东文风一直鼎盛。许多读书人在学习四书五经等"正经"学问的同时，雅好文艺，不断出现民间诗社等文学团体。乾嘉年间，曹宅举人曹长泰的弟弟曹开泰倡建"北麓诗社"，家住周边乡镇的其友人方元鹍及学生张作楠、陈仁言、金萼梅等人纷纷参加。他们在学做八股制艺之余，流连诗酒，互相赓和酬唱，留下了大量诗作，至今还有多部诗集存世。方元鹍、张作楠后皆中举做了进士，各自留有著作。其中张作楠不仅官至江苏徐州知府、淮徐兵备道，且通晓天文，其改进过的日晷今犹存江苏常州，是清代有名的天文学家。

晚清时，出生于澧浦镇蒲塘村的进士王廷扬，不仅曾襄办龙州边防，历任留日学生监督、浙江两级师范学堂监督、浙江省视学等职，还曾入绍兴大通学堂，加入同盟会，与孙中山有过互动。后住杭州，与龙游名人余绍宋等常常举办雅集，吟诗作赋，写字画画，留有《吴山草堂诗钞》等，是"湖上"名流中的重要一员。至今在各大美术展览与拍卖会上常见其手迹。

流风所及，旧时金东民间哪怕大字不识的农夫也知道爱惜字纸，敬重文化人。新春时门上贴的对联，居室中悬挂的牌匾、堂号都要找人求解，问个明白，生怕因不懂而被人"弄送"（戏弄）惹笑话。

除宋、元外，民国是金东文化的第二个高峰时期。出现了像施复亮、艾青、方豪、傅东华这样的一大批文化大家。施复亮在浙江省立第一师范学校就读期间因写《非孝》一文引起轩然大波，直接造成了校长经亨颐、教师陈望道等人的去职，时称"一师风潮"，是"五四运动"的重要组成部分。后为中共旅日支部的实际负责人，在党史与新民主主义革命史上享有崇高地位。方豪则是"五四运动"时著名的学生领袖，北京学生联合会首任主席，是发起与组织"五四运动"的领导人之一。而艾青则是敢于反叛自己地主家庭出身的进步诗人。傅东华是著名的翻译家，曾经翻译过外国文学名著《飘》《唐吉坷德》与荷马史诗之一——《伊利亚特》等。

概而言之，这些都是得时代风气之先敢于引领潮流的人物。所以，金东人与时俱进的意识比其他地方都要强。反映到婺派建筑中也就可以看出其形制的创新，具有独特风格与智慧。

十、原有手工业

与邻近以五金闻名的永康和以木雕、竹编闻名的东阳比，金东的手工业不算特别发达。但就其日用来说，除了特殊的几种产品需要外界输入以外，也基本能自给自足。

本地手工业里第一的还是要算传统的婺州窑陶瓷烧造。金东大部分区域处于黄土丘陵地带，并不缺乏优质黄土资源。早在东晋时这里就已有许多婺州窑。根据近年来的发掘，在今塘雅镇五渠塘村附近发现过8座碗窑，这些碗窑的年代最早上溯至东晋，产品类型丰富，有盘口壶、罐、碗、水盂、唾壶、虎子、瓷羊、洗、钵、高颈罐等，覆盖了生活的方方面面，可见时人生活面貌之多姿多彩。后来因不敌龙泉与景德镇，在瓷器生产上为其代替，但一些笨重的器具，如水缸等，还是只能在本地生产。至今仍留有几处以"缸窑"命名的地名。另外，称为"瓦灶"的砖瓦窑在金东地区存留就更多了，有的地方，三五个村子附近就有一座砖瓦窑。金东婺派建筑里的砖瓦大部分是本地烧造，并不需要从外地运来。

金东人将手工业者称为"手艺人"，学做手工称为"学手艺"。在每一个古镇里，竹器店、木器店、铁匠铺、裁缝铺等基本都是标配，从业者人数众多。竹木器、铁器主要有生产劳动工具与生活日用品两类。诸如锄头、斧头、锤子、镰刀、斗笠、箩筐、粪桶、水桶、锅盖、水缸盖、篾席、竹椅、板凳、蓑衣、棕棚等，应有尽有。这些手艺人有些在镇上设店，开设作坊。有些则走街串巷，进入雇主人家干活。金东人家招待手艺人如同招待贵客，必要买酒肉、时令蔬菜等，称之为"钟老师"。这个"钟"字有供养之义，或许原来就是"供"字，后来字音转讹了。而"老师"之称有人以为或许应该写作"老司"，这也不一定正确，因为对于那些手艺好的师傅来说，民间早已私许之为"某某师"了，对其尊敬不亚于学堂里的先生。而这些"老师"，也会拿出最好的手艺回报他们的雇主。所以手艺人在金东民间地位并不低，也致使此地民间手工艺水准并不低。这在我们对金东婺派建筑的田野考察中也可以看到。

十一、宗族信仰

中国古代有"皇权不下县"的说法，虽未必真实，但地方治理上乡绅确实起到重大作用，宗族的势力不容小觑。

金华古代最大的土豪非三国以来迄至南朝的留氏家族莫属。前有留赞，后有留异，带甲数万。对地方官都有生死予夺之权。留异之子贵至尚主，是南朝陈霸先的女婿。一家显赫，气焰滔天。后因造反而被灭门。据说早年在孝顺镇曾发现有南朝梁大同七年（公元541年）留郂孝款的井砖，可以断定此地为留氏家族的聚居地之一。

南宋时曹宅郑刚中家族，以读书中举发家，子孙数代为官，与周边大族联姻，是当时金东最有影响的家族之一。美国当代汉学家柏文莉据此把其写入汉学名著《权力关系——宋代中国的家族、地位与国家》一书，作为一个典型的案例来探讨。

宋元以来定居金东的世家大族为数甚多。如赤松镇王宅村为南宋名相王淮的后裔定居地，此地原为"四世一品"王氏的乡间别业（或为祖居）。曹宅镇雅里村则为"四世一品"家族的另一位重要成员，学者王柏的后裔定居地。除此之外，王氏家族在其他乡镇还有分布。

截止到晚清与民国，金东境内的大姓，从东往西计有傅村的傅姓、源东的施姓、鞋塘的庄姓、曹宅的曹姓、塘雅的黄姓、仙桥的钱姓、蒲塘的王姓、岭下的朱姓等。这些大姓往往人口众多，田宅宽广，在地方上很有势力。几乎每姓都有祠堂，大姓有总祠有支祠。这些祠堂，或三进或五进，上栋下宇，蔚为壮观。至今为止在傅村、严店、曹宅、午塘头、琐园等镇村还有完整保留的祠堂，成为婺派建筑艺术不可多得的精品。

这些祠堂平时锁钥森严，有重要之事时开祠堂门商议。"开祠堂"门是金东民间一句很重要的俗语，它代表两类含义，一是褒义的，有跟整个家族有关的贵客或者喜事到来，要大开祠堂中门以示重视；二是贬义的，意为有人触犯了族规，要大开祠堂门，予以严惩。

十二、风水堪舆

风水堪舆其实是古人一种朴素的地质、地理勘探学说。其在建筑营造中的作用即有点像今日的规划设计。按照古人风水堪舆理念建造的村落，其在功用与审美上并不亚于我们今天的设计。金东的古村落大多选在靠山面水之处，整体构思巧妙，赋以深刻寓意。如傅村镇山头下村，北枕一"蝴蝶形"小山坡，西依潜溪，东临航慈溪，南接大片良田沃野。辅助以周边的典塘、横塘、湾塘、安塘、柑塘、思姑塘、经塘、破塘等八口池塘，浑似一个"外八卦"图形。据说这是"经吕仙指以胜地转徙"得之的。这样的村落，山环水抱，起伏有致，绿树成荫，好鸟相鸣，景物非常优美！

总体地势上，金东人建房强调北高南低，前低后高。另外，金东造房在整体上坐北朝南的同时，并不强调朝向正南正北的问题，而是要稍微偏离一点。如澧浦镇山南村山南北路40号民居，它的门框故意安装成有点歪斜的样子。同时，在门窗的尺度上也依鲁班尺的规定，驻留在吉数上，趋利避害。

以上即为金东区婺派建筑存在的丰厚的历史与文化土壤。

每一种建筑类型的出现总是与它的地理、气候、区域文化、民风民俗息息相关，对该地域的自然地理与历史文化的考察有助于我们对该建筑类型的理解。

第二章 旧时建筑综览

一、从全市"三普"资料说起

2009～2013年，第三次全国不可移动文物普查（简称"三普"）中，金华市各县（市、区）的不可移动文物情况见下表。

金华市"三普"核定不可移动文物数量汇总表（单位：处）

县（市、区）	登记对象			分类				
	总量	新发现	复查	古遗址	古墓葬	古建筑	石窟寺及石刻	近现代文物
婺城区	719	551	168	57	24	532	8	98
金东区	739	582	157	4	11	507	1	216
兰溪市	2631	2085	546	8	41	1837	4	741
磐安县	689	584	105	21	14	423	1	230
浦江县	1175	1003	172	15	13	618	6	523
武义县	1615	1385	230	40	25	1155	9	380
义乌市	1659	1334	325	37	27	1214	5	376
永康市	1912	1610	302	22	18	1278	5	589
东阳市	1524	1294	230	33	56	985	11	439
合计	12663	10428	2235	237	229	8549	50	3592

资料来源：金华市博物馆。

从汇总表可见，金东区保存不可移动文物总量739处，占金华市九个县（市、区）保存量（12663处）的5.84%。其中古建筑（前几年改称"传统建筑"）507处，占金华九个县（市、区）保存量（8549处）的5.93%，比婺城区少25处，比磐安县多84处。

二、金东区"三普"成果

（一）全区调查概况

金东区"三普"工作从2009年开始，到2013年结束，历时五年，对全市11个街道乡镇的739处不可移动文物进行了认真的调查登记。黄晓岗、俞剑勤、郑丽慧等同志参加了调查。档案中不可移动文物单体的平面图由郑丽慧等同志绘制。

（二）普查资料统计分类

第三次全国文物普查规定，其中古建筑又分小类为：城垣城楼、宫殿府邸、宅第民居、坛庙祠堂、衙署官邸、学堂书院、驿站会馆、店铺作坊、牌坊影壁、亭台楼阙、寺观塔幢、苑囿园林、桥涵码头、堤坝渠堰、池塘井泉及其他古建筑。从普查中得知，金东区保存的古建筑除宫殿府邸、衙署官邸、驿站会馆外，其他小类多有遗存。其中古遗址0.54%，古墓葬0.49%，石窟寺及石刻0.14%，近代重要史迹及代表性建筑29.23%，非常丰富。

参考《历史文化名城名镇名村保护条例》相关规定，将金东区不可移动文物的主要类型简要划分为：民居（宅第民居、传统民居）、祠堂、寺庙、公共建筑（书院、会馆、店铺等）及历史环境要素（古桥、古塔、牌坊、堰坝）等。

三、其他传统文化资源

（一）国家级历史文化名村

金东区有1个：傅村镇山头下村。

（二）国家级传统村落

金东区有10个：江东镇雅湖村，傅村镇畈田蒋村、山头下村，澧浦镇琐园村、蒲塘村、郑店村，岭下镇岭五村、后溪村，赤松镇二仙桥村，孝顺镇中柔村。

（三）省级文物保护单位

金东区有9个：傅村镇傅村傅氏宗祠、畈田蒋村艾青故居、向阳村惟善堂，源东乡东叶村施复亮、施光南故居，澧浦镇蒲塘王氏宗祠、琐园村乡土建筑（怀德堂、务本堂、集义堂、两面厅、永思堂、十八间、铁门厅、亨会堂、齐正堂、崇德堂、三斯堂、严氏宗祠董氏旌节坊），孝顺镇严店村严氏宗祠，塘雅镇浙江省立实验农业学校旧址。

（四）省级传统村落

金东区有5个：源东乡长塘徐村、澧浦镇方山村、江东镇雅金村、塘雅镇下吴村、赤松镇雅潘村。

四、虽是神话但有景点

黄初平"叱石成羊"景点位于金东区赤松镇赤松黄大仙宫风景区卧羊山。

黄大仙，原名黄初平，亦称皇初平。"叱石成羊"是金华流传了1600多年的民间神话传说。传说东晋丹溪（今兰溪市黄湓村）人黄初平15岁在外牧羊，被一位道人带至金华山石室中修炼，一晃40余年，从未回家，黄初平的哥哥到处打听其下落，后来在金华遇一道士，道士告诉他金华山中有一牧羊儿，哥哥跟道士来到卧羊山，果然见到容颜不改的弟弟初平。兄弟相见，悲喜交集。随后，哥哥问起羊群，初平指指山上说："羊在那里。"哥哥向前望去，只有白石累累，问："哪里有羊？"只见初平叱咤一声："羊儿胡不起！"猛然间，满山白石皆蠢然而动变成羊群。原来，黄初平已成为仙人，为了安心读书，免羊群遭虎狼袭击，均把羊变成石头。哥哥知情后，也跟着学道，久而久之兄弟俩都成了神仙，后来一驾鹤、一骑鹿双双飞升。黄初平从此也被敬称为"黄大仙"。

五、保存实物统计分析

本部分对金华全区"三普"成果中各乡镇的民居及祠堂、寺庙作技术分析。

（1）保存量分布统计，让读者可以看到各乡镇保存古建筑的多与少。

（2）不同时限保有量分析，让读者可以看到不同类型古建筑的遗存数量。

（一）各乡镇古建筑保存量分析

金东区各乡镇街道"三普"中古建筑保存量统计表（单位：处）

乡镇名称	"三普"调查点	古建筑			
		民居	祠堂	寺庙	作坊、学校、亭台楼阁
多湖街道	23	12	3	5	1亭
东孝街道	25	15	4	—	—
孝顺镇	107	71	9	5	6戏台、店铺
傅村镇	85	63	11	3	1栈房
源东乡	56	26	2	2	3亭、戏台
曹宅镇	93	44	9	9	1戏台
赤松镇	49	31	3	4	—
塘雅镇	84	52	8	5	1学校
澧浦镇	135	94	15	6	3作坊
岭下镇	46	22	7	2	1亭
江东镇	29	16	6	4	2学校、亭
合计	732	446	77	45	19

（二）各乡镇古建筑不同时限保有量分析

各乡镇街道古民居不同时限保有量分析表（单位：处）

乡镇名称	宋/元	明	清	民国	小计
多湖街道			7	5	12
东孝街道			6	9	15
孝顺镇			46	25	71
傅村镇		2	49	13	64
源东乡			19	7	26

续表

乡镇名称	宋/元	明	清	民国	小计
曹宅镇			34	10	44
赤松镇	1	2	18	10	31
塘雅镇			33	19	52
澧浦镇			64	30	94
岭下镇			11	11	22
江东镇			11	5	16
合计	1	4	298	144	447

各乡镇街道古祠堂不同时限保有量分析表（单位：处）

乡镇名称	宋/元	明	清	民国	小计
多湖街道			2	1	3
东孝街道			2	2	4
孝顺镇			8	1	9
傅村镇		1	7	4	12
源东乡			1	1	2
曹宅镇			6	1	7
赤松镇			2	1	3
塘雅镇			6	3	9
澧浦镇			11	4	15
岭下镇			4	3	7
江东镇			6	3	9
合计		1	55	24	80

六、尽显婆派建筑特征

（一）第一大特征：千方大户型

婆派建筑以"大"为总特征。其中大户型表现在两个方面：一是一户人家用的房子占地面积大，常见是500平方米，超大的住房面积达到1000平方米；二是建筑面积大，因为多为两层住宅，建筑面积达到1000～1800平方米。实例有曹宅镇曹宅村十八间头占地952.2平方米，山下洪村十八间头占地692.2平方米；澧浦镇琐园村两面厅占地986.8平方米；孝顺镇中柔三村诗礼堂占地945平方米，夏宅村存德堂占地813.5平方米；傅村镇向阳村培德堂占地886.1平方米，杨家村善居堂占地736.7平方米，杨家村友恭堂占地735.5平方米；塘雅镇张店村全园占地744.1平方米；曹宅镇午塘头村善居堂占地736.7平方米；江东镇雅湖村十八间头占地616.8平方米；孝顺镇浦口村十八间头占地612.3平方米，低田村十八间头占地543.5平方米；塘雅镇含香村十八间头占地515.9平方米；源东乡长塘徐村十八间头占地508.9平方米，等等。

（二）第二大特征：三间大厅堂

婺派建筑一般都以三间上房为厅堂。三间上房不用墙体分隔，两层统高不设楼层，前檐也不用墙体封闭，因此高敞、明亮、气势恢宏，俗称敞口厅。

三间上房也有设楼层者，如果楼下三间一统不分隔、不封闭，就叫楼下厅；如果楼上三间一统不分隔，层高较高，装修较好，有的楼面甚至加铺黏土砖，便叫楼上厅。在金东区，敞口厅、楼下厅、楼上厅均有。

敞口厅实例：孝顺镇中柔三村诗礼堂等。

楼下厅实例：澧浦镇琐园村两面厅——继述堂、忠恕堂等。

楼上厅实例很少，傅村镇傅二村敦睦堂、孝顺镇浦口村大明堂、赤松镇上钱村鲤鱼塘街16号民居、曹宅镇莲塘潘村民居。

（三）第三大特征：内置大院落

大院落是婺派建筑主要特征之一。三间上房之前，左右各有三间厢房相挟，有院墙围护，是上接天气、下接地气的换气口，是夏夜乘凉、冬日晒太阳的好场所，是小孩不出家门的玩耍之地，是一家子晾晒衣被谷物的理想之处，而且还是宅院失火时使用的消防作业区，通常面积多在120平方米左右。

金东区大院落建筑实例有曹宅镇红珠山厅、傅村镇深塘坞上厅等少数住宅，而大多民居是别具一格的中小规模，面积在70平方米左右、40平方米左右者。

这并不是对婺派建筑主要特征的背离，而是对婺派建筑主要特征的一种革命性变革行为。笔者特别看中、赞赏的便是这种变革的胆魂。

（四）第四大特征：五花马头墙

五花马头墙是婺派建筑特征之一。"五花"指的是左右对称的跌落式山墙形状，瓦脊端部似飞似跃地起翘，瓦口三皮线砖之下有墨线、抛方水墨画、锁壳等等。与徽派建筑对比，徽派建筑为三花，不对称，瓦脊端部不起翘且用小方斗，线砖之下无墨线、无抛方水墨画与锁壳。

金东区古建筑是正宗的婺派建筑，五花马头墙左右对称，瓦脊端部起翘，线砖之下有墨线和抛方水墨画、锁壳，做工惟妙惟肖。

（五）第五大特征：百工精装修

百工精装修，指的是常见的建筑木雕、砖雕、石雕装修以及壁画、彩绘、灰塑、瓦雕等工种参与建筑装修。婺派建筑为百工精装修，而徽派建筑只有木雕、砖雕、石雕三雕。

金东区古建筑中的木雕、砖雕、石雕，其中石雕比金华地区其他县市婺派建筑更胜一筹。具体表现在祠堂建筑中，采用石质方柱结构的居多。而众多石质方柱上，又以琳琅满目的石刻书法楹联让人叹为观止。

金东区古建筑中10多米长的石头方柱，仅有24厘米左右见方的断面，其开采难度之大，加工难度之大，运输难度之大，安装难度之大，无不让人难以想象。据老匠人介绍，红石柱采自本地，青石柱采自外地。

除此之外，金东区古建筑中还有可观的水墨淡彩壁画。

第三章　婺派民居建筑

一、金东区旧时住房形式

（一）志书对住房的称谓

浙江人民出版社1992年出版的《金华县志》有载："农村住房，建国前以砖木和土木结构二层瓦房为多，平房次之，间有草房。内有天井的五间头、七间头和九间头，均有正屋和厢房，为中上人家住房。十八间、廿四间一幢，前有厅后有堂屋的大房，则为大家富户住宅。"显而易见，这就是金东区旧时民居建筑的主要形式。

（二）旧时住房的民间分类

大家富户住宅十八间头，有内部走廊，设置形式不同；前厅后堂者有前后两个三合院组合与前四合院后三合院各一个组合之别。

中上人家住房中的五间头，有五间排屋、五间头三合院、五间头四合院之别；九间头中，有九间三合院、九间四合院之别及设不设正式走廊之别。

小户人家不能漏掉，即量大面广的三间头住房。有三间排屋（有的地方叫硬三间，有的地方叫三间统）带不带前走廊，三间头三合院、三间头四合院及带不带楼梯弄之别，等等。

（三）几种特殊户型简要说明

1992年出版的《金华县志》上提到的"廿四间"，由两个十三间头三合院前后组合，其实是廿六间，但因前十三间头的三间上房是不分隔的敞口大厅，相当于一大间，所以俗称"廿四间头"。

堂楼者，民间俗称也，其实是前厅后堂，或十八间头、十二间头，无特别形状。

异形者，指缺棱掉角的住房。

特殊设计，指房屋平面不是常规做法者。

（四）金东区旧时住房平面图❶

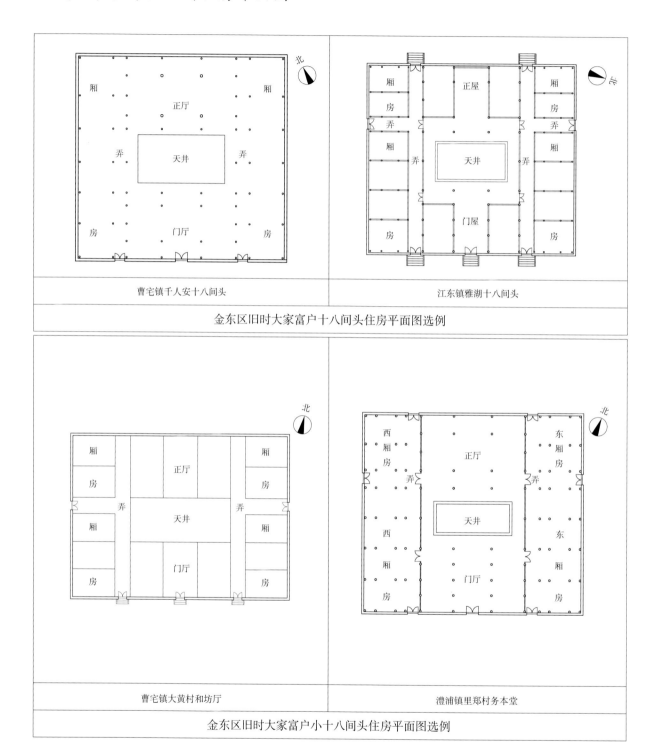

曹宅镇千人安十八间头　　　　　　　江东镇雅湖十八间头

金东区旧时大家富户十八间头住房平面图选例

曹宅镇大黄村和坊厅　　　　　　　　澧浦镇里郑村务本堂

金东区旧时大家富户小十八间头住房平面图选例

---

❶ 本书图片与《中国婺派建筑》已出版的三本相关著作一样，都采用由当地文物部门提供的"三普"资料，系文物部门内部资料，出于一定保密要求隐去部分内容，只作为示意性展示。读者如对某栋建筑有意探究，可向当地文物部门申请同意后进行重新测绘。

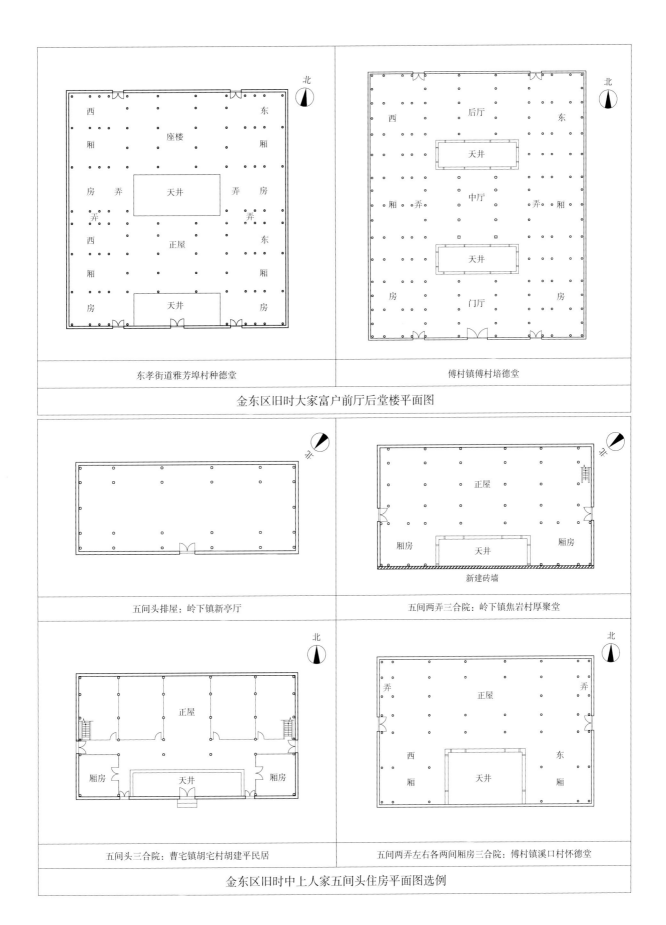

北

西 座楼 东

厢 厢

房 弄 弄 房

弄 天井 弄

西 东

厢 正屋 厢

房 天井 房

东孝街道雅芳埠村种德堂

北

西 后厅 东

厢 天井

弄 中厅 弄

厢 厢

房 天井

门厅

房 房

傅村镇傅村培德堂

金东区旧时大家富户前厅后堂楼平面图

北

五间头排屋：岭下镇新亭厅

北

正屋

厢房 天井 厢房

新建砖墙

五间两弄三合院：岭下镇焦岩村厚聚堂

北

正屋

厢房 厢房

天井

五间头三合院：曹宅镇胡宅村胡建平民居

北

弄 弄

正屋

西 东

厢 天井 厢

五间两弄左右各两间厢房三合院：傅村镇溪口村怀德堂

金东区旧时中上人家五间头住房平面图选例

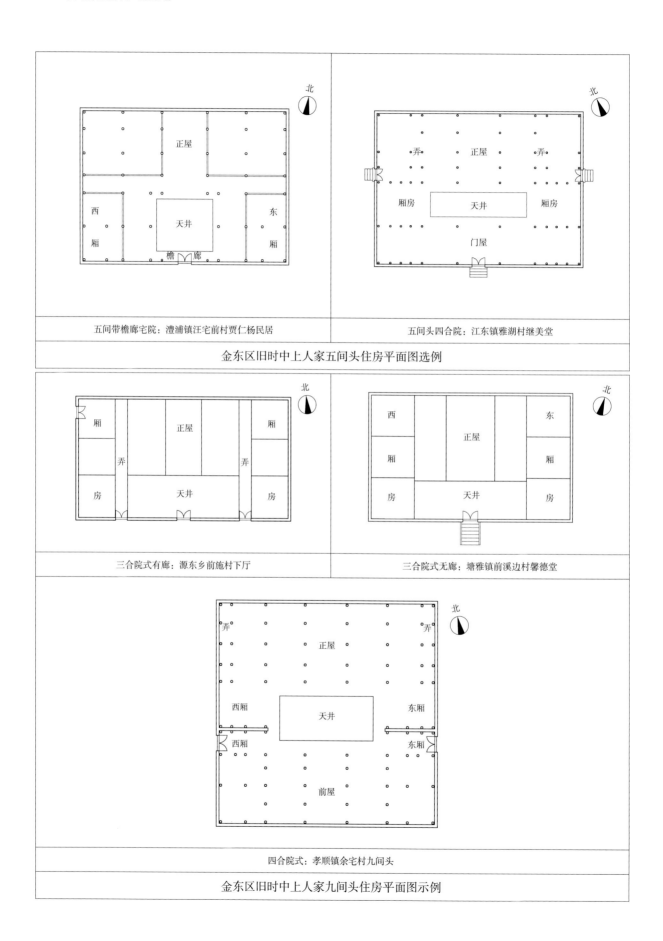

五间带檐廊宅院：澧浦镇汪宅前村贾仁杨民居

五间头四合院：江东镇雅湖村继美堂

金东区旧时中上人家五间头住房平面图选例

三合院式有廊：源东乡前施村下厅

三合院式无廊：塘雅镇前溪边村馨德堂

四合院式：孝顺镇余宅村九间头

金东区旧时中上人家九间头住房平面图示例

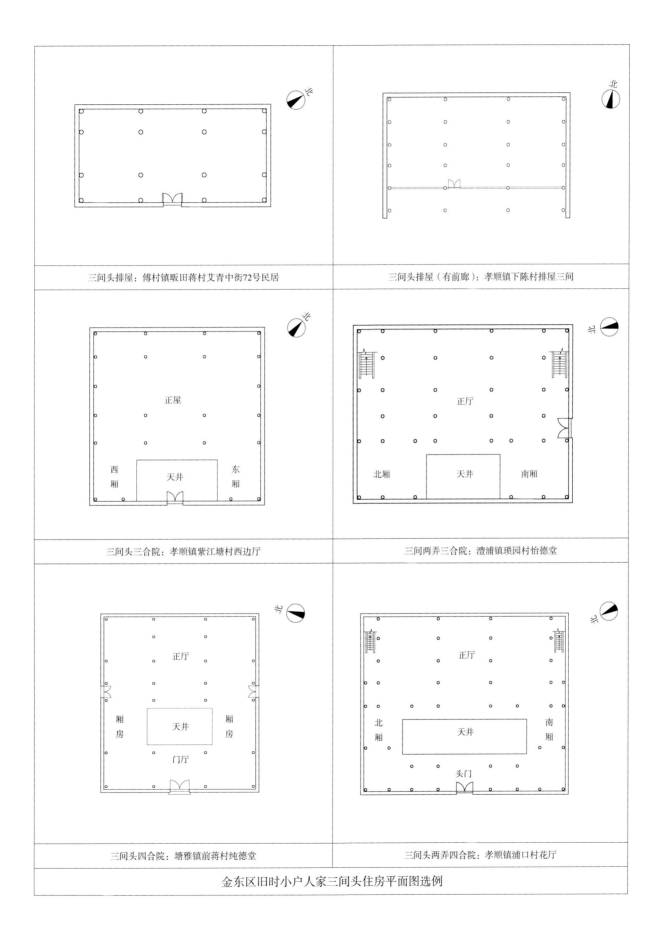

三间头排屋：傅村镇畈田蒋村艾青中街72号民居

三间头排屋（有前廊）：孝顺镇下陈村排屋三间

三间头三合院：孝顺镇紫江塘村西边厅

三间两弄三合院：澧浦镇琐园村怡德堂

三间头四合院：塘雅镇前蒋村纯德堂

三间头两弄四合院：孝顺镇浦口村花厅

金东区旧时小户人家三间头住房平面图选例

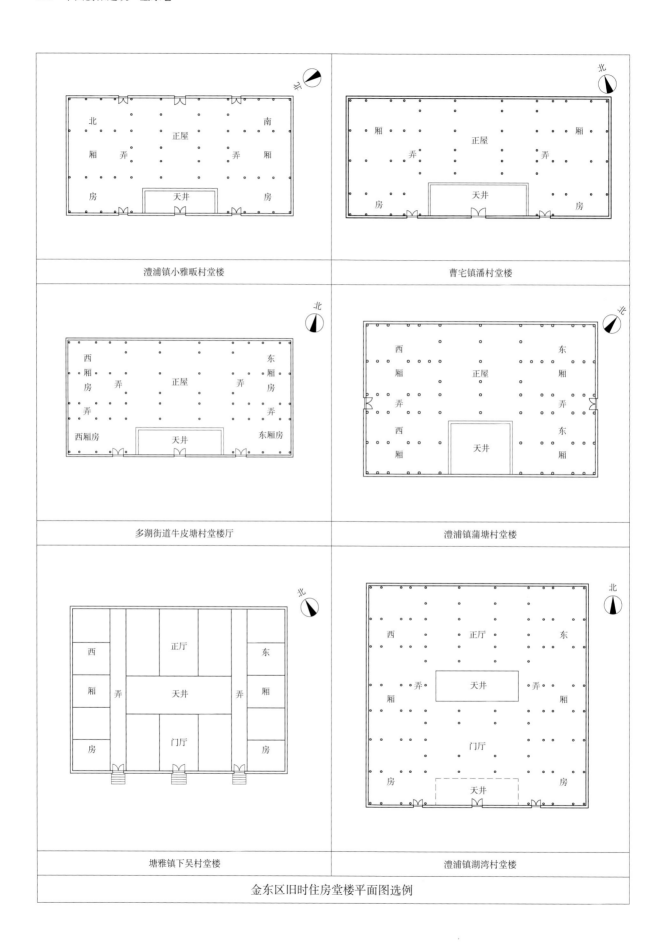

澧浦镇小雅畈村堂楼

曹宅镇潘村堂楼

多湖街道牛皮塘村堂楼厅

澧浦镇蒲塘村堂楼

塘雅镇下吴村堂楼

澧浦镇湖湾村堂楼

金东区旧时住房堂楼平面图选例

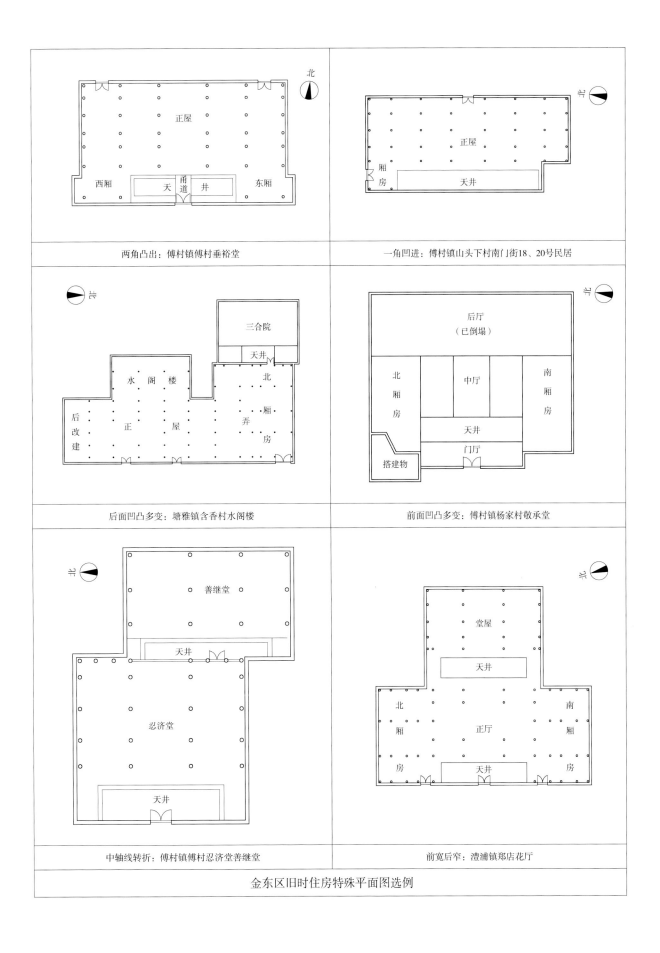

两角凸出：傅村镇傅村垂裕堂

一角凹进：傅村镇山头下村南门街18、20号民居

后面凹凸多变：塘雅镇含香村水阁楼

前面凹凸多变：傅村镇杨家村敬承堂

中轴线转折：傅村镇傅村忍济堂善继堂

前宽后窄：澧浦镇郑店花厅

金东区旧时住房特殊平面图选例

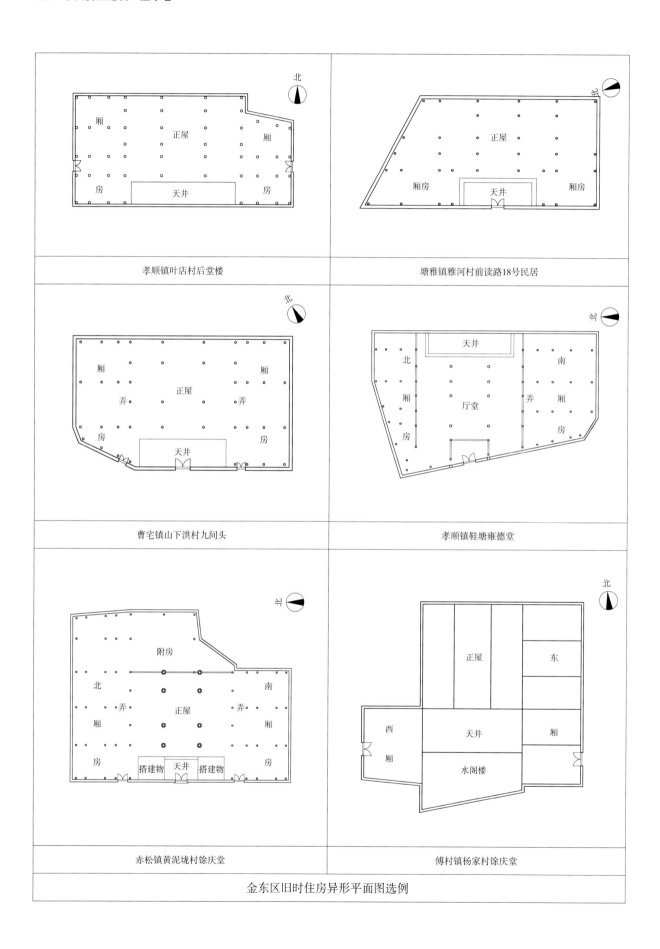

孝顺镇叶店村后堂楼

塘雅镇雅河村前读路18号民居

曹宅镇山下洪村九间头

孝顺镇鞋塘雍德堂

赤松镇黄泥垅村馀庆堂

傅村镇杨家村馀庆堂

金东区旧时住房异形平面图选例

二、旧时民居特点归纳

（一）多为清代、民国建筑

据"三普"资料，金东区的古建筑以清代及民国时期遗存为多。邻县亦有一定数量的明代建筑，而金东区"三普"资料仅显示山头下村的"小厅"是明代建筑，但实物已改得面目全非，找不到明代时的一点痕迹。通过考察组数月实地调研，发现金东区尚有一些零星明代民居遗存，甚至发现赤松镇上钱村颇具宋元遗风的"香火前"民居。明代民居数量较少的原因或许与几百年前战火不断有关，也可能与当地百姓生活富庶、建房更新换代频繁有关。

（二）志书分的建筑等级

据1992年出版的《金华县志》，五间头、七间头、九间头是中上人家住房；十八间、廿四间一幢，前厅后堂的大房，则为大家富户住宅。另有三间头，笔者补述为小户人家住房；还有数量较多的土木结构二层瓦房，次之者平房，及小量草房，为贫民住房，本书名之"普通民居"。中上人家住房与大家富户住宅为金东区富有儒家文化特质与气质的婺派民居。

（三）宋元遗构殊为宝贵

赤松镇上钱村有三座早期古民居，其中一座无名号，村民俗称"香火前"，该建筑单层，根据明间两榀中缝其梁均为拼合作、无梁须、3：2高宽截面尺寸的扁作梁及斗栱底有明显栱瓣等特征，初步判断为元晚期建筑。此前，金华各县市只有宋、元时期的塔、桥及祠堂实物，而金东区的"香火前"民居的发现，填补了中国南方无宋元民居实物遗存的历史空白。

三、按平面形式细分

金东区的古民居，如果按建筑平面形式细分，有以下几种。

十八间头（四合院），共73座。其中十八间头19座，实为十六间的小十八间头26座，实为十二间的小十八间头28座。

前厅后堂，33座。

堂楼，25座。

九间头（三合院），76座。其中上房隔着天井有廊檐者9座。

五间头，91座。其中五间三合院82座，五间四合院6座，五间排屋3座。

三间头，85座。其中三间三合院27座，三间四合院17座，三间带弄三合院30座，三间排屋11座。

特殊设计，37座。内有十八间头、九间头、前厅后堂及五间头、三间头。或缺一小角，或缺一大块，但中间三间上房完整、对称。

异形住宅，29座。内有十八间头、九间头、前厅后堂及五间头、三间头。或有规则地凸出一大块，或有规则地凹进一小块，或创造性地突破常规模式增加院落、变更空间布局等。

四、按建造年代细分

宋元民居，1座。赤松镇上钱村"香火前"前厅后堂型民居。

明代民居，56座。赤松镇上钱村大厅民居、鲤鱼塘街16号民居，傅村镇傅二村敦睦堂，孝顺镇浦口村上明堂巷21号，孝顺镇仁村仁村厅民居，曹宅镇潘四村明代民居等。

清代民居，299座，其中：

（1）建造年代略为明确的有——

建于清康熙年间的曹宅镇潘四村树德堂。

建于清乾隆年间的赤松镇仙桥村遗经堂，澧浦镇琐园村务本堂、怀德堂。

建于清嘉庆年间的傅村镇山头下村宝田鉴，澧浦镇琐园村集义堂。

建于清道光年间的曹宅镇午塘头村善居堂。

建于清咸丰年间的曹宅镇潘三村善庆堂，江东镇雅湖村明厅。

建于清光绪年间的傅村镇畈田蒋村礼耕堂，澧浦镇郑店村堂楼。

建于清宣统年间的塘雅镇前溪边村堂楼等。

（2）建造年代不明确，但可以分出早中晚期的有——

建于清早期的：曹宅镇大黄村和坊厅，赤松镇雅潘村上顶厅（信顺堂），岭下镇新亭村馀庆堂，孝顺镇中柔三村诗礼堂、浦口村思德堂与仁恩堂等。

建于清中期的：曹宅镇潘四村堂楼，赤松镇仙桥村义质堂与花厅、雅潘村仁德堂、黄泥垅村馀庆堂、下钱村书平堂，傅村镇向阳村惟善堂与培德堂、杨家村继武堂与友恭堂，江东镇雅金村永慕堂，澧浦镇澧浦村植槐堂、郑店村花厅，岭下镇汪宅村花厅，塘雅镇前溪边村味兰轩，鞋塘管理处前楼下村雍德堂，孝顺镇中柔一村务本堂等。

建于清晚期的有曹宅镇山下洪村十八间头，澧浦镇琐园村润泽堂、山南村北路40号民居等。

（3）只能统称为"清代建筑"的——

多湖街道东盛村堂楼厅、牛皮塘村堂楼厅、大项堂楼、种德堂等约250处。

（4）民国期间的民居有——

金东各乡镇街道有民国时期民居实例145个。

从建造年代细分中可知，金东民居从宋、元、明、清到民国时期都有实物遗存，串联起金东民居相对完整的历史脉络，这是非常宝贵的遗产。

五、不同户型结构简介

（一）十八间头派头极大

十八间头在金东区民间旧时派头很大，是较常见的大家富户住宅。

十八间头由上房三间、倒座三间加左右厢房各六间，围着一个小天井而形成，为方方正正、左右对称的四合院，虽然空间较封闭，但极具气势。

"三普"资料显示金东区十八间头有20座，加上民间将"十六间头""十二间头"也称为"十八间头"或"小十八间头"，总计60多处，在440多座旧时民居中约占比15%。

十八间头实例有曹宅镇曹宅村十八间头，占地952.2平方米；江东镇雅湖村十八间头，占地616.8平方米；孝顺镇浦口村十八间头，占地612.3平方米；塘雅镇含香村十八间头，占地515.9平方米；源东乡长塘徐村十八间头，占地508.9平方米；澧浦镇琐园村十八间头，占地464.3平方米；等等。

（二）"前厅后堂"规模更甚

比十八间头规模更大的大家富户住宅是前有厅后有堂屋的大房，即前一个十八间头、后一个九间头组合而成，或前一个九间头、后一个十八间头构成，民间有称"廿四间头"、多进大宅院或"前厅后堂"住房，雕梁画栋极为奢华。

"三普"资料显示金东区此类住宅有34座，占比7.7%。实例有：澧浦镇琐园村两面厅，占地986.8平方米；孝顺镇中柔三村诗礼堂，占地945平方米，夏宅村存德堂，占地813.5平方米；傅村镇向阳村培德堂，占地886.1平方米，杨家村善居堂，占地736.7平方米，杨家村友恭堂，占地735.5平方米；塘雅镇张店村全园，占地744.1平方米；曹宅镇午塘头村善居堂，占地736.7平方米，大黄村和坊厅，占地717平方米；等等。

（三）中上人家中型宅院

金东区中上人家住的"五间头""九间头"，"三普"资料显示数量较多，有167座，加上民间把七间头叫成"小九间头"，在440多座民居中占比41%左右。

九间头，由上房三间，加左右厢房各三间，九间房子三边围着一个院落而组成。民间有把七间房子者叫"小九间头"，如同上述把十六间房子者叫"小十八间头"，九间头、十八间头民间最常用。

五间头，可以是五间一字形排屋，可以是五间正屋带两个小厢房的三合院，亦可以是五间正屋带两个小厢房再加五间倒座的四合院，没有专门的地方俗称。

九间头实例有：曹宅镇溪头村九间头，占地241平方米；傅村镇畈田蒋村九间头，占地271.8平方米；澧浦镇山口村九间头，占地262.8平方米；岭下镇岭四村九间头，占地307.4平方米；塘雅镇村里村九间头，占地214.7平方米；孝顺镇张店村九间头，占地207.2平方米；源东乡白路头村九间头，占地232平方米；等等。

五间头实例有：赤松镇山口村五间头，占地173.6平方米；多湖街道孟宅村五间头，占地142.2平方米；傅村镇畈田蒋村五间头，占地148平方米；澧浦镇东张村五间头，占地148.6平方米；岭下镇东阳铺五间头，占地225.7平方米；孝顺镇余村五间头，占地163平方米，鞋塘王家村五间头，占地232.5平方米；源东乡邢村五间头，占地210平方米；等等。

（四）小户人家小康居室

此外为数较多的是三间头。三间头虽然简单却有好多区分，比如三间一排四周为砖石或生土墙体者，有叫硬三间或排屋，还有三间带一弄、三间带两弄，还有三间加两厢加天井的小三合院做法，然后还有三间小三合院加倒座做法，兰溪叫三间对合楼。

实例有曹宅镇朱大塘村三间头占地97.4平方米，前庄村三间头占地221平方米；赤松镇官沿头村三间头占地117.4平方米；傅村镇田塘背村三间头占地156.1平方米；澧浦镇陈坞村三间头占地123.3平方米；塘雅镇含香村三间头占地131.1平方米；孝顺镇杨大龙村三间头占地78.9平方米；源东乡王安村三间头占地185.4平方米，等等。

（五）名"堂楼"者并不特殊

民间叫住房为"堂楼"者，"三普"资料显示有27座，在440多座民居中占6%左右。"堂楼"没有什么特别之处，有堂屋有楼层而已，其实就是常见的五间头、七间头、九间头、小九间头及小十八间头，甚至前厅后堂住房的统称或别称。

堂楼面积特大者多湖街道东盛村堂楼厅占地908.2平方米，是前厅后堂住房。面积400多、500多平方米者是十八间头四合院。面积300平方米左右者是九间头或十二间头住房。面积小的100多、200平方米左右者是五间头、三间头四合院。

实例有曹宅镇包宅村堂楼占地226.5平方米；赤松镇山口村堂楼厅占地188.1平方米；东孝街道山垄头小堂楼占地240平方米；多湖街道大项堂楼占地155.7平方米；傅村镇溪口村堂楼占地540.6平方米；江东镇门口塘村堂楼厅占地305.6平方米；澧浦镇澧浦村堂楼占地225平方米；塘雅镇古里村堂楼占地253.8平方米；孝顺镇叶店村后堂楼占地255平方米，鞋塘管理处上市基村堂楼占地196.9平方米，等等。

六、各乡镇清代民居选辑●

（一）多湖街道（4处）

东盛村堂楼厅，位于多湖街道东盛村，清代建筑。坐北朝南，占地908.2平方米，平

● 根据金东区"三普"资料整理。

面不规则，前后三进，硬山马头墙。一进门厅三开间有楼重檐设前廊带两弄，下檐施天花，明间梁架混合式，六柱落地，次间穿斗式，两弄迎面辟边门，左右厢房三开间有楼重檐带弄，中间设天井置照墙辟正门。二进正厅三开间有楼重檐设前廊带两弄，下檐施天花，迎面为一进后檐墙，明间梁架抬梁式，四柱九檩，次间混合式，左右厢房三开间有楼重檐带弄，中间设天井。三进后堂楼重檐，对合院式，二进后檐墙与三进迎面中间设天井，山面辟边门。格局完整，规模较大，二进用材粗大，做工考究，牛腿、雀替等木构件雕刻精细，有较高的文物价值。

牛皮塘村堂楼厅，位于多湖街道牛皮塘村，清代建筑。坐北朝南，占地399.1平方米，三合院式，正屋带两弄，左右厢房，硬山马头墙。正屋三开间有楼重檐设前廊，下檐施天花，明间敞开式，明次间梁架穿斗式结构，六柱落地，两弄迎面辟边门。左右厢房三开间两层重檐带两弄。中间设天井，前置照墙辟正门。格局完整，牛腿、雀替等木构件雕刻精细，有一定的文物价值。

东盛村种德堂，位于多湖街道东盛村东盛街南部，清代建筑。坐北朝南，占地174.9平方米，三合院式，正屋左右设厢房，硬山马头墙。正屋三开间有楼重檐设前廊，下檐施天花，明间敞开式，明次间梁架混合式结构，六柱落地。西厢房三开间两层重檐，迎面辟边门，东厢房或因宅基地限制尚未建成。中间设天井，前置照墙辟正门。牛腿、雀替等木构件雕刻精细，有一定的文物价值。

大项堂楼，位于多湖街道大项村中部，清代建筑。坐北朝南，占地155.7平方米，三合院式，正屋左右设厢房，硬山顶。正屋三开间有楼重檐，明间敞开式，梁架混合式结构用五柱，次间穿斗式。左右厢房两开间为重檐楼屋，中间设天井，置院墙辟正门。格局完整，做工简洁，有一定的文物价值。

（二）东孝街道（4处）

雅芳埠村种德堂，位于东孝街道雅芳埠村过楼巷，清代建筑。坐北朝南，占地614.7平方米，前后两进，正屋三间两弄，左右厢房，硬山马头墙。一进正屋有楼重檐，下檐五架抬梁式，明间敞开式，明次间梁架混合式。正屋前设天井，置照墙辟正门。二进三间有楼重檐，梁架同一进，两弄辟边门。左右厢房六间两层重檐带弄，一二进中间设天井。格局完整，规模大，用材考究。牛腿、雀替等木构件雕刻精细，有较高的文物价值。

黄沙塘村下厅，位于东孝街道黄山塘村西部，清代建筑。坐东朝西，占地519.6平方米，平面不规则，正屋三间，左右厢房，三合院式，硬山马头墙。一进檐廊三间，明间前檐辟正门，水磨砖门面。二进正屋三间，有楼重檐设前廊，下檐施天花，明间敞开式，明次间梁架混合式结构，两弄辟边门。左右厢房三间两层重檐。一二进中间设天井。两侧设次厢房。格局完整，规模较大，用材考究，牛腿、雀替等木构件雕刻较精细，有一定的文物价值。

雅芳埠村全园，位于东孝街道雅芳埠村迎新巷12号，清代建筑。坐北朝南，占地493平方米，前后两进，正屋三间两弄，左右厢房，对合院式，硬山马头墙。一进门厅有楼单檐，明间敞开式，前檐辟正门，左右梁架混合式结构，次间穿斗式。二进正厅三间单层单檐，明间梁架五架抬梁式，次间穿斗式，两弄辟边门。左右厢房各五间，两层单檐。中间设天井。格局完整，规模较大，二进用材粗大，牛腿、雀替等木构件雕刻精细，有较高的文物价值。

雅芳埠村芳溪南街54号民居，位于东孝街道雅芳埠村芳溪南街，清代建筑。坐北朝南，占地180.5平方米，前后两进，对合院式，平面不规则，正屋三间，设东厢房，硬山马头墙。一进门厅有楼单檐，前檐辟正门，门外地面用鹅卵石铺设铜钱图案，明间敞开式，明次间梁架抬梁式结构，二柱三檩。二进正厅三间单檐，明间梁架五架抬梁带前后单步，四柱八檩，次间穿斗式用中柱。东厢房三开间两层单檐，中间设天井。格局完整不对称，牛腿、雀替等木构件雕刻精细，有较高的文物价值。

（三）曹宅镇（11处）

午塘头村善居堂，位于曹宅镇午塘头村，清代道光年间建筑。坐南朝北，占地736.7平方米，前后三进，左右厢房带两弄，硬山顶。一进门厅三间有楼重檐设后廊，明间前檐辟正门，水磨砖门面，梁架混合式用四柱，次间穿斗式。一二进中间设天井。二进正厅三间有楼重檐，前檐施天花，明间梁架抬梁式用四柱，次间混合式用中柱。二三进中间设天井。三进后厅三间有楼重檐设前廊。两弄辟边门，后檐水磨砖门面。左右厢房各八间有楼重檐。格局完整，规模较大，做工考究，牛腿、雀替等木构件雕刻精细，保留匾额，年代清晰，有较高的文物价值。

大黄村和坊厅，位于曹宅镇大黄村，清早期建筑。坐西北朝东南，占地717平方米，前后三进，左右厢房带两弄，硬山顶。一进门厅三间有楼，前檐水磨砖门面，明间前檐辟正门。一二进中间设天井。二进正厅三间，明间五架抬梁带前后双步，次间梁架混合式用中柱，山墙用清水磨砖整面砌筑，蔚为壮观。二三进中间设天井。三进后厅三间设前廊，明间梁架混合式用五柱，次间穿斗式。左右厢房各七间有楼单檐。格局完整，做工考究，二进用材粗大，雕刻精细，有较高的文物和艺术价值。

山下洪村十八间头，位于曹宅镇山下洪村郑氏宗祠正对面，清晚期建筑。坐北朝南，占地692.2平方米，前后两进，左右厢房，对合院式，硬山顶。一进门厅三间有楼单檐，明间前檐辟门，梁架混合式，次间梁架穿斗式。一二进中间设天井。二进正厅三间有楼单檐设前廊，明次间梁架混合式。左右厢房各六间，有楼单檐带两弄，二楼置挑窗，山面辟边门。东厢房弄边门外置百子桥一座，八字形石拱桥，桥面北侧绘刻蜈蚣一对。格局完整，规模较大，牛腿、雀替等木构件雕刻精细，有较高的文物价值。

龙山村张作楠故居，位于曹宅镇龙二村中部，清代建筑。坐北朝南，占地650平方米，由前后三个三合院式院落组成，平面不规则，硬山顶。各三合院正屋三开间，有楼重檐设前廊，明间敞开式，梁架混合式用五柱，次间梁架穿斗式。左右设厢房有楼重檐，中间设天井。第一进已倒，现存格局不完整。

张作楠（1772—1850年），字让之，号丹邨，清代天文学家、数学家、藏书家、诗人，浙江金华潘村乡（今曹宅镇）龙山村人。清嘉庆十三年（1808年）进士，为处州府教授。选江苏桃源知县，调阳湖，治事廉平。历官徐州知府，公余，孤灯夜课如寒素。旋乞归，家居二十余年，足不入城市。作楠少负异禀，敦内行，学宗程、朱，于书无所不究，尤酷嗜历算之学。著有《翠微山房文集》十六卷，《四书异同》十二卷，《乡党小笺征文文集》一卷，《乡党述注》一卷，《翠微山房数学》三十八卷，书目五卷，及《笔记》《识小愈愚录》《东郭乡谈》等；又尝辑故人诗为《旧雨录》《北麓诗课》；又著《书事存稿》三卷，掇拾遗闻，《梅簃随笔》，以补括郡地志之缺。均《清史列传》传于世。

莲塘潘村善庆堂，位于曹宅镇潘三村新厅巷1号，清代咸丰年间建筑。坐北朝南，占地560平方米，前后两进，左右厢房带两弄，对合院式，硬山顶。一进门厅三间有楼重檐，设后廊施天花，明间梁架混合式用四柱，明间前檐辟正门，水磨砖门面，次间梁架穿斗式。二进正厅三间有楼重檐，设前廊施天花，明间梁架抬梁式，次间梁架穿斗式，为金东区典型的楼下厅做法。两弄辟边门。左右厢房各六间两层重檐带弄，山面辟边门。中间设天井。格局完整，做工考究，牛腿、雀替等木构件雕刻精细，保留匾额，年代清晰，有较高的文物和艺术价值。

莲塘潘村堂楼，位于曹宅镇潘村四村金角路，清中期建筑。坐西朝东，占地436.2平方米，正屋三间，左右厢房带两弄，三合院式，硬山顶。大门置三间四柱砖雕式门楼。正屋三间重檐楼屋，明、次间梁架混合式，楼栅下皮全部通体雕刻。左右厢房各四间重檐有楼，两弄辟边门。中间设天井。格局完整，牛腿、雀替等木构件雕刻精细，有较高的文物和艺术价值。

莲塘潘村树德堂，位于曹宅镇潘村四村湖亭二巷，清代康熙年间建筑。坐北朝南，占地207.2平方米，正屋三间，硬山顶。正屋明间抬梁式结构，五架梁对前后双步梁，次间梁架穿斗式，牛腿做法为撑栱到人物牛腿的过渡形式。正前设天井。明间用材粗大，做工考究，保留匾额，年代清晰，有较高的文物和艺术价值。

下山村花厅，位于曹宅镇下山村田澄甘路，清代建筑。坐北朝南，占地359.5平方米，前后两进，左右厢房带两弄，对合院式，硬山马头墙。一进门厅三间有楼重檐设后廊，下檐置卷棚顶，明、次间梁架混合式，明间前檐辟正门水磨砖门面，后檐用石方柱楹联。二进正厅三间有楼重檐，明间梁架抬梁式，次间梁架穿斗式。两弄辟边门水磨砖门面。左右厢房各五间两层重檐。中间设天井。格局完整，牛腿、雀替等木构件雕刻精细，有较高的文物价值。

胡宅村胡建平民居，位于曹宅镇胡宅村西北部，建于清代。坐北朝南，占地207.2平方米，正屋五间，左右厢房，三合院式，硬山顶。正屋有楼重檐设前廊，明间敞开式，梁架混合式。左右厢房单间两层重檐。中间设天井，置院墙辟正门。格局完整，牛腿、雀替等木构件雕刻精细，有一定的文物价值。

前王村九间，位于曹宅镇前王村中部，清代建筑。坐东朝西，占地199.3平方米，正屋三间，左右厢房，三合院式，硬山顶。正屋有楼重檐，明间梁架混合式，次间梁架穿斗式。左右厢房三间有楼重檐，西次间山面辟边门。中间设天井置院墙。格局完整，牛腿、雀替等木构件雕刻较精细，有一定的文物价值。

胡宅村胡亦凡民居，位于曹宅镇胡宅村西南部，清代建筑。坐北朝南，占地123.6平方米，由正屋、绣楼组成，平面呈"凸"字形，硬山顶。正屋三间重檐有楼，明间敞开，穿斗式梁架，前檐辟正门，次间减柱做法。绣楼单檐歇山顶，西面墙体辟大门。布局独特、完整，有一定的文物价值。

（四）赤松镇（9处）

仙桥村义质堂，位于赤松镇仙桥村二仙路15号，清中期建筑。坐东朝西，占地709.6平方米，前后三进带两弄，左右厢房，硬山马头墙。一进门厅三开间有楼重檐设后廊卷棚顶，迎面牌坊式水磨砖门面，明间前檐辟正门设踏跺三级附垂带，梁架抬梁式，四柱九檩，次间梁架混合式用中柱。二进三开间有楼重檐，明间梁架抬梁式，四柱九檩，次间梁架混合式用中柱。三进三开间有楼重檐，下檐施天花，明、次间梁架混合式，五柱七檩。北厢房八开间两层重檐，南厢房五开间两层重檐，两弄迎面辟边门，设踏跺三级附垂带。各两进中间设天井。格局完整，规模大，用材粗大，做工考究，门面、船篷轩、槅扇、牛腿、雀替等构件雕刻精细，有较高的文物、历史、艺术价值。

雅潘村上顶厅，位于赤松镇雅潘村东部，清早期建筑。坐北朝南，占地654.8平方米，前后三进带两弄，左右厢房，硬山马头墙。迎面水磨砖门面，前设台基月台，下压青条石，主次门均设踏跺三级附垂带，象征了住户的身份地位。一进门厅三开间有楼重檐，明间前檐辟正门，后金柱置档门，梁架混合式，五柱七檩，次间梁架穿斗式。一二进中间设天井。二进中厅三开间单檐，明间梁架五架抬梁带前后双步，四柱九檩，次间梁架混合式用中柱。二三进中间设天井。三进后堂三开间有楼重檐，明、次间梁架穿斗式，五柱七檩。左右厢房各九开间，有楼重檐，两弄辟边门。格局完整，颇具规模，做工考究，鳌鱼牛腿、通体雕雀替等木构件雕刻较精细，有较高的文物和艺术价值。

雅潘村仁德堂，位于赤松镇下潘村中部，清中期建筑。坐东朝西，占地591.5平方米，对合院式，前后两进带两弄、左右厢房，硬山马头墙。一进门厅三开间有楼重檐，明间敞开式，前檐辟正门，梁架抬梁式，四柱落地，次间梁架混合式。二进正厅三开间有楼重檐，明次间梁架混合式，五柱七檩。左右厢房五开间两层重檐，两弄迎面辟边门。一二进中间设天井。格局完整，做工考究，牛腿、雀替等构件雕刻较精细，二进明间尚存民国木吊扇，有一定的文物价值。

黄泥垄村馀庆堂，位于赤松镇黄泥垄村，清中期建筑。坐东朝西，占地434.6平方米，三合院式，正屋带两弄、左右厢房，硬山马头墙。正屋三开间有楼单檐，设前廊施天花。后带附房。明间梁架抬梁式结构，四柱九檩，次间梁架混合式用中柱。北厢房四开间两层单檐，南厢房三开间两层单檐，两弄迎面辟边门。中间设天井，前置照墙辟正门。格局完整不对称，用材较粗大，牛腿、雀替和花槅门窗雕刻较精细，有较高的文物价值。

桥东村三进堂，位于赤松镇桥东村东文安路48号，清中期建筑。坐北朝南，占地340.98平方米，对合院式，前后两进带两弄，左右厢房，硬山马头墙。一进门厅三开间有楼重檐，明间前檐辟正门，设踏跺三级附垂带，明、次间梁架穿斗式，五柱落地。二进正厅三开间有楼重檐，明间梁架抬梁式，四柱九檩，次间梁架混合式用中柱。左右厢房各三开间两层重檐，两弄迎面辟边门设踏跺三级附垂带。一二进中间设天井。第三进单独形成三合院，结构同第二进。格局完整，做工考究，门面、牛腿、雀替等构件雕刻较精细，有一定的文物价值。

仙桥村遗经堂，位于赤松镇仙桥村莲台街21号，清代乾隆年间建筑。坐南朝北，占地311.68平方米，对合院式，前后两进带两弄，左右厢房，硬山马头墙。一进门厅三开间有楼重檐，明间敞开式前檐辟正门，明、次间梁架穿斗式，三柱落地。二进正厅三开间有楼重檐设前廊，下檐施天花，明间敞开式，梁架抬梁式，四柱九檩，次间梁架混合式用中柱。左右厢房五开间两层重檐，两弄迎面辟边门。中间设天井。格局完整，做工考究，二进用材粗大，典型的楼下厅做法。牛腿雕刻鳌鱼、狮子与獬豸，雀替为戏曲人物题材，木构件雕刻精细，有较高的文物价值。

仙桥村花厅，位于赤松镇仙桥村中部，清中期建筑。坐北朝南，占地298.8平方米，对合院式，前后两进带两弄，左右厢房，硬山马头墙。一进檐廊三开间单檐，明间前檐辟正门。二进正屋三开间有楼重檐，下檐施天花，明间敞开式，梁架抬梁式，四柱落地，次间梁架混合式用中柱。左右厢房三开间两层重檐，两弄迎面辟边门。中间设天井。格局完整，二进用材较粗大，牛腿、雀替等木构件雕刻精细，有较高文物价值。

仙桥村书平堂，位于赤松镇下钱村光大街3号，清中期建筑。坐东朝西，占地230.8平方米，三合院式，一进堂屋带两弄，左右厢房，硬山马头墙。正房三开间有楼重檐设前廊，明间敞开式，梁架抬梁式，四柱落地，次间梁架混合式。左右厢房各三开间两层重檐，两弄迎面设边门。中间设天井，前置照墙辟正门。格局不完整，做工考究，倒挂狮子牛腿、雀替等构件雕刻精细，有较高的文物价值。

桥里方村三间头，位于赤松镇桥里方村，清代建筑。坐东北朝西南，占地213.2平方米，三合院式，正屋两侧设左右厢房，硬山顶。正屋三开间有楼重檐设前廊，下檐五架抬梁式，明间前檐辟槅扇门，梁架抬梁式，五柱落地，次间混合式。正屋后檐和东侧各带一弄置楼梯。左右厢房单间一层，中间设甬道，前置照墙辟门。格局完整不对称，造型较独特，有较高的文物价值。

（五）傅村镇（14处）

向阳村惟善堂，位于傅村镇向阳村铁门巷4号，俗称"铁门厅"，清中期建筑。坐西朝东，占地1100平方米，平面呈扇形，照墙，前后三进，左右厢房，硬山马头墙。照墙位于一进门楼外约3米处，三花式马头墙，呈八字形，两侧设门包铁皮。一进门楼三开间单檐，明间敞开式，前檐辟正门包铁皮，后施天花。一二进中间设穿廊施天花，左右设天井。二进大堂三开间单檐，明间敞开式，梁架五架抬梁带前后单步，四柱七檩，次间梁架混合式，前檐柱和金柱间屋面置弯椽卷棚顶。左右厢房六间两层单檐。第三进独立设置三合院，正屋三开间加两厢。北次厢依次三座，南次厢二座，中间设天井。整个建筑下面设排水系统，具备排水和消防多重作用，2004年罗哲文、谢辰生、吴济民等古建专家前来调研。该建筑格局完整，规模宏大，造型独特、合理、科学，做工考究，正门水磨砖门面和照墙颇具气势，牛腿、雀替等木构件雕刻较精细，有较高的文物、艺术和研究价值。

杨家村继武堂，位于傅村镇杨家村西部，清中期建筑。坐北朝南，占地886.9平方米，前后三进带两弄迎面设边门，左右厢房，硬山顶。一进门厅三开间有楼单檐，明间前檐辟正门水磨砖门面，梁架混合式，四柱九檩，次间梁架穿斗式。一二进中间设天井。二进中厅三开间有楼重檐，高于一进二台阶，前檐用石方柱，下檐施弯椽卷棚顶，明、次间梁架抬梁式，四柱九檩，次间用中柱。二三进中间设天井。三进后厅三开间有楼重檐，高于二进三台阶，明间梁架混合式，五柱七檩，次间梁架穿斗式。左右厢房各九间有楼，一二进单檐，三进重檐。格局完整，颇具规模，做工考究，正门磨砖门面、牛腿、雀替等木构件雕刻较精细，有较高的文物价值。

向阳村培德堂，位于傅村镇向阳村，清中期建筑。坐北朝南，占地886.1平方米，前后三进带两弄设边门，左右厢房，硬山马头墙。一进门厅三开间有楼重檐，明间敞开式，前檐辟正门，明、次间梁架混合式结构，五柱落地。二进中厅三开间有楼重檐设前廊，明间梁架抬梁式，五柱十檩，次间梁架混合式，前廊下檐置弯椽卷棚顶。三进后厅三开间有楼重檐，梁架同二进。左右厢房各十间两层重檐，各两进中间设天井。格局完整，规模大，做工考究，牛腿、雀替等木构件雕刻较精细，有较高文物和艺术价值。

杨家村友恭堂，位于傅村镇杨家村中部，清中期建筑。坐东朝西，占地735.5平方米，前后三进带两弄设边门，左右厢房，硬山马头墙。一进门厅三开间有楼单檐，明间前檐辟正门水磨砖门面，梁架混合式，五柱七檩，次间梁架穿斗式。一二进中间设天井。二进中厅三开间单檐，前檐施弯椽卷棚顶，后檐筑墙明间辟出入门，明间梁架五架抬梁带前后双步，四柱九檩，后金柱置档门，前檐用石方柱，次间梁架混合式用中柱。二三进中间设天井。三进后厅三开间有楼单檐，明、次间梁架混合式，五柱七檩，次间梁架穿斗式。左右厢房各九间有楼单檐带两弄。格局完整，颇具规模，做工考究，牛腿、雀替等木构件雕刻较精细，有较高的文物价值。

傅二村中和堂，位于傅村镇傅二村，清代建筑。坐东朝西，占地583平方米，对合院式，前后两进带两弄，左右厢房，硬山顶。一进门厅三开间有楼重檐设后廊，明间前檐辟正门踏跺两级，明次间敞开式，梁架混合式结构，五柱七檩。二进正厅三开间有楼重檐，高于一进三台阶，明间梁架抬梁式，四柱九檩，次间梁架穿斗式用中柱。一二进中间设天井。左右厢房各八间两层重檐。格局基本完整，牛腿、雀替等木构件雕刻较精细，有一定的文物价值。

畈田蒋村十八间头，位于傅村镇畈田蒋村中部，清代建筑。坐北朝南，占地472.5平方米，对合院式，前后两进带两弄，左右设厢房，硬山顶。一进门厅三开间有楼重檐，明、次间梁架穿斗式结构，四柱落地，明间前檐辟正门。二进正厅三开间有楼重檐，明间梁架抬梁式结构，四柱九檩，次间梁架穿斗式结构用中柱。一二进中间设天井。左右厢房各五间两层重檐，两弄迎面辟边门。格局完整但不规则，牛腿、雀替雕刻较精细，有一定的文物价值。

向阳村栈房，位于傅村镇向阳村，清代建筑。坐北朝南，占地466.6平方米，对合院式，前后两进带两弄设边门，左右厢房，硬山顶。一进门楼三开间单檐，明间敞开式，前檐辟正门，梁架混合式结构，四柱落地，次间梁架穿斗式。二进正屋三开间重檐敞开式，明间梁架抬梁式，用四柱，前檐用石方柱，次间梁架混合式，用中柱，前廊下檐置弯椽卷棚顶。左右厢房各五间两层单檐。中间设天井。格局完整，旧时是地主人家放杂物场所，做工考究，牛腿、雀替等木构件雕刻较精细，有较高的文物和艺术价值。

杨家村馀庆堂，位于傅村镇杨家村中部，清代建筑。坐北朝南，占地396.7平方米，平面不规则，包括水阁楼和正屋、左右厢房，硬山顶。一进水阁楼重檐。一二进中间设天井。二进正屋三开间有楼重檐，明、次间梁架混合式，四柱九檩，次间用中柱。一进西侧厢房单间有楼重檐，东侧厢房五开间有楼重檐，南梢间山面辟门。格局完整，做工考究，牛腿、雀替等木构件雕刻较精细，有较高的文物和艺术价值。

畈田蒋村礼耕堂，位于傅村镇畈田蒋村，清代光绪年间建筑。坐北朝南，占地308.8平方米，三合院式，正屋和左右设厢房，硬山顶。正屋三开间带两弄有楼单檐敞开式，明间梁架抬梁式，四柱落地，次间梁架混合式结构，五柱七檩。左右厢房各三间有楼带两弄，山面设边门。中间设天井，前置照墙。格局完整，牛腿、厢房花槅窗雕刻精致，有较高的文物价值。

山头下村沈锦忠民居，位于傅村镇山头下村，清代建筑。坐北朝南，占地282平方米。详见第十一章。

山头下村三益堂，位于傅村镇山头下村，清代建筑。坐东朝西，占地259.6平方米。详见第十一章。

溪口村怀德堂，位于傅村镇溪口村中部，清代建筑。坐北朝南，占地267.3平方米，三合院式，正屋带两弄，左右厢房，硬山顶。正屋五开间有楼重檐，明间敞开式，梁架结构混合式，四柱九檩，次、梢间梁架混合式用中柱。左右厢房双间两层重檐，前檐置槅门窗，两弄置楼梯。中间设天井，前置照墙。格局完整，牛腿、雀替和厢房门窗等木构件雕刻精细，有一定的文物和艺术价值。

山头下村宝田鉴，位于傅村镇山头下村，清代嘉庆年间建筑。坐东朝西，占地194.5平方米，三合院式，正屋左右设厢房，硬山顶。详见第十一章。

畈田蒋村"科第"民居，位于傅村镇畈田蒋村西部，清代建筑。坐北朝南，占地176.5平方米，三合院式，左右设厢房，硬山顶。正屋五开间带两弄有楼单檐，梁架穿斗式结构，五柱七檩，梢间减柱做法。厢房单间两层，两弄置楼梯，山面设边门。中间设天井，置照墙辟正门，水磨砖门额阳刻"科第"字样。总体格局完整，厢房花格窗雕刻精美，具有地方特色，有一定的文物价值。

（六）江东镇（4处）

雅湖村明厅，位于江东镇雅湖村，清代咸丰年间建筑。坐西朝东，占地747.1平方米，对合院式，前后两进带两弄，左右设厢房，硬山顶马头墙。一进门厅三开间单檐，迎面三间四柱五楼牌坊式砖雕门面，明间前檐辟正门，前金柱间置档门，梁架五架抬梁带后单步，四柱七檩，次间梁架穿斗式用中柱。二进正厅三开间单檐，明间梁架五架抬梁带前后双步，四柱九檩，后金柱置档门，次间梁架混合式用中柱。左右厢房各八间两层单檐带弄，两弄迎面和后檐设边门。一二进中间设天井。格局完整，规模较大，用材考究，牛腿、雀替、花板等木构件雕刻精美，保留匾额，年代清晰，有较高的文物、历史、艺术价值。

雅金村永慕堂，位于江东镇雅金村，清中期建筑。坐北朝南，占地746.4平方米，前后三进带两弄，左右厢房，硬山马头墙。一进门厅三开间有楼单檐，明间梁架混合式结构用六柱，次间梁架穿斗式结构。一二进中间设天井。二进正厅三开间单檐，明间梁架五架抬梁带前后双步，四柱九檩，次间梁架混合式用中柱。二三进中间设天井。三进后厅三开间单檐有楼重檐，明、次间梁架混合式用六柱。左右厢房八开间两层单檐。两弄辟边门，水磨砖门面，迎面设踏跺三级附垂带。格局完整，做工考究，雕刻精细，尤其是二进用材粗大，有较高的文物价值。

国湖村大厅，位于江东镇国湖村，建于清代。坐北朝南，占地367.3平方米，前后三进，现仅存二三进和西过廊，硬山顶。一进"文化大革命"时已毁。二进正厅三开间单檐，明间梁架五架抬梁带前后双步，四柱九檩，次间梁架穿斗式用中柱。三进后厅三开间单檐，高于二进五台阶。二三进中间设天井。西过廊双开间单檐。格局不完整，做工考究，二进用材较大，有较高的文物价值。

雅金村集庆路32、34、36号民居，位于江东镇雅金村，清代建筑。坐北朝南，占地360.8平方米，前后厅（两个三合院落），硬山顶。一进前厅三开间有楼重檐，下檐施天花，明间梁架抬梁式结构用四柱，次间梁架穿斗式结构。左右厢房各三间，山面和迎面辟边门。中间设天井置照墙。二进后厅三开间有楼重檐带弄，设前廊山面辟门，弄置楼梯，明间梁架混合式用六柱，施天花。一二进中间设天井。左右厢房单间有楼重檐。格局完整，做工考究，牛腿、雀替等木构件雕刻精细，有一定的文物价值。

（七）澧浦镇（12处）

澧浦村积槐堂❶，位于澧浦镇澧浦村槐堂弄，清中期建筑。坐北朝南，占地1054平方米，前后三进带两弄，硬山马头墙。一进门楼三开间单檐，明间敞开式，前檐辟正门施天花，梁架混合式结构，五柱七檩，次间梁架穿斗式。二进大堂三开间单檐，明间梁架五架抬梁带前后双步，四柱九檩，次间梁架混合式用中柱。三进后堂三开间有楼重檐，设前廊施天花，明间梁架混合式结构，六柱十檩，次间梁架穿斗式。左右厢房有楼各八间单檐。两弄辟边门。各两进中间设天井。格局完整，规模大，用材粗大考究，牛腿、雀替和厢房花槅窗等木构件雕刻较精细，有较高的文物价值，尤其是石雕槅扇做法，独树一帜。

琐园村两面厅，位于澧浦镇琐园村中部，清代建筑。由两个院对合（忠恕堂和继述堂）组成。坐东朝西，占地986.8平方米。详见第十二章。

琐园村务本堂，位于澧浦镇琐园村东南部，清代乾隆年间建筑。坐东朝西，占地625平方米。详见第十二章。

琐园村怀德堂，位于澧浦镇琐园村南部，清代乾隆年间建筑。坐东朝西，占地570平方米。详见第十二章。

---

❶ 实为"植槐堂"，当年公布为文物时有误。

琐园村方厅，位于澧浦镇琐园村南部，清代建筑。坐东朝西，占地518.5平方米。详见第十二章。

琐园村润泽堂，儿童文学家鲁兵故居，位于金东区澧浦镇琐园村中部，清晚期建筑。坐东朝西，占地464.3平方米。详见第十二章。

蒲塘村三省堂，位于澧浦镇蒲塘村东部，清代建筑。坐东南朝西北，占地398平方米，对合院式，前后两进带两弄，硬山马头墙。一进门厅三开间有楼重檐，明间敞开式，梁架混合式结构，五柱七檩，次间梁架穿斗式。二进梁架同一进。两厢各五间两层重檐，两弄迎面辟门。一二进中间设天井。格局完整，规模较大，牛腿、雀替和厢房花槅窗等木构件雕刻较精细，有较高的文物价值。

山南村北路40号民居，位于澧浦镇山南村山南北路40号，清晚期建筑。坐北朝南，占地340.4平方米，对合院式，前后两进带两弄，迎面设边门，左右厢房，硬山顶。一进门屋三开间有楼重檐，二柱落地，明间施天花，前檐内凹斜向辟正门。二进正屋三开间有楼重檐设前廊，明间敞开式梁架混合式，五柱七檩，次间梁架穿斗式。一二进中间设天井。左右厢房各四间两层单檐。格局完整，做工考究，牛腿、雀替等木构件雕刻精细，有一定的文物价值。

郑店村花厅，位于澧浦镇郑店村花厅前巷，清中期建筑。坐东朝西，占地325.2平方米，平面呈"凸"字形，前后两进，左右设厢房，硬山顶。一进正厅三开间有楼重檐带两弄，迎面设边门，明次间下檐施弯椽卷棚顶，明间敞开式，梁架抬梁式，四柱九檩，次间梁架穿斗式用中柱。左右厢房各三间两层重檐。第一进前设天井，前置照墙辟正门。二进堂屋三开间有楼单檐，明、次间梁架穿斗式，五柱七檩。一二进中间设天井。正门照墙内外均做磨砖、砖雕、石雕门面，两侧厢房天井处前檐置青石板槛墙，上置青石墙花槛窗。格局完整，做工考究，造型独特，牛腿、雀替、斗栱、穿枋雕刻人物、禽兽、花草。木雕、砖雕、石雕工艺精致，有较高的文物和艺术价值，尤以照墙前后石雕最为出彩，金东区仅此一例。

郑店村堂楼，位于澧浦镇郑店村，清光绪年间建筑。坐北朝南，占地278.8平方米，三合院式，平面呈长方形，正屋带两弄，左右设厢房，硬山顶。正屋三开间有楼重檐，前檐施天花，明间敞开式，梁架抬梁式结构，四柱九檩，次间梁架穿斗式用中柱。两弄迎面辟边门。左右厢房各三间两层重檐。中间设天井，前置照墙辟正门。格局完整，牛腿、雀替等木构件雕刻精细，有较高的文物和艺术价值。

下西王村堂楼，位于澧浦镇下西王村中部，清代建筑。坐西朝东，占地261平方米，对合院式，前后两进带一弄，硬山马头墙。一进门厅三开间有楼重檐，明间敞开式，前檐辟正门，明次梁架混合式结构，五柱七檩。二进正厅三开间有楼重檐设前廊，下檐施天花，梁架同一进。两弄迎面设边门。一二进中间设天井。格局完整，做工考究，牛腿、雀替等木构件雕刻较精细，有较高的文物价值。

山口村夏惠苏民居，位于澧浦镇山口村中街19号，清代建筑。坐东朝西，占地159平方米，三合院式，平面呈长方形，正屋带两弄，左右设厢房，硬山顶。正屋三开间有楼重檐设前廊，山面辟边门，明间敞开式，梁架混合结构，五柱七檩，次间梁架穿斗式。左右厢房各单间两层重檐。中间设天井，前置照墙辟两门。格局完整，牛腿、雀替等木构件雕刻还较精细，有一定的文物价值。

（八）岭下镇（6处）

汪宅村花厅，位于岭下镇汪宅村，清中期建筑。坐东朝西，平面呈长方形，占地950平方米，前后三进，左右厢房，硬山顶。一进门厅三开间有楼单檐设后廊，迎面水磨砖门面，明间前辟正门，明、次间梁架混合式用五柱，明间前金柱间置档门。一二进中间设天井。二进蠡斯堂三开间。明间梁架五架抬梁带前后双步，四柱七檩。次间梁架混合式用中柱。二三进中间设天井。三进后楼三开间重檐，明、次间梁架混合式用五柱。两弄辟边门。左右厢房各十间两层，两弄山面辟边门，一二进单檐，三进重檐。格局完整，规模较大，用材考究，牛腿、梁架等木构件雕刻精湛，有较高的文物、历史、艺术价值。

岭三村楼下厅，位于岭下镇岭三村，清代建筑。坐西朝东，平面不规则，占地530平方米，前后三进，左右厢房，硬山顶。一进门厅五开间有楼重檐，明间前辟正门，水磨砖门面，明、次间梁架混合式用四柱，梢间梁架穿斗式，北梢间较小。一二进中间设天井，左右厢房各单间两层重檐，山面辟边门。二进中厅五开间有楼重檐，明间梁架抬梁式用四柱，次梢间梁架穿斗式用中柱，北梢间较小。二三进中间设天井，左右厢房两层重檐，北厢房三开间山面辟边门，南厢房单间。三进后厅四开间有楼重檐，明、次间梁架混合式用五柱，后檐带弄置楼梯，南梢间梁架穿斗式，山面辟边门。格局完整，规模较大，用材考究，牛腿、梁架等木构件雕刻精湛，有较高的文物价值。

岭三村养志堂，位于岭下镇岭三村中部，清代建筑。坐北朝南，平面呈长方形，对合院式，占地496.6平方米，前后两进带两弄，左右厢房带弄，硬山马头墙。一进门厅三开间有楼重檐设后廊，明间前檐辟正门，水磨砖门面，梁架混合式用五柱，中柱间设档门。一二进中间设天井有水池。二进正厅五开间有楼重檐设前廊施天花，明间敞开式，梁架混合式用五柱，次间梁架穿斗式。左右厢房各五间两层重檐，两弄山面辟边门。格局完整，做工考究，牛腿、梁架等木构件雕刻精细，有较高的文物价值。

新亭村馀庆堂，位于岭下镇新亭村中部，清早期建筑。坐南朝北，平面呈长方形，占地397.6平方米，前后两进，硬山顶。一进前厅三开间，明间梁架五架抬梁带前后双步，四柱九檩，次间梁架混合式用中柱。东厢房三开间两层单檐，带弄置楼梯。中间设天井，前置院墙辟正门。二进堂楼三开间有楼单檐，设前廊山面辟边门，明间敞开式，梁架混合式用五柱，次间梁架穿斗式。左右厢房弄中置楼梯。一二进中间设天井。格局完整，做工考究，二进用材粗大，牛腿、梁架等木构件雕刻精细，有较高的文物价值。

岭四村九间头，位于岭下镇岭四村三盆路62号，清中期建筑。坐北朝南，占地307.4平方米，三合院式，平面呈长方形，正屋带两弄，左右设厢房，硬山顶。正屋三开间有楼重檐设前廊，下檐施天花，明间梁架抬梁式结构用四柱，次间梁架穿斗式用中柱。左右厢房三开间有楼重檐，东厢房南次间山面辟边门，水磨砖门面。中间设天井，前置院墙。格局完整，牛腿、雀替等木构件雕刻精细，有较高的文物和艺术价值。

焦岩村厚聚堂，位于江东镇焦岩村焦中路，清代建筑。坐南朝北，平面呈长方形，三合院式，占地224.3平方米，正屋左右厢房，硬山顶。正屋五开间有楼重檐，设前廊下檐施天花，明间敞开式，梁架混合式用五柱。左右厢房单间有楼重檐，迎面辟门，中间设天井置院墙。格局完整，做工考究，牛腿、梁架等木构件雕刻精细，有较高的文物、艺术价值。

（九）塘雅镇（8处）

张店村全园，位于塘雅镇张店村中部，清代建筑。坐北朝南，占地744.1平方米，前后三进带两弄，左右厢房，屋顶硬山顶。一进门厅三开间有楼重檐，迎面水磨砖门面，明间前檐辟正门，梁架抬梁式用四柱落地，次间梁架穿斗式用中柱。一二进中间设天井。二进中厅三开间单檐。三进后厅三开间有楼重檐，明、次间梁架混合式用五柱。两弄迎面辟边门。左右厢房各八间两层重檐。格局完整，规模较大，做工简单，有一定的文物价值。

含香村十八间头，位于塘雅镇含香村中部，清代建筑。坐北朝南，对合院式，占地515.9平方米，前后两进带两弄，左右厢房，硬山马头墙。一进前厅三开间有楼重檐设后廊，明间梁架抬梁式，四柱九檩，后金柱置档门，次间梁架混合式用中柱。一进正前设天井置照墙。一二进中间设天井。二进正厅三开间有楼重檐，明间梁架混合式用五柱，次间梁架穿斗式，两弄迎面辟边门。左右厢房各六间两层重檐。格局完整，规模较大，牛腿、雀替等木构件雕刻较精细，有一定的文物价值。

含香村水阁楼，位于塘雅镇含香村中部，清代建筑。坐西朝东，平面不规则，占地510.95平方米，包含正屋、水阁楼和左右厢房，硬山马头墙。正屋六间有楼带一弄，明间梁架混合式用五柱，前檐辟正门，次梢间和北尽间梁架穿斗式用中柱。正屋明间和北次梢间后檐置水阁楼三开间。北厢房四开间两层，前檐辟边门。格局不完整，规模较大，极不对称，有一定的文物价值。

马头方村峻德堂，位于塘雅镇马头方村东部，清代建筑。坐南朝北，占地269.6平方米，平面不规则，前后两进，左右厢房，硬山顶。一进前厅三开间有楼重檐设后廊，东侧带一弄，明间梁架混合式结构，五柱七檩，次间梁架穿斗式。弄置楼梯迎面辟边门。二进正厅三开间有楼重檐设前廊，明间梁架混合式，六柱落地，次间梁架穿斗式。一二进中间设天井。左右厢房各单间两层重檐，东厢房山面辟正门，门额阳刻"波清岚碧"字样。格局完整不对称，牛腿、雀替等木构件雕刻一般，有一定的文物价值。

前溪边村堂楼，位于塘雅镇前溪边村中部，清代宣统年间建筑。坐北朝南，占地262.9平方米，三合院式，包含正屋和左右厢房，硬山顶。正屋三开间有楼重檐设前廊，明间敞开式，明、次间梁架混合式，四柱八檩，次间梁架穿斗式。左右厢房各三间两层重檐带两弄，山面辟门。中间设天井，前置照墙。格局完整，牛腿、雀替等木构件雕刻精细，前廊梁枋留下"大清宣统元年制造"年代落款，有一定的文物价值。

马头方村善庆堂，位于塘雅镇马头方村中部，清代建筑。坐北朝南，对合院式，占地221.8平方米，前后两进，左右厢房，硬山顶。一进门厅三开间有楼单檐，明间敞开式，前檐辟正门，梁架混合式，四柱落地，次间梁架穿斗式。二进正厅三开间有楼单檐，明间梁架混合式，五柱落地，次间梁架穿斗式。各间板壁隔断。一二进中间设天井。左右过廊各单间单檐。格局完整，牛腿、雀替等木构件雕刻一般，有一定的文物价值。

下吴村长弄堂民居，位于塘雅镇下吴村长弄堂巷13号，清代建筑。坐北朝南，占地191平方米，一进排屋、二进三合院（正屋和左右厢房），硬山顶。一进排屋三开间有楼重檐，下檐雕刻牛腿置档门，明间后檐辟门。二进三合院落，正屋三开间有楼重檐，设前廊山面辟门，明间梁架混合式，五柱七檩，次间梁架穿斗式。左右厢房各单间两层重檐呈弄状。两进中间设天井。格局完整，构架简洁，有一定的文物价值。

前溪边村味兰轩，位于塘雅镇前溪边村中部，清中期建筑。坐北朝南，三合院式，占地107.6平方米，正屋带一弄，硬山马头墙。正屋三开间有楼单檐设前廊，明间敞开式，梁架混合式结构，五柱落地，次间梁架穿斗式。弄置楼梯。正屋前设天井，置照墙辟正门，迎面三柱三间水磨砖门面，门框镂空雕刻对狮和鸟等图案，门额阳刻"驷马先声"字样，落款"朱若功题""大清丁酉桂秋"。格局完整，正门门面做工考究，有较高的文物价值。

（十）孝顺镇（13处）

中柔三村诗礼堂，位于孝顺镇中柔三村，清早期建筑。坐北朝南，占地945平方米，前后三进，由三个三合院组合而成，硬山顶。一进前厅坐南朝北，前后檐马头墙，正屋三开间有楼重檐带两弄，北面设边门，明间梁架抬梁式，四柱落地，次间梁架混合式用中柱。左右厢房各三间有楼重檐，东厢房北次间山面设正门。中间设天井。二进正屋三开间单檐带两弄，后檐东弄设边门，明间梁架五架抬梁带前后双步，四柱落地，前檐置弯椽卷棚顶，次间梁架混合式用中柱，左右厢房三开间有楼单檐。三进后楼三开间单檐带两弄，设前廊，明间梁架抬梁式，五柱落地，次间梁架穿斗式，左右厢房三开间有楼单檐，中间设天井，东山面设边门。格局完整，牛腿、雀替、斗栱、花板均雕刻各种禽兽、花卉，内容丰富，雕刻工艺精湛，有一定的文物价值。

夏宅村存德堂，位于孝顺镇夏宅村北部，清代建筑。坐北朝南，平面呈长方形，占地813.5平方米，前后三进带两弄，左右设厢房，硬山顶。一进前厅三开间有楼重檐，明间梁架混合式用五柱，次间梁架穿斗式。一二进中间设天井。二进中厅三开间有楼重檐设后廊，明间梁架抬梁式结构用五柱，次间梁架穿斗式。二三进中间设天井。三进后厅三开间有楼重檐，明间梁架混合式结构用六柱，次间梁架穿斗式。左右厢房各九间有楼重檐，东山面辟门两处，水磨砖门面。格局完整，规模大，牛腿、雀替等木构件雕刻精细，有较高的文物价值。

夏宅村夏桂钱民居，位于孝顺镇夏宅村北部，清代建筑。坐西朝东，对合院式，占地371.3平方米，平面呈长方形，前后两进带两弄，左右厢房，硬山顶。一进门屋三开间单檐，明间前檐辟正门，梁架抬梁式，次间梁架混合式。一二进中间设天井。二进正屋三开间有楼重檐，设前廊，明间敞开式，梁架混合式用五柱，次间梁架穿斗式前檐置扇门。前廊与两弄置门扇，两弄迎面辟边门。左右厢房各四间两层重檐。格局完整，牛腿、雀替等木构件雕刻精细，有一定的文物价值。

塘里村服义堂，位于孝顺镇塘里村南部，清代建筑。坐北朝南，占地737平方米，平面呈长方形，前后三进带弄，左右厢房，硬山顶。一进前厅三开间单檐，明次间梁架穿斗式，五柱七檩，明间前檐辟正门设踏跺三级附垂带，水磨砖门面。二进正厅三开间有楼单檐设后廊，高于一进二台阶，明间梁架五架抬梁式带后单步，前檐置弯椽卷棚顶，五柱落地，次间梁架混合式用中柱，下檐窗板刻花草和福字图案。一二进中间设天井。三进后堂楼三开间单檐设前廊，高于一进二台阶，明、次间梁架混合式，五柱落地。二三进中间甬道相连，青石板铺就，左右设水池，实体护栏立柱相隔。两弄迎面辟边门。东厢房九开间有楼。格局不完整，牛腿、雀替和门窗雕刻精湛，有较高的文物和艺术价值。

浦口村十八间头，位于孝顺镇浦口村中部，清代建筑。坐西朝东，占地612.3平方米，对合院式，前后两进带两弄，左右设厢房，硬山顶。一进门厅三开间有楼重檐，前檐辟正门，明、次间梁架穿斗式结构，四柱落地。二进正厅三开间有楼厢重檐，明、次间梁架抬梁式结构，四柱九檩。两弄辟边门。左右厢房各六间两层重檐，迎面和后檐设边门。中间设天井，两侧水磨砖槛墙上安置花格窗。格局完整，整体木构架用材比例适中，牛腿、雀替、花板等木构件雕刻精美，门面和厢房槛墙磨砖工艺精细，有一定的文物价值。

上市基村小房厅，位于鞋塘管理处上市基村中部，清代建筑。坐东朝西，平面呈长方形，占地553.5平方米，对合院式，前后两进带两弄，左右厢房，硬山马头墙。一进门厅三开间有楼重檐设后廊，明间敞开式，前檐辟正门，梁架混合式，五柱七檩，次间梁架穿斗式。二进正厅三开间有楼重檐，设前廊施天花，明间敞开式，梁架抬梁式结构，四柱九檩，次间梁架混合式用中柱。左右厢房各六间两层重檐。中间设天井。格局完整，牛腿、雀替等木构件雕刻精细，有较高的文物价值。

中柔一村务本堂，位于孝顺镇中柔一村中部，清中期建筑。坐西朝东，占地236.7平方米，三合院式，平面呈长方形，正屋与左右设厢房，硬山顶。正屋三开间有楼重檐带两弄，金柱和前檐柱间施天花，明次间梁架抬梁式结构，四柱八檩。北厢房三开间有楼重檐带一弄。中间设天井，置筋骨架辟正门。格局不完整，牛腿、斗栱、花板、雀替等木构件雕刻草龙纹，厢房磨砖槛墙，制作工艺精湛，有一定的文物价值。

中柔三村义约堂，位于孝顺镇中柔三村南部，清代建筑。坐北朝南，占地530.8平方米，对合院式，前后两进带两弄，左右设厢房，硬山顶。第一进大门三开间有楼重檐，明、次间梁架穿斗式，五柱落地，明间前檐辟正门。一二进中间设天井。第二进正厅三开间有楼重檐，明间梁架五架抬梁带前后双步，四柱九檩，次间梁架混合式用中柱。两弄辟边门。左右厢房各六间有楼重檐带弄设边门。格局完整，牛腿、雀替、斗栱、花板均雕刻各种禽兽、花卉，内容丰富，雕刻工艺精湛，有一定的文物价值。

前楼下村雍德堂，位于鞋塘管理处前楼下村中部，清中期建筑。坐东朝西，占地340.5平方米，三合院式，厅堂带一弄，左右厢房，硬山顶。厅堂三开间有楼重檐，设后廊施天花，明间前檐辟正门，牌坊式水磨砖门面，梁架抬梁式结构，六柱八檩，次间梁架穿斗式。北厢房四开间两层重檐，南厢房三开间带一弄有楼重檐。厅堂后设天井置照墙。格局完整不对称，牛腿、雀替和花槅门窗雕刻较精细，有较高的文物价值。

　　后楼下村二房厅，位于鞋塘管理处后楼下村中部，清代建筑。坐北朝南，占地329.4平方米，三合院式，正屋带两弄，左右厢房，硬山顶。正屋三开间有楼重檐设前廊施天花，明间敞开式，梁架混合式结构，五柱七檩，次间梁架穿斗式用中柱。两弄迎面辟边门。左右厢房各三间两层重檐带弄，山面辟边门。中间设天井，前置照墙。格局完整，牛腿、雀替和槅扇门窗雕刻较精细，有一定的文物价值。

　　林塘下村九间头，位于鞋塘管理处林塘下村中部，清代建筑。坐东朝西，占地270平方米，三合院式，正屋与左右厢房，硬山马头墙。正屋三开间有楼重檐，设前廊山面辟门，明间敞开式，梁架混合式结构，五柱七檩，次间梁架穿斗式。左右厢房各三间两层重檐。中间设天井，前置照墙。格局完整，牛腿、雀替和花槅门窗雕刻较精细，有一定的文物价值。

　　浦口村施德堂，位于孝顺镇浦口村北部，清早期建筑。坐北朝南，占地264.7平方米，包含正屋和左右厢房，硬山马头墙。正屋三开间有楼单檐带两弄，迎面设边门，明间梁架抬梁式，四柱七檩，次间梁架抬梁穿斗混合式，用中柱。左右厢房三开间有楼单檐，中间设天井，前置照墙，砖雕"诒谋燕翼"，上绘墨画"一斗六升"。格局完整，牛腿、雀替雕刻精湛，有一定的文物价值。

　　南仓村五间头，位于孝顺镇南仓村中部，清代建筑。坐北朝南，占地146.3平方米，三合院式，平面呈长方形，正屋与左右设厢房，硬山顶。正屋五开间有楼重檐设前廊，山面辟边门，明间敞开式，明间梁架混合式结构，五柱七檩，次梢间梁架穿斗式。左右厢房各单间两层重檐。中间设天井，前置院墙辟正门。格局完整，牛腿、雀替等木构件雕刻一般，有一定的文物价值。

（十一）源东乡（8处）

　　长塘村三头厅，位于源东乡长塘村中部，清代建筑。坐东朝西，平面布局呈长方形，占地面积781平方米，建筑前后共三进，左右厢房，硬山顶。第一进为门厅三开间有楼重檐，明间前檐辟正门，梁架抬梁式用四柱，次间梁架为混合式用中柱。第二进为中厅有楼重檐，梁架同一进。第三进为后厅有楼重檐，梁架混合式，明间用四柱，次间用五柱。各两进中间设天井。两侧厢房各十间有楼重檐，迎面辟边门。格局不完整，牛腿、斗栱、雀替、花板、替木等构件雕刻人物、禽兽、花草、卷草纹等，雕刻工艺精致，有较高的文物价值。

梅村宝善堂，位于源东乡梅村北部，清代建筑。坐东朝西，平面呈长方形，占地544.6平方米，前后两进带两弄，左右厢房，硬山顶。一进门厅三开间有楼重檐，明间前檐辟正门，水磨砖门面，明间梁架混合式用五柱，次间梁架穿斗式。二进正厅三开间有楼重檐，梁架同一进。正厅后檐设天井置院墙。两弄迎面辟边门。左右厢房各六间两层重檐。一进前设天井置院墙辟正门。格局完整，牛腿、雀替等木构件雕刻精细，有一定的文物价值。

后施村仁聚堂，位于源东乡后施村中部，清代建筑。坐东朝西，对合院式，占地532.7平方米，平面呈长方形，前后两进带两弄，左右厢房，硬山顶。一进门厅三开间有楼重檐，明间前檐辟正门，梁架混合式用五柱，次间梁架穿斗式。二进正厅三开间有楼重檐，下檐置弯椽卷棚顶，明间梁架抬梁式用四柱，次间梁架混合式用中柱。两弄迎面辟边门。左右厢房各六间有楼重檐。中间设天井。横向置隔断墙辟门。格局完整，牛腿、雀替等木构件雕刻精细，有较高的文物价值。

上京村上下厅，位于源东乡上京村京环街19、25号，清代建筑。坐北朝南，平面不规则，占地508.9平方米，前后两进带两弄，左右厢房，硬山顶。二进上厅建造时间早于一进下厅，以对接方式组成对合院落。一进下厅三开间有楼重檐，明间前檐辟正门，梁架抬梁式用四柱，次间梁架混合式结构用五柱。左右厢房各三间两层重檐，山面辟边门。两弄置楼梯辟边门。中间设天井。一二进中间土墙隔断，中间辟门。二进上厅三开间有楼重檐，梁架和构造同一进。格局完整，牛腿、雀替等木构件雕刻精细，有较高的文物价值。

长塘徐村善居堂，位于源东乡长塘徐村，清代建筑。坐北朝南，平面呈长方形，三合院式，占地268平方米，正屋带两弄，左右厢房带两弄，硬山顶。正屋三开间有楼重檐，明间敞开式，梁架抬梁式用四柱，次间梁架穿斗式。两弄置楼梯。左右厢房各三间有楼单檐带两弄。中间设天井，置院墙辟正门。格局完整，做工考究，尤其是厢房槛墙浮刻草书诗句较为独特，有较高的文物和艺术价值。

东叶村下塘巷28号民居，位于源东乡东叶村下塘巷28号，清代建筑。坐北朝南，三合院式，占地264平方米，平面呈长方形，正屋与左右厢房，硬山马头墙。正屋五开间有楼重檐，设前廊山面辟边门，明间梁架抬梁式用四柱，次间梁架混合式用中柱，梢间穿斗式。左右厢房各两间有楼重檐。中间设天井，置院墙辟正门。格局完整，做工考究，牛腿、雀替等木构件雕刻精细，有较高的文物和艺术价值。

东前施村下厅，位于源东乡东前施村前施自然村中部，清代建筑。坐北朝南，平面呈长方形，三合院式，占地235.2平方米，正屋带两弄，左右厢房，硬山顶。正屋三开间单檐，明间梁架五架抬梁带前后单步，四柱九檩，次间梁架混合式用中柱。两弄迎面辟边门。左右厢房各三间有楼单檐，迎面马头墙，西厢房北次间山面辟边门。中间设天井，置院墙辟正门。格局完整，做工考究，牛腿、梁架等木构件雕刻精细，有较高的文物、艺术价值。

大路村大路"启明焕彩"民居，位于源东乡大路村中部，清代建筑。坐北朝南，占地112.6平方米，三合院式，平面呈长方形，正屋与左右厢房，硬山马头墙。正屋三开间有楼重檐设前廊，山面辟边门，明间敞开式，梁架抬梁式结构用四柱，次间梁架混合式用五柱。左右厢房各单间两层重檐，中间设天井，置院墙辟正门。格局完整，牛腿和梁架雕刻一般，有一定的文物价值。

七、各乡镇民国民居选辑❶

（一）多湖街道（3处）

西盛村十八间头，位于多湖街道西盛村樟树下，民国建筑。坐北朝南，前后两进，正屋三间两弄，左右厢房，四合院式，占地453.7平方米。硬山马头墙。一进门厅有楼重檐，明间前檐辟正门，明间梁架抬梁式，次间梁架混合式。二进正厅已倒塌，两弄辟边门。左右厢房现存三间两层重檐。中间设天井。格局不完整，一进牛腿、雀替等木构件雕刻较精美，有一定的文物价值。

汀村敬义堂，位于多湖街道汀村君泽街，民国建筑。坐南朝北，前后两进，正屋三

---

❶ 根据金东区"三普"资料整理。

间，左右厢房，占地407.1平方米。硬山马头墙。一进门厅有楼单檐，明间敞开式，明间梁架抬梁式，次间梁架混合式。二进正厅三间，有楼单檐置挑廊，设前廊，后置档门隔开，明间梁架抬梁式，次间梁架混合式。一二进中间设天井。左右厢房各六间，两层单檐带两弄，东厢房山面辟边门。一进前设天井，置照墙辟正门。格局完整，牛腿、雀替等木构件雕刻较精细，有一定的文物价值。

孟宅村五间头，位于多湖街道孟宅村中部，民国建筑。坐北朝南，正屋五间，左右设厢房，三合院式，占地142.2平方米。硬山顶。正屋有楼重檐设前廊，明间敞开式，明次间梁架混合式，次间梁架穿斗式。左右厢房各单间，两层重檐，迎面辟边门。中间设天井，置院墙辟正门。格局完整，牛腿和梁架雕刻较精细，有一定的文物价值。

（二）东孝街道（4处）

雅芳埠村寿宁巷3号民居，位于东孝街道雅芳埠村寿宁巷，民国建筑。坐南朝北，正屋三间，左右厢房，占地325.3平方米。硬山顶。一进明间前檐辟正门。二进正屋三间敞开式，有楼重檐设前廊，明、次间梁架混合式。左右厢房各单间，两层重檐，设檐廊带两弄，山面辟边门。中间设天井。格局完整，牛腿、雀替等木构件雕刻较精细，有一定的文物价值。

雅芳埠村寿宁巷15～17号民居，位于东孝街道雅芳埠村寿宁巷，民国建筑。坐南朝北，正屋三间两弄，左右厢房，三合院式，占地303.5平方米。五花马头墙。正屋有楼重檐设前廊，下檐施天花，明间敞开式，明、次间梁架混合式。两弄置楼梯，迎面辟门，边门往内地面略高两台阶。左右厢房各三间，两层重檐。中间设天井，前置照墙。格局完整，牛腿、雀替等木构件雕刻较精细，有一定的文物价值。

雅芳埠村金峰巷12、16、18号民居，位于东孝街道雅芳埠村金峰巷，民国建筑。坐北朝南，前后两进，正屋三间，左右厢房，四合院式，占地236.2平方米。硬山顶。一进前厅有楼单檐设后廊，明间敞开式，梁架混合式结构，次间梁架穿斗式。二进正厅三间，有楼单檐设前廊，山面辟门，梁架同一进。左右厢房各单间，两层单檐。中间设天井。二楼置挑廊。格局完整，做工精致，有一定的文物价值。

雅芳埠村忠孝路3号民居，位于东孝街道雅芳埠村忠孝路，民国建筑。坐南朝北，正屋五间，左右厢房，三合院式，占地198.9平方米。硬山顶。正屋有楼重檐设前廊，明间敞开式，梁架混合式，次梢间穿斗式。左右厢房各单间，两层重檐。中间设天井，前置照墙辟正门。格局完整，牛腿、雀替等木构件雕刻较精细，有一定的文物价值。

（三）曹宅镇（5处）

曹宅村十八间头，位于曹宅镇曹宅村拱坦路，民国建筑。前后三进，左右厢房带两弄，坐北朝南，占地952.2平方米。一进门厅三间，明间前檐辟正门。一二进中间设天井。二进正厅三间。二三进中间设天井。三进后厅内部梁架不清。左右厢房各七间，有楼单檐带弄，山面辟边门。东面伙房三合院式，正屋六间一层单檐，与二三进东边门置穿廊对接。此建筑格局完整，规模较大，楼层较高，民国建筑风格明显，新中国成立前原户主曹荣庵逃往上海后由当地政府接管至今，有一定的文物价值。

千人安村十八间头，位于曹宅镇千人安村中部北山街，民国建筑。坐北朝南，前后两进带两弄，四合院式，占地408.9平方米。硬山马头墙。一进门厅三开间，有楼单檐，设后廊。二进正厅三间有楼单檐，明间后金柱置太师壁。左右厢房各六间。中间天井。二楼设挑廊。牛腿、雀替等木构件雕刻较精细，民国建筑风格明显，有一定的文物价值。

曹宅村八字门5号民居，位于曹宅镇曹宅村八字门5号，民国建筑。坐北朝南，四合院式，占地347.4平方米。一进门屋三间，明间前檐辟正门。二进正屋三间，重檐敞口式，明间后有厢房，下檐置玻璃窗。二进次间后檐与小天井置花槅门窗。左右厢房各五间带两弄，山面辟边门。此建筑较完整，民国建筑风格明显，有一定代表性。

溪头村九间，位于曹宅镇溪头村古樟街，民国建筑。坐西朝东，前后两进，正屋三间两弄，左右厢房，四合院式，占地241平方米。硬山顶。一进檐廊有楼重檐，明间前檐辟正门。二进正屋三间，有楼重檐。两弄辟边门。左右厢房各三间，两层重檐。中间设天井。格局完整，做工考究，牛腿、雀替等木构雕刻较精细，有一定文物价值。

黄金畈村崇德堂，位于曹宅镇黄金畈村新门巷28号，民国建筑。坐北朝南，三合院式，占地152.6平方米。正屋三间，重檐有楼设前廊，山面马头墙辟边门。左右厢房各单间，重檐有楼。中间天井，置院墙辟正门。格局完整，做工考究，牛腿、雀替等构件雕刻较精细，有一定的文物价值。

（四）赤松镇（5处）

下牌塘村29号民居，位于赤松镇下牌塘村东陵西路，民国建筑。坐北朝南，正屋三间两弄，左右厢房，三合院式，占地318平方米。硬山马头墙。正屋有楼重檐，下檐施天花，明、次间梁架混合式结构，明间后金柱间置档门，两弄后檐置边门。左右厢房各三间，两层重檐。中间设天井，前置照墙辟正门。格局完整，该民居在1938年[1]期间是台湾义勇队办公场所，有重要的历史和文物价值。

下牌塘村13号民居，位于赤松镇下牌塘村东陵西路，民国建筑。坐北朝南，正屋三间两弄，左右厢房，三合院式，占地307.4平方米。硬山马头墙。正屋三间，有楼重檐，设前廊，山面辟边门，下檐施天花，明、次间梁架混合式结构，两弄辟边门。左右厢房各三间，两层重檐。中间设天井，前置照墙辟正门。格局完整，规模较大，牛腿、雀替等木构件雕刻精细，有较高的文物价值。

官沿头村三间头，位于赤松镇官沿头村中部，民国建筑。坐东朝西，正屋三间，左右厢房，三合院式，占地117.4平方米。硬山马头墙。正屋有楼单檐设前廊，山面辟门，明间梁架抬梁式，四柱落地，次间梁架混合式用中柱。左右厢房各单间，两层单檐。中间设天井，照墙为隔屋山墙。二楼置挑廊。格局完整，民国建筑风格明显，有较强的时代代表性。

山口村七间头，位于赤松镇山口村中部，民国建筑。坐北朝南，三合院式，正屋三间，左右厢房有檐廊，占地160.4平方米。硬山马头墙。一进檐廊三间单檐，前檐辟门。二进正屋三间，有楼重檐设前廊，下檐施天花，明间敞开式，梁架混合式结构，次间梁架穿斗式，明间后檐辟门。左右厢房各单间，两层重檐。中间设天井。格局完整，照墙壁画人物字画形象生动，栩栩如生，有较高的文物价值。

岗上村四合院，位于赤松镇岗上村中部，民国建筑。坐西朝东，前后两进，正屋三间，左右厢房，四合院式，占地173.4平方米。硬山顶。一进门厅有楼单檐，明间梁架抬梁式，次梢间梁架穿斗式，明间前檐辟正门。二进堂楼三间带两弄，有楼单檐设前廊，明、次间梁架混合式，各间板墙隔断。左右厢房各单间，两层单檐。二楼置挑廊。中间设天井。格局完整，特色明显，有较强的时代代表性。

---

[1] 一说台湾义勇队为1939年成立。

（五）傅村镇（7处）

畈田蒋村艾青故居，位于傅村镇畈田蒋村中部，民国建筑。坐北朝南，一进堂楼，左右厢房，三合院式，中间设天井置照墙，占地183.5平方米。堂楼五间设前廊，山面设边门，明、次间梁架抬梁穿斗式，梢间梁架穿斗式。两厢各单间楼屋，明间后檐辟正门。1960年代初故居中间部分由当时的艾青伯母陈氏卖于同村村民蒋光斗，1980年初东厢小房也卖于蒋光斗，现故居由蒋光斗家看管。此故居对研究艾青成为诗坛泰斗的历程具有重要价值。已对游人开放。

艾青（1910—1996年），原名蒋海涵、蒋海澄，浙江金华畈田蒋村人。我国现代著名诗人。1933年首次用笔名"艾青"创作其成名作——《大堰河——我的保姆》，在文坛显露头角。此后创作的诗歌大多讴歌劳动人民的生活，在艺术上形成独特风格，名扬海内外。1985年艾青获法国文学艺术最高勋章，并与聂鲁达、希梅达一起被列为"现代世界三位最伟大的人民诗人"。

溪口村前后堂楼，位于傅村镇溪口村东部，民国建筑。坐东朝西，正屋三间，前后两个三合院（前后堂楼），占地540.6平方米。硬山顶。一进前堂楼正屋三间，有楼重檐，明间敞开式，明、次间梁架混合式，次间前檐隔墙施壁画。左右厢房各三间，两层单檐带弄。中间设天井，前置照墙辟正门。二进后堂楼正屋三间，有楼重檐，明间敞开式，梁架同一进。左右厢房各三开间，两层单檐带弄。前后堂楼两弄相通设门。中间设天井。格局不完整，厢房花槅门窗，牛腿、雀替等木构件雕刻较精细，一进次间壁画典朴，有一定的文物和艺术价值。

溪口村慎德楼，位于傅村镇溪口村东部，民国建筑。坐东朝西，正屋三间两弄，左右厢房，三合院式，占地439.9平方米。硬山顶。正屋有楼重檐，明间敞开，明间梁架混合式，次间梁架穿斗式，北弄后檐辟门。左右厢房各三间，两层重檐，下檐有花槅门窗。中间设天井，前置照墙。格局完整不对称，厢房花槅门窗，牛腿、雀替等构件雕刻较精细，有一定的文物价值。

下溪村十四间头，位于傅村镇下溪村中部，民国建筑。坐北朝南，前后两进，正屋五间，左右厢房，四合院式，占地282.9平方米。硬山顶。一进门厅有楼重檐，明间前檐辟正门，梁架抬梁式，次梢间梁架穿斗式。一二进中间设天井。二进正厅五间，有楼重檐，明间敞开式，梁架混合式，次梢间梁架穿斗式。左右厢房各双间，两层重檐，下檐置花槅门窗。格局完整，规模较大，牛腿、雀替和厢房门窗等木构件雕刻精细，有一定的文物价值。

山头下村仿西洋建筑，位于博村镇山头下村南门街，民国建筑。坐东朝西，前后两进，正屋五间，左右厢房，四合院式，占地227平方米（详见第十一章）。

上何村七间头，位于博村镇上何村西部，民国建筑。坐北朝南，正屋五间，左右厢房，三合院式，占地169.8平方米。硬山顶。正屋有楼重檐设前廊，西山面辟边门，明间敞开式，明间梁架混合式，次梢间梁架穿斗式，前檐置花槅门窗。左右厢房各单间，两层重檐，下檐有花槅门窗。中间设天井，前置照墙辟正门。格局完整，厢房花槅门窗，牛腿、雀替等木构件雕刻较精细，有一定的文物价值。

畈田蒋村诚乐堂，位于博村镇畈田蒋村南部，民国建筑。坐北朝南，前后两进，正屋三间，左右过廊，四合院式，占地165.5平方米。硬山顶。一进门厅有楼单檐，明、次间梁架穿斗式，明间前檐辟门。二进正厅三间，有楼单檐，明间梁架抬梁式，次间梁架穿斗式。左右过廊各单间，西侧置楼梯。中间设天井。一二进和左右过廊二楼置挑廊。诚乐堂格局完整，原为1950年田溪乡办公场所，牛腿、雀替雕刻较精美，极具地方特色，有一定的文物价值。

（六）江东镇（5处）

雅湖村十八间头，位于江东镇雅湖村古湖路27、31、31号，民国3年（1914年）建筑。坐西朝东，前后两进带两弄，左右设厢房，平面呈长方形，四合院式，占地616.8平方米。硬山马头墙。一进门屋三开间，有楼重檐，明间前檐辟正门，设踏跺五级附垂带，明、次间梁架穿斗式结构，五柱落地。二进正屋三开间，有楼重檐设前廊，明间梁架混合式结构，四柱八檩，次间梁架穿斗式结构。两弄置楼梯，迎面和后檐设边门，设踏跺五级附垂带。左右厢房各六开间，两层重檐带弄，山面辟边门。中间设天井。格局完整，牛腿、雀替、花板等木构件雕刻精美，且留下具体年代落款，有较高的文物价值。

雅湖村古湖路8、10号民居，位于江东镇雅湖村古湖路，民国建筑。坐西朝东，正屋三间两弄，左右设厢房，三合院式，占地371.6平方米。硬山马头墙。正屋有楼重檐设前廊，山面辟边门，明间梁架混合式，次间梁架穿斗式。左右厢房各三间，有楼重檐，山面辟边门，中间设天井，前置照墙辟正门，设踏跺三级附垂带。格局完整，牛腿雕刻精细，有一定的文物价值。

雅湖村继美堂，位于江东镇雅湖村通天巷，民国建筑。坐北朝南，前后两进，正屋五间，左右厢房，四合院式，占地342.2平方米。硬山马头墙。一进门屋有楼单檐，明间前檐辟正门，设踏跺三级，梁架抬梁式，次梢间梁架穿斗式。二进正屋五间，有楼单檐设前廊，山面辟边门，带弄置楼梯，明、次间梁架混合式，梢间梁架穿斗式，减柱做法。左右厢房各单间单檐。一二进中间设天井。二楼置挑廊。格局完整，民国建筑风格明显，有一定的文物价值。

雅湖村古井巷2号民居，位于江东镇雅湖村古井巷2号，民国建筑。坐北朝南，前后两进，正屋三间，左右厢房，四合院式，占地182.9平方米。硬山顶。一进门厅有楼单檐，迎面二楼附腰檐，明间前檐辟正门，梁架抬梁式，前金柱间置档门，次间梁架穿斗式。二进正厅三间，有楼单檐设前廊，西山面辟边门，明、次间梁架同一进。左右厢房各单间单檐。一二进中间设天井。二楼置挑廊。格局完整，牛腿、雀替等木构件雕刻较精细，有一定的文物价值。

焦岩村钟英堂，位于江东镇焦岩村江宾路，建于1937—1938年，民国建筑。坐北朝南，正屋三间，左右厢房，三合院式，占地160.5平方米。硬山顶。正屋有楼带一弄，单檐设前廊，山面辟边门，设踏跺三级。明间梁架混合式，次间梁架穿斗式。左右厢房各单间，两层单檐，中间设天井，置照墙辟正门，设踏跺三级。格局完整，民国建筑风格明显，有一定的历史价值。

（七）澧浦镇（8处）

浣纱塘村三层楼，位于澧浦镇浣纱塘村中部，民国建筑。坐北朝南，前后两进带两弄设边门，左右厢房，平面呈长方形，占地587.87平方米。硬山顶。一进门楼三层三开间重檐，迎面四柱三间牌坊式门面，明间前檐辟正门，明间敞开式，明、次间梁架混合式结构，四柱九檩，二楼置挑廊。二进正屋三间，两层重檐设前廊，明、次间梁架混合式结构，六柱十檩，两弄置楼梯。左右厢房各六开间，重檐带两弄，山面设边门。一二进中间设天井，正中横向至山墙用砖墙隔断。格局完整，规模较大，气势磅礴，牛腿、雀替等木构件雕刻精细，有较高的文物价值。

三角塘村五福路20号民居，位于澧浦镇三角塘村五福路，民国建筑。坐北朝南，前后三进，左右设厢房，占地457.7平方米。硬山顶。一进头门有楼，中间设通道，前檐辟正门。二进正厅五间，有楼单檐，明间梁架抬梁式，次梢梁架间穿斗式。一二进横向砖墙隔断。三进后楼五间有楼单檐，明间敞开式，梁架混合式，次梢间梁架穿斗式。二三进中间设天井。左右厢房各两间，两层单檐。二楼置挑廊。格局完整，一进后建，整个建筑规模较大，牛腿、雀替等木构件雕刻精细，有较高的文物价值。

上埠头村埠富路52号民居，位于澧浦镇上埠头村埠富路，民国建筑。坐北朝南，前后两进两弄，左右厢房，四合院式，占地440.8平方米。硬山顶。一进门厅三间有楼重檐，明间敞开式，前檐辟正门，梁架混合式，次间梁架穿斗式。二进正厅三间，有楼重檐设前廊，明间敞开式，明、次间梁架混合式。一二进中间设天井。左右厢房各五间，两弄有楼重檐，山面设边门。格局完整，牛腿、雀替等木构件雕刻一般，有一定文物价值。

铁店村义和堂，位于澧浦镇铁店村中部，民国建筑。坐西朝东，前后两进，正屋三间两弄，左右设厢房，四合院式，占地248.3平方米。硬山顶。一进门厅有楼单檐，明间敞开式，明、次间梁架混合式。二进正厅四间，有楼单檐，明、次间梁架同一进，南梢间梁架穿斗式。左右厢房各单间，两层单檐。中间设天井。二楼置挑廊。格局完整，但不规则，牛腿、雀替等木构件雕刻精细，民国建筑风格明显，有较高的文物价值。

郡塘下村务本堂，位于澧浦镇郡塘下村中部，民国建筑。坐东朝西，正屋七间两弄，左右厢房，迎面设边门，三合院式，占地243.4平方米。硬山马头墙。正屋七间，有楼重檐设前廊，明间敞开式，明、次间梁架混合式，梢间和尽间梁架穿斗式。左右厢房各单间，两层重檐。中间设天井，前置照墙辟正门。两弄边门置踏跺五级附垂带。格局完整，规模较大，做工考究，牛腿、雀替等木构件雕刻精湛，有较高的文物价值。

南宅村和乐堂，位于澧浦镇南宅村中部，民国建筑。坐南朝北，正屋五间两弄，左右厢房，三合院式，占地242.6平方米。硬山顶。正屋有楼重檐，设前廊山面设边门，明间敞开式，梁架混合式，次梢间梁架穿斗式。左右厢房各单间，两层重檐。中间设天井，前置照墙。格局完整，牛腿、雀替等木构件雕刻精细，有较高的文物价值。

南宅村刘志桥民居，位于澧浦镇南宅村南部，民国建筑。坐南朝北，正屋五间，左右厢房，三合院式，占地187.6平方米。硬山顶。正屋有楼单檐，明间敞开式，梁架混合式，次梢间梁架穿斗式。左右厢房各单间，两层单檐。中间设天井，前置照墙辟正门。二楼置挑廊。格局完整，牛腿、雀替等木构件雕刻精细，有较高的文物价值。

里郑村黄乃耐故居，位于澧浦镇里郑村东南部，民国建筑。坐南朝北，正屋三间一弄，占地92.9平方米。硬山顶。明间梁架穿斗式，外墙承重，明间前后檐辟门，前门拱卷眉，浮雕花瓶和鲜花图案。整个建筑简洁实用，保存完整。

黄乃耐（1876—1942年），国画大师黄宾虹胞妹，1921年2月，举办私人学校，免费招收贫困儿童，1924年，独资兴建校舍，费时4个月建成，经政府登记，正式定名为"私立东源小学"，1939年改称"私立乃耐小学"。抗日战争之初，浙江贫儿院从杭州迁至里郑村，黄乃耐热情帮助并积极支持贫儿院师生开展抗日救亡活动。黄乃耐的兴学义举受到广泛赞誉，金华教育界向她赠送"乐育英才"匾额，金华县政府向她颁发了"热心公益"的匾额。黄乃耐深受四方乡邻的爱戴和敬佩，称她为"女中豪杰"。

（八）岭下镇（4处）

下包村忠厚堂，位于岭下镇下包村中部，民国建筑。坐北朝南，前后两进，正屋五间两弄，左右厢房，四合院式，占地426.2平方米。硬山顶。一进门厅五间有楼单檐，设后廊山面辟边门，明间前檐辟正门，明、次间梁架混合式，梢间梁架穿斗式。二进正厅五间有楼单檐，设前廊山面辟边门，梁架混合式，两弄置楼梯。左右厢房各二间，两层单檐设前廊。一二进中间设天井。二楼置挑廊。格局完整，做工考究，牛腿、梁架等木构件雕刻精细，有较高的文物价值。

严村馀三堂，位于岭下镇严村中部，民国建筑。坐北朝南，正屋五间，前厅后堂，由两个三合院组成，占地390.2平方米。硬山顶。一进厅堂正屋有楼重檐，设前廊施开花山面辟边门，明间梁架混合式次，次间梁架穿斗式；左右厢房各三间，两层重檐；中间设天井，置院墙辟正门。二进正屋五间有楼单檐，设前廊山面辟边门，明间敞开式，梁架混合式，次梢间穿斗式；左右厢房各单间，两层单檐；中间设天井；二楼置挑窗。格局完整，做工考究，民国典型建筑风格，有较高的文物价值。

后溪村东阳铺五间头，位于岭下镇后溪村东阳铺自然村中部，建于1926年，民国建筑。坐北朝南，包含正屋五间与左右厢房，为三合院式，占地225.7平方米。硬山顶。正屋有楼单檐设前廊，山面辟边门，明、次间梁架混合式，梢间梁架穿斗式。左右厢房单间檐带弄置楼梯。二楼置挑廊。中间设天井前置照墙辟正门。格局完整，牛腿、雀替等木构件雕刻较精细，有一定的文物价值。

严村馀庆堂，位于岭下镇严村中部，民国建筑。坐北朝南，前后两进，左右厢房，四合院式，占地195.5平方米。硬山马头墙。一进檐廊三间，明间施天花，前檐辟正门。一二进中间设天井。二进正屋五间有楼重檐，明间敞开式，梁架混合式，次梢间梁架穿斗式。左右厢房各单间，两层重檐，带弄置楼梯。格局完整，做工考究，牛腿、梁架等木构件雕刻精细，有较高的文物价值。

（九）塘雅镇（9处）

竹溪塘村永诚堂，位于塘雅镇竹溪塘村中后厅路，民国建筑。坐北朝南，前后两进，正屋三间，左右厢房，四合院式，占地364.4平方米。硬山顶。一进门厅有楼单檐，明间敞开式，前檐辟正门，明、次间梁架混合式。二进正厅三间有楼单檐，明间敞开式，明、次间梁架同一进。左右厢房各六间，有楼单檐。一二进中间设天井。格局完整，牛腿、雀替等木构件雕刻精细，有一定的文物价值。

含香村三层楼，位于塘雅镇含香村中部，民国建筑。坐南朝北，前后两进，左右厢房，平面呈"凸"字形，占地308平方米。硬山马头墙。一进门屋五间有楼单檐，明间前檐辟石质圆门，门额阳刻"印月"字样。二进正屋五间有楼单檐，明间梁架抬梁式，次梢间梁架穿斗式，明间后檐置偏房单间。左右厢房各单间，两层单檐带弄，山面辟边门。中间设天井。格局完整，造型独特，牛腿、雀替等木构件雕刻较精细，有一定的文物价值。

塘四村上租房，位于塘雅镇塘四村东池街，民国建筑。坐南朝北，正屋三间两弄，左右厢房，三合院式，占地269平方米。硬山马头墙。正屋有楼重檐设前廊，明间敞开式，梁架混合式，次间梁架穿斗式，两弄置楼梯。左右厢房各三间，两层重檐，中间设天井，置照墙辟正门。格局完整，牛腿、雀替等木构件雕刻较精细，新中国成立后曾作塘雅区公所办公场所，有一定的文物和历史价值。

古里村堂楼，位于塘雅镇古里村东北部，民国建筑。坐北朝南，正屋三间两弄，左右厢房，三合院式，占地253.8平方米。硬山顶。正屋有楼重檐，明间敞开式，明、次间梁架混合式，两弄迎面辟边门。左右厢房各三间，两层重檐，山面辟门。中间设天井，置照墙辟正门。格局完整，牛腿、雀替等木构件雕刻较精细，有一定的文物价值。

上庄村九间头，位于塘雅镇上庄村南部，民国建筑。坐北朝南，正屋三间两弄，左右厢房，三合院式，占地233.2平方米。硬山马头墙。正屋有楼重檐设前廊，明间敞开式，梁架混合式，次间梁架穿斗式，两弄辟边门。左右厢房各单间，两层重檐。中间设天井，置院墙辟正门。格局完整，牛腿和梁架雕刻一般，有一定的文物价值。

石板堰村堂楼，位于塘雅镇石板堰村中部，民国建筑。坐西朝东，正屋三间，左右厢房，三合院式，占地214.6平方米。硬山马头墙。正屋有楼重檐设前廊，明间敞开式，明间梁架混合式，次间梁架穿斗式。左右厢房各单间，两层单檐。中间设天井，置院墙辟正门。格局完整，牛腿和梁架雕刻一般，有一定的文物价值。

前蒋村纯德堂，位于塘雅镇前蒋村蒋福路17号南侧，民国建筑。坐东朝西，前后两进，正屋三间，左右厢房，四合院式，占地140.8平方米。硬山顶。一进门厅有楼单檐，明间敞开式，前檐辟正门，明、次间梁架混合式。二进正厅三间有楼单檐，设前廊山面辟边门，明间敞开式，梁架混合式，次间梁架穿斗式。左右厢房各单间，有楼单檐。一二进中间设天井。二楼置挑窗。格局完整，民国建筑风格明显，有一定的文物价值。

前溪边村馨德堂，位于塘雅镇前溪边村中部，民国建筑。坐北朝南，正屋三间，左右厢房，三合院式，占地174平方米。硬山顶。正屋有楼重檐设前廊，明间敞开式，明、次间梁架混合式。左右厢房各三间，两层重檐。中间设天井，前置照墙辟正门。格局完整，用材较细，有一定的文物价值。

含香村三间头，位于塘雅镇含香村中部，民国建筑。坐东朝西，正屋三间一弄，左右厢房，三合院式，占地131.1平方米。硬山马头墙。正屋有楼重檐，明间敞开式，明、次间梁架穿斗式。左右厢房各单间，两层重檐。中间设天井，前置照墙辟正门。格局完整，简小古朴，牛腿、雀替等木构件雕刻较精细，有一定的文物价值。

（十）孝顺镇（8处）

下马村十八间头，位于孝顺镇下马村中部，民国建筑。坐北朝南，前后两进两弄，左右厢房，四合院式，占地380.8平方米。硬山马头墙。一进门厅三间有楼单檐，明间前檐辟正门，明、次间梁架穿斗式。二进正厅三间有楼单檐，设前廊，明间敞开式，梁架抬梁式，次间梁架混合式。两弄迎面和后檐设边门。左右厢房各六间，两层单檐。中间设天井。二楼置挑廊。格局完整，整体木构架用材比例适中，牛腿、雀替、花板等木构件雕刻较精美，有一定的文物价值。

王家村十四间头，位于经济开发区鞋塘管理处王家村北部，民国建筑。坐北朝南，前后两进，左右厢房，四合院式，占地311.4平方米。硬山顶。一进前厅有楼重檐，明间敞开式，前檐辟门，梁架抬梁式，次间梁架穿斗式。二进正厅三间有楼重檐，明间敞开式，明、次间梁架混合式。左右厢房各三间，两层重檐，东山面辟正门。中间设天井。格局完整，规模较大，牛腿、雀替等木构件雕刻较精细，有一定的文物价值。

夏宅村洋房，位于孝顺镇夏宅村西部，建于1937年，民国建筑。坐北朝南，前后两进，正屋三间，左右厢房，四合院式，占地335.8平方米。硬山顶。山面门和外窗半圆形拱券式，两侧壁柱西式做法。一二进有楼单檐，梁架混合式，青砖错缝叠砌方柱，一进用二柱，二进用三柱。迎面和后檐方柱内嵌墙体。左右厢房各四间，有楼重檐带弄，西山面辟门。中间设天井。格局完整，建筑风格明显，中华人民共和国成立后曾是孝顺区江沿乡政府所在地，现基本废弃。

夏宅村夏繁清民居，位于孝顺镇夏宅村东北部，民国建筑。坐北朝南，正屋三间两弄，左右厢房，三合院式，占地309.8平方米。硬山顶。正屋有楼重檐，设前廊，现存明、次间梁架穿斗式，各间水磨砖墙隔断。左右厢房各三间有楼重檐，西厢房山面重檐设台基，明间辟门。中间设天井，置院墙。格局完整，用材独特，做工考究，有一定的文物价值。

浦口村花厅，位于孝顺镇浦口村中部，民国建筑。坐东朝西，头门加正厅，左右厢房，四合院式，占地288.8平方米。硬山顶。头门三间有楼单檐，明间前檐辟正门，明次间梁架抬梁式，次间加柱做法。正厅三间两弄有楼单檐，明、次间梁架穿斗式，弄置楼梯。厢房各单间两层。中间设天井，青石槛墙，其上雕刻装修"一根藤"的花格窗。二楼设挑廊葫芦形护栏。格局完整，厢房花格窗替雕刻精美，有较高的文物和艺术价值。

曹村九间头，位于经济开发区鞋塘管理处曹村南部，民国建筑。坐北朝南，正屋五间，左右厢房，三合院式，占地184.2平方米。硬山马头墙。正屋有楼重檐，明间敞开式，明、次间梁架混合式，梢间梁架穿斗式。左右厢房各单间，两层重檐。中间设天井，前置照墙辟正门。格局完整，牛腿、雀替等木构件雕刻较精细，有一定的文物价值。

前楼下村施向阳住宅，位于经济开发区鞋塘管理处前楼下村中部，民国建筑。坐东朝西，正屋五间，左右厢房，三合院式，占地166.9平方米。硬山马头墙。正屋有楼重檐设前廊，明次间前檐置花槅门窗，明间梁架抬梁式，次间梁架混合式，梢间梁架穿斗式。左右厢房各单间，两层重檐，下檐置花槅门窗。中间设天井，前置照墙辟正门。格局完整，牛腿、雀替和花槅门窗雕刻精细，尤其山水人物，牛腿技艺精湛，是东阳木雕画工体牛腿的优秀案例，有较高的文物价值。

后项村雷烨烈士故居，位于孝顺镇后项村南部，民国建筑。坐东朝西，三合院式，占地130平方米。硬山顶。现存正屋三间，有楼单檐，设前廊，南山面辟边门，明间梁架混合式，次间梁架穿斗式，明次间板壁隔断。左右厢房后拆建砖房。二楼于2000年翻修。

雷烨原名项金土，学名项俊文，又名雷雨。1914年出生。著名战地摄影记者，抗日战争期间牺牲。作为一名知识分子，在"国难当头，匹夫有责"精神感召下，毅然变卖家产，离开亲人，奔赴延安，投入抗日革命洪流，加入中国共产党，在中国人民抗日军事政治大学第四期毕业后，被八路军总政治部派往华北前线任战地摄影记者。

1943年4月20日晨，雷烨带领两名警卫员到平山县曹家庄（原晋察冀画报社驻地）去取秘密文件被敌人包围，饮弹身亡，年仅29岁。晋察冀画报社全体同志和南段峪村群众为雷烨举行了隆重的追悼大会，并将雷烨遗体埋在平山县南段峪村。1958年迁葬到华北军区烈士陵园。

2003年4月9日，金东区人民政府作出《关于确定雷烨烈士即是项俊文同志的决定》。同年4月19日，国家民政部颁发了"项俊文同志革命烈士证明书"。雷烨用相机拍摄的战地写真，记录了那个血雨腥风的时代片段，为抗日战争留下了极为珍贵的历史资料，其中《行进在祖国的边城》、《战斗在喜峰口》、《塞外宿营》、《日寇烧杀潘家峪》（组照）、《驰骋滦河挺进热南》（组照）等上百幅战地照片极其珍贵。雷烨被《正义与勇气——世界百名杰出战地记者列传》一书列入"20世纪世界百名杰出战地记者之一"。

（十一）源东乡（5处）

半坑村十四间头，位于源东乡半坑村金龙路，民国建筑。坐北朝南，前后两进，左右厢房，四合院式，占地301.7平方米。硬山马头墙。一进门厅五间有楼单檐，次间前檐辟门，梁架穿斗式。二进正厅五间有楼单檐，次间后檐辟门，梁架同一进。左右厢房各两间，有楼单檐。中间设天井。二楼置挑廊。格局完整，牛腿、雀替等木构件雕刻一般，建筑风格明显。有一定的文物价值。

徐村徐守统故居，位于源东乡长塘徐村荷东巷，民国建筑。坐北朝南，正屋三间，左右厢房，三合院式，占地127.6平方米。硬山顶。正屋有楼单檐设前廊，山面辟边门，明间梁架混合式，次间梁架穿斗式。左右厢房各单间，有楼单檐。中间设天井，置院墙。二楼置挑廊。格局完整，有一定的文物和历史价值。

该民居原户主徐守统1903年生，为浙东游击纵队第八大队鞋塘区区长，1945年北上抗日到山东淄博，1968年过世。

邢村五间头，位于源东乡邢村西部，民国建筑。坐西朝东，正屋五间两弄，左右厢房，三合院式，占地210平方米。硬山马头墙。正屋有楼单檐，设前廊山面辟门，明次间梁架混合式，梢间梁架穿斗式置扇门。左右厢房各单间，有楼单檐。中间设天井，置院墙。二楼置挑窗。格局完整，民国建筑风格明显，有一定的代表性。

施复亮、施光南故居，位于源东乡东叶村慧田路，1933年施复亮先生回东叶老家时建造，民国建筑。坐北朝南，三合院式，占地面积200平方米。硬山顶。一进堂楼五间两弄，山面设边门，左右厢房，院墙中间设正门。前后院落共有面积603.6平方米。新中国成立后，故居被捐献给村里办学校。

施复亮（1899—1970年），原名存统，金华源东人，中国共产党早期革命活动家。施光南（1940—1990年），施复亮之子，中国当代著名作曲家。1995年，中共金华县委、金华县人民政府命名施复亮、施光南故居为"金华县级爱国主义教育基地"。1996年被列为"金华县级重点文物保护单位"。1996年7月被定为"金华市爱国主义教育基地"。2005年3月16日被公布为浙江省级文物保护单位。

梅村维生堂，位于源东乡梅村中部五一路，民国建筑。坐南朝北，正屋五间，左右厢房，三合院式，占地175平方米。硬山顶。正屋有楼重檐设前廊，山面辟门，明次间梁架混合式，梢间梁架穿斗式减柱做法。左右厢房各单间，有楼重檐。中间设天井，置院墙。格局完整。牛腿、雀替等木构件雕刻较精细，有一定的文物价值。

八、本章归纳与评价

（一）赤松上钱村"香火前"民居遗孤实例

"香火前"民居是宋元时期的建筑遗物，填补了中国建筑史上缺少南方宋元住宅实例的空白。

（二）傅村镇惟善堂消防贮水装置极罕见

惟善堂的消防贮水装置及雨水收集利用系统设计科学合理，为世上罕见之例。

（三）金东古民居将大院落作天井化改革

金东古民居将大院落缩版为天井，增加建筑室内使用面积，是有胆量之为。

（四）金东创造了婺派建筑几种住宅户型

金东区在漫长的历史中，在大量采用三间头、五间头和前厅后堂式住宅过程中，创造了九间头、十八间头两种广大居民喜欢的中大户型，既遵奉婺派建筑的特征，又开创了地方特色，可谓一大贡献。

九、附平面图

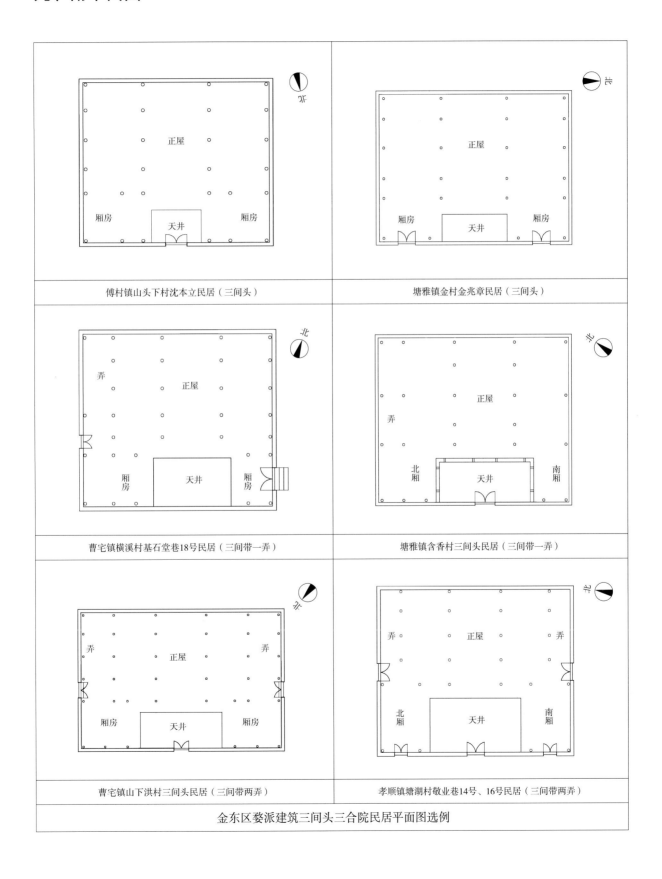

傅村镇山头下村沈本立民居（三间头）

塘雅镇金村金兆章民居（三间头）

曹宅镇横溪村基石堂巷18号民居（三间带一弄）

塘雅镇含香村三间头民居（三间带一弄）

曹宅镇山下洪村三间头民居（三间带两弄）

孝顺镇塘湖村敬业巷14号、16号民居（三间带两弄）

金东区婺派建筑三间头三合院民居平面图选例

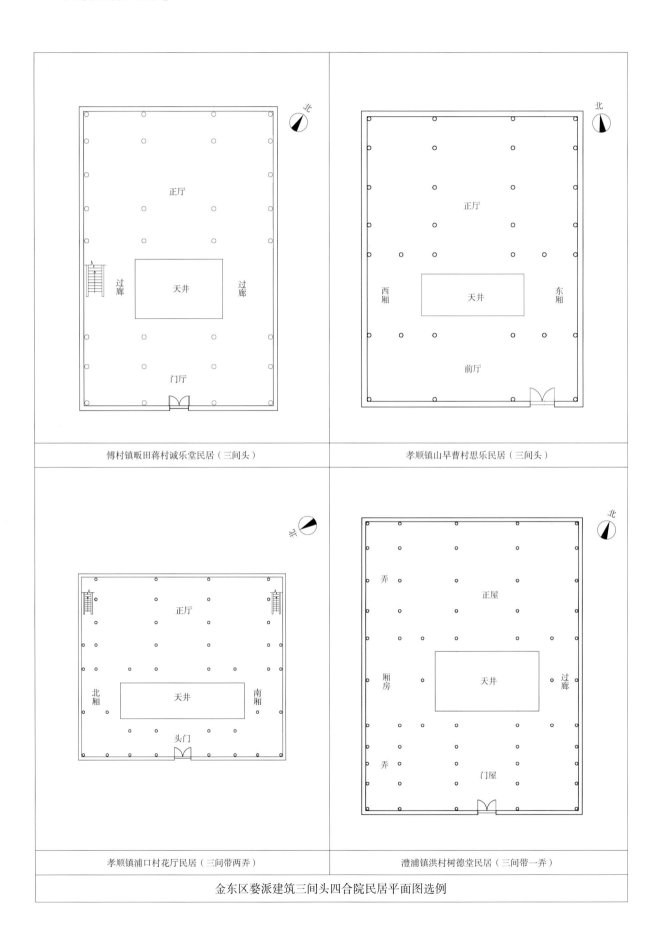

傅村镇畈田蒋村诚乐堂民居（三间头）

孝顺镇山旱曹村思乐民居（三间头）

孝顺镇浦口村花厅民居（三间带两弄）

澧浦镇洪村树德堂民居（三间带一弄）

金东区婺派建筑三间头四合院民居平面图选例

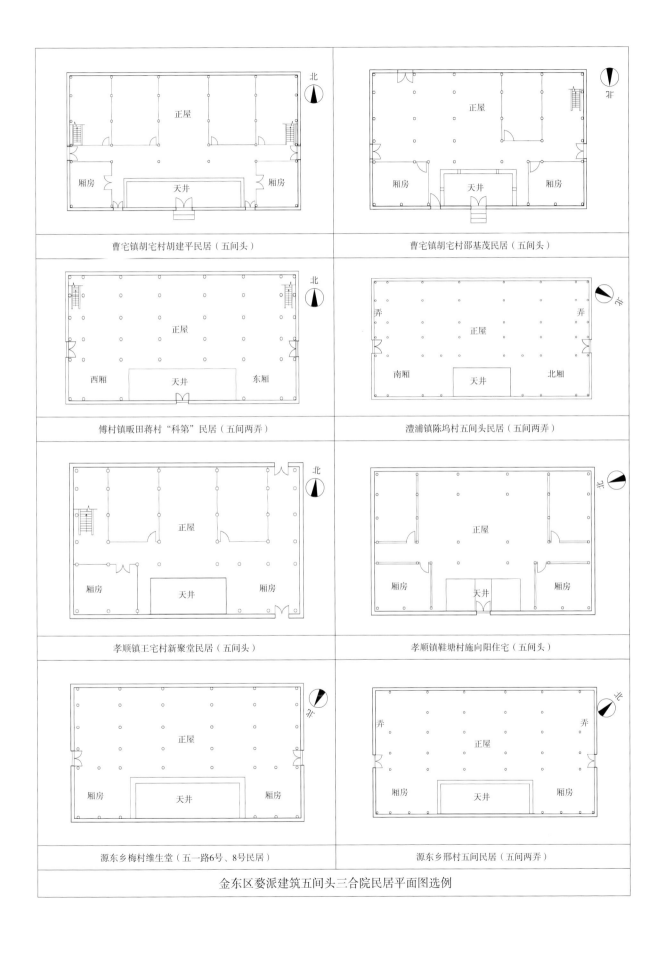

曹宅镇胡宅村胡建平民居（五间头）

曹宅镇胡宅村邵基茂民居（五间头）

傅村镇畈田蒋村"科第"民居（五间两弄）

澧浦镇陈坞村五间头民居（五间两弄）

孝顺镇王宅村新聚堂民居（五间头）

孝顺镇鞋塘村施向阳住宅（五间头）

源东乡梅村维生堂（五一路6号、8号民居）

源东乡邢村五间民居（五间两弄）

金东区婺派建筑五间头三合院民居平面图选例

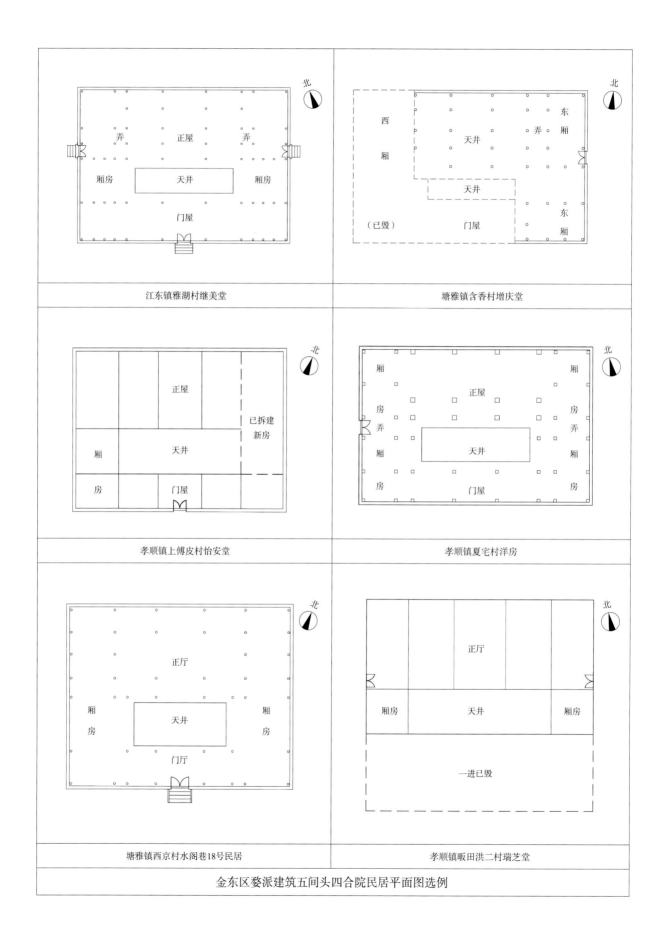

江东镇雅湖村继美堂

塘雅镇含香村增庆堂

孝顺镇上傅皮村怡安堂

孝顺镇夏宅村洋房

塘雅镇西京村水阁巷18号民居

孝顺镇畈田洪二村瑞芝堂

金东区婺派建筑五间头四合院民居平面图选例

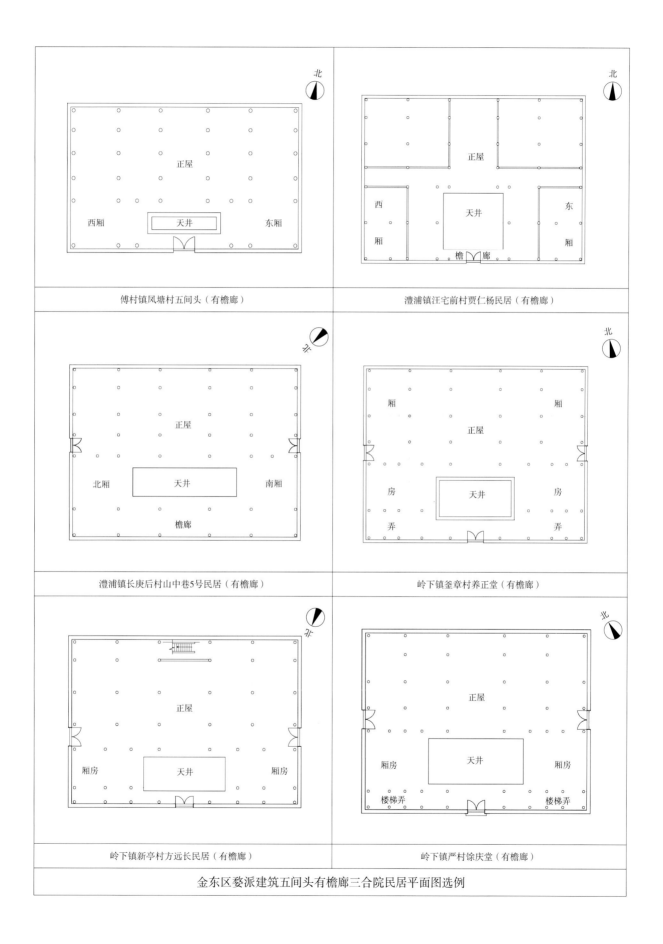

傅村镇凤塘村五间头（有檐廊）

澧浦镇汪宅前村贾仁杨民居（有檐廊）

澧浦镇长庚后村山中巷5号民居（有檐廊）

岭下镇釜章村养正堂（有檐廊）

岭下镇新亭村方远长民居（有檐廊）

岭下镇严村徐庆堂（有檐廊）

金东区婺派建筑五间头有檐廊三合院民居平面图选例

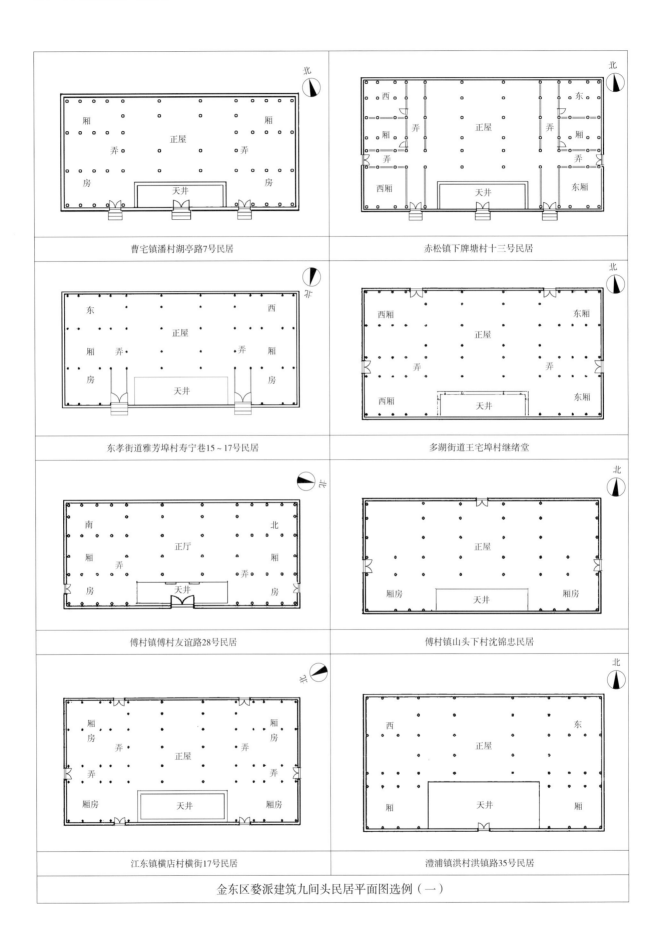

曹宅镇潘村湖亭路7号民居

赤松镇下牌塘村十三号民居

东孝街道雅芳埠村寿宁巷15~17号民居

多湖街道王宅埠村继绪堂

傅村镇傅村友谊路28号民居

傅村镇山头下村沈锦忠民居

江东镇横店村横街17号民居

澧浦镇洪村洪镇路35号民居

金东区婺派建筑九间头民居平面图选例（一）

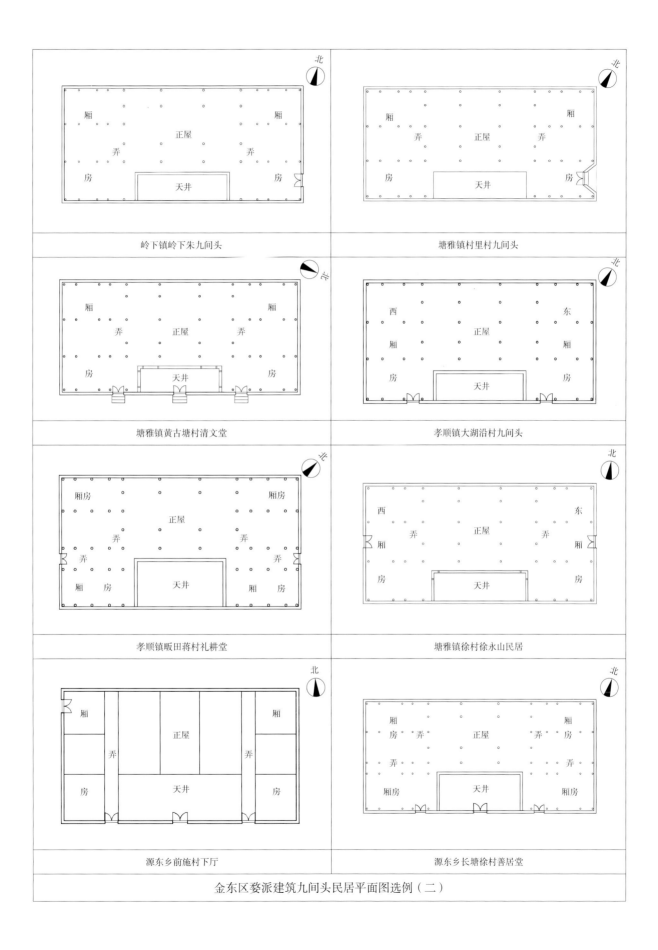

岭下镇岭下朱九间头

塘雅镇村里村九间头

塘雅镇黄古塘村清文堂

孝顺镇大湖沿村九间头

孝顺镇畈田蒋村礼耕堂

塘雅镇徐村徐永山民居

源东乡前施村下厅

源东乡长塘徐村善居堂

金东区婺派建筑九间头民居平面图选例（二）

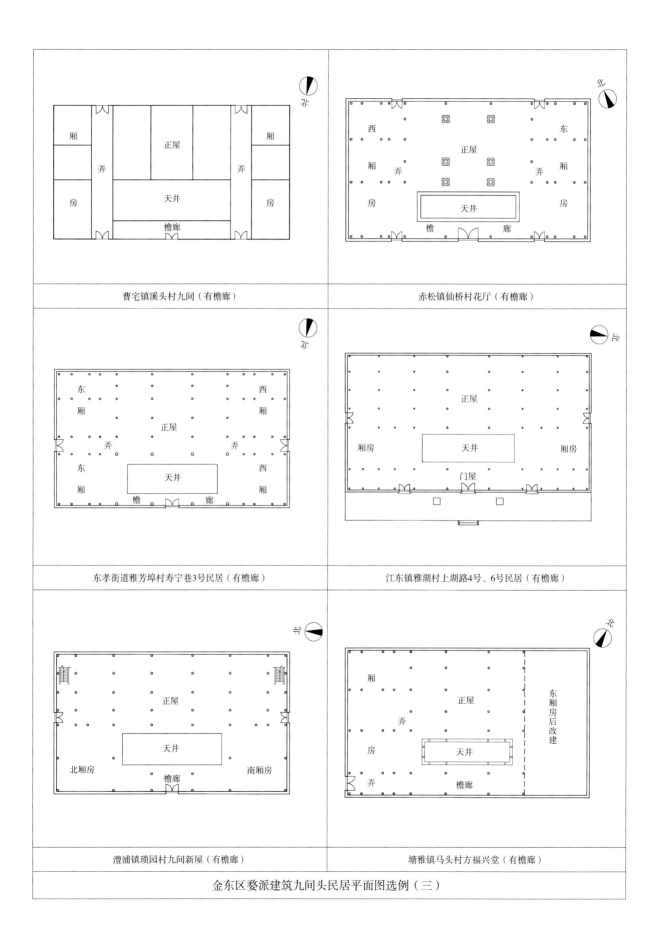

曹宅镇溪头村九间（有檐廊）

赤松镇仙桥村花厅（有檐廊）

东孝街道雅芳埠村寿宁巷3号民居（有檐廊）

江东镇雅湖村上湖路4号、6号民居（有檐廊）

澧浦镇琐园村九间新屋（有檐廊）

塘雅镇马头村方福兴堂（有檐廊）

金东区婺派建筑九间头民居平面图选例（三）

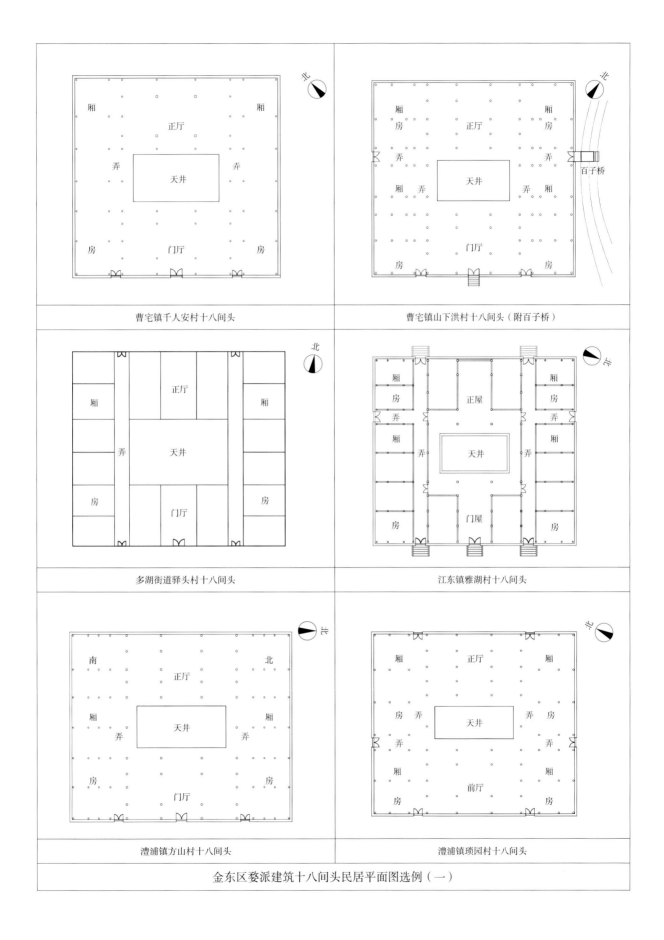

曹宅镇千人安村十八间头

曹宅镇山下洪村十八间头（附百子桥）

多湖街道驿头村十八间头

江东镇雅湖村十八间头

澧浦镇方山村十八间头

澧浦镇琐园村十八间头

金东区婺派建筑十八间头民居平面图选例（一）

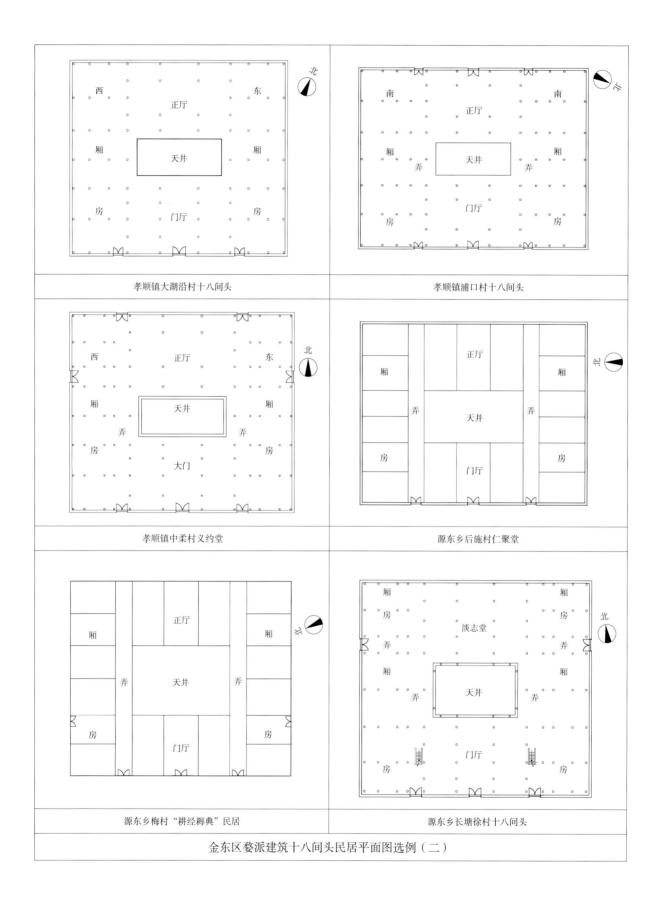

孝顺镇大湖沿村十八间头

孝顺镇浦口村十八间头

孝顺镇中柔村义约堂

源东乡后施村仁聚堂

源东乡梅村"耕经耨典"民居

源东乡长塘徐村十八间头

金东区婺派建筑十八间头民居平面图选例（二）

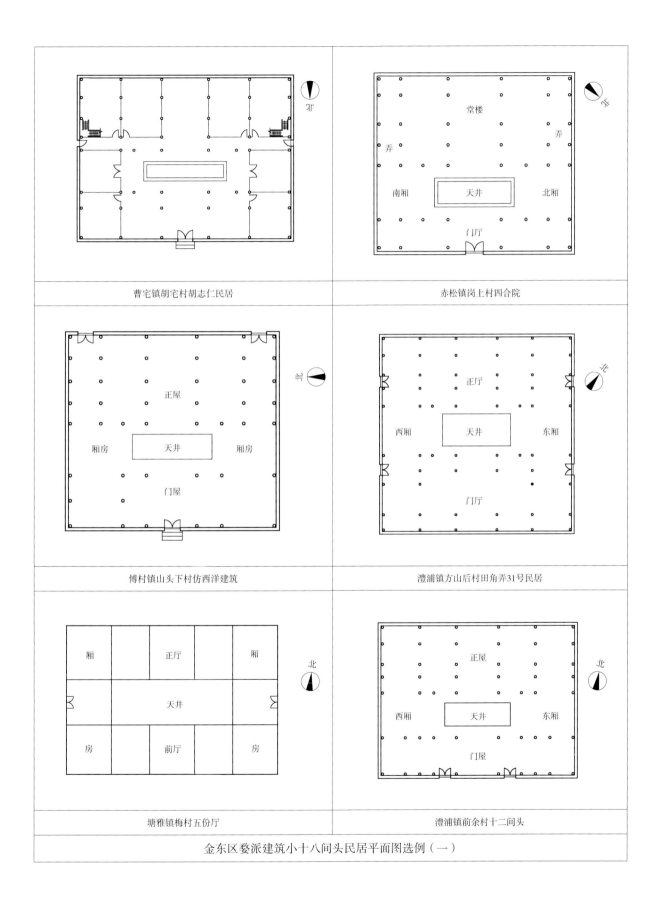

曹宅镇胡宅村胡志仁民居

赤松镇岗上村四合院

傅村镇山头下村仿西洋建筑

澧浦镇方山后村田角弄31号民居

塘雅镇梅村五份厅

澧浦镇前余村十二间头

金东区婺派建筑小十八间头民居平面图选例（一）

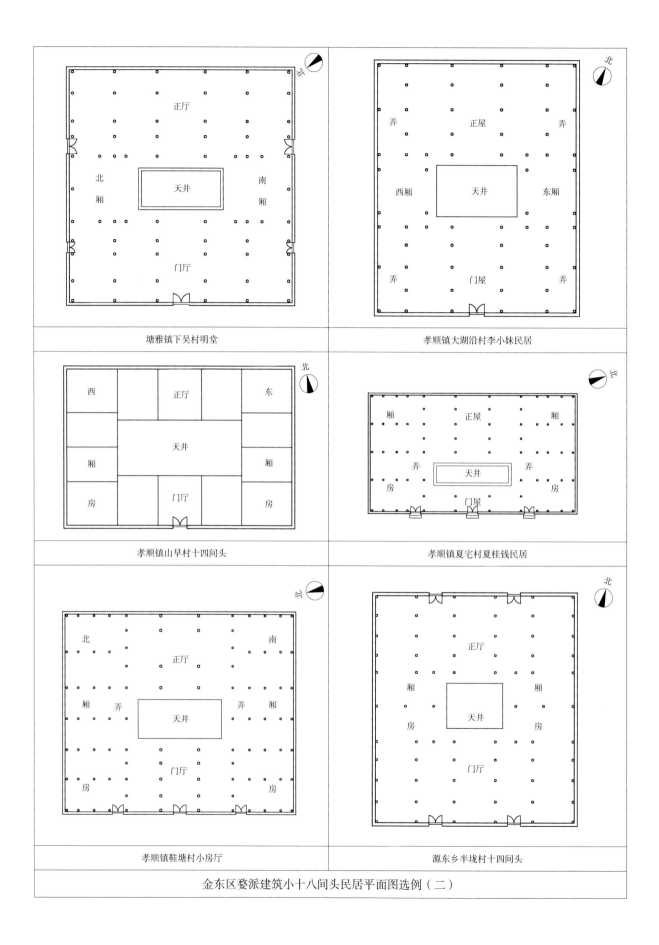

塘雅镇下吴村明堂

孝顺镇大湖沿村李小妹民居

孝顺镇山旱村十四间头

孝顺镇夏宅村夏桂钱民居

孝顺镇鞋塘村小房厅

源东乡半垅村十四间头

金东区婺派建筑小十八间头民居平面图选例（二）

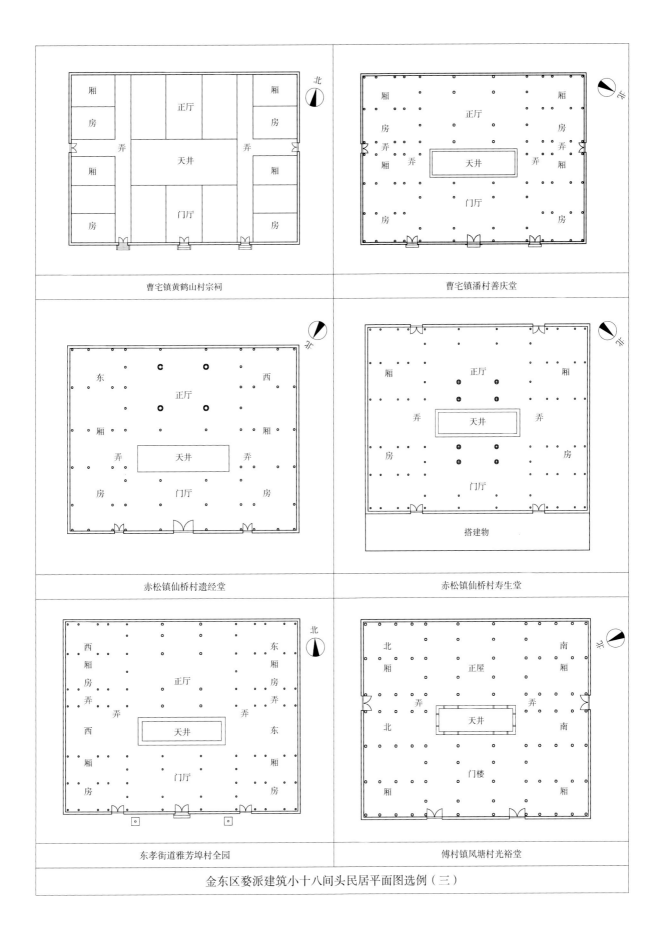

曹宅镇黄鹤山村宗祠	曹宅镇潘村善庆堂
赤松镇仙桥村遗经堂	赤松镇仙桥村寿生堂
东孝街道雅芳埠村全园	傅村镇凤塘村光裕堂

金东区婺派建筑小十八间头民居平面图选例（三）

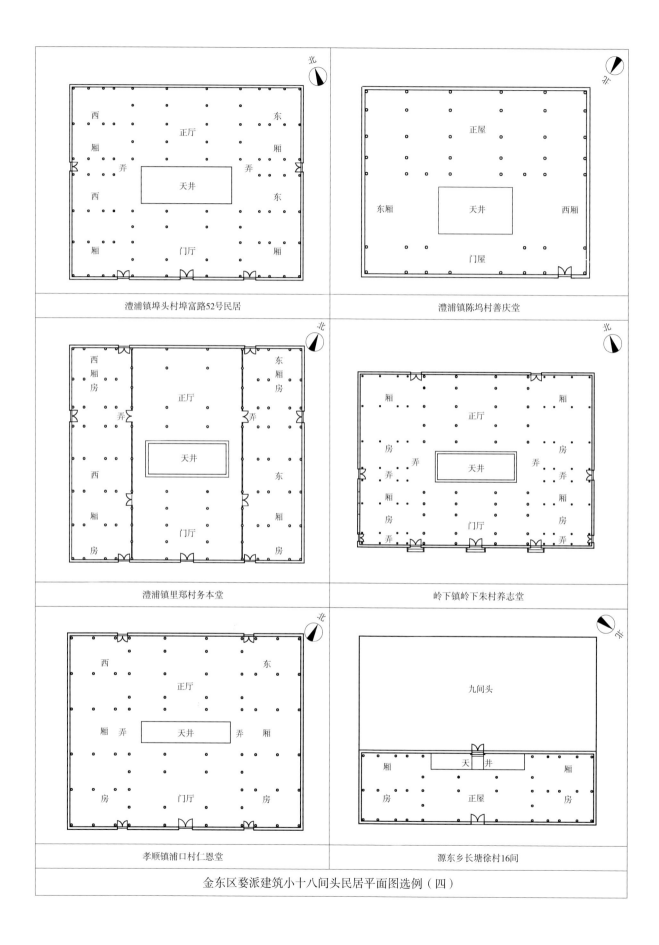

澧浦镇埠头村埠富路52号民居

澧浦镇陈坞村善庆堂

澧浦镇里郑村务本堂

岭下镇岭下朱村养志堂

孝顺镇浦口村仁恩堂

源东乡长塘徐村16间

金东区婺派建筑小十八间头民居平面图选例（四）

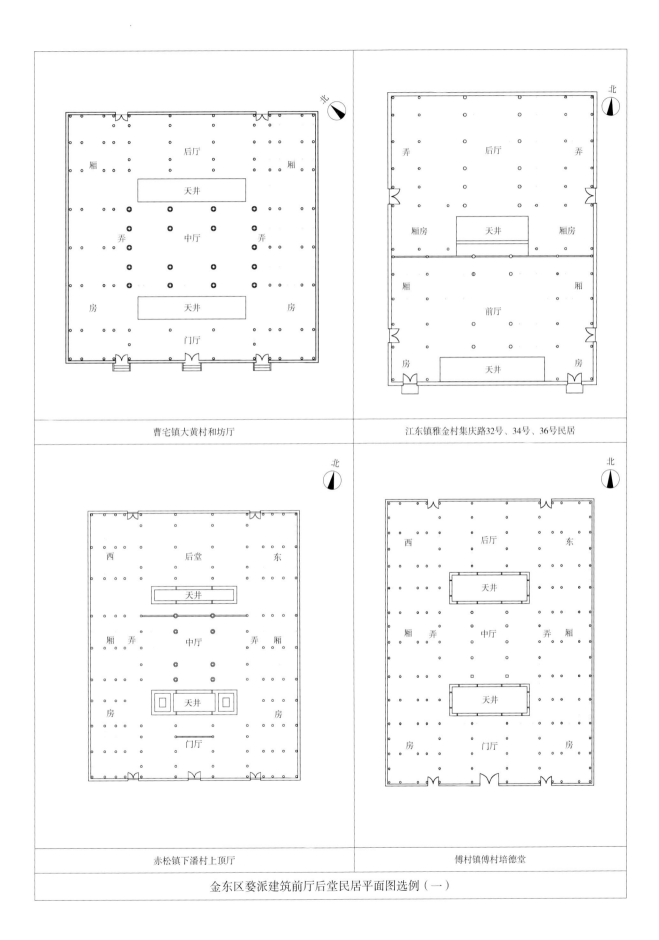

曹宅镇大黄村和坊厅

江东镇雅金村集庆路32号、34号、36号民居

赤松镇下潘村上顶厅

傅村镇傅村培德堂

金东区婺派建筑前厅后堂民居平面图选例（一）

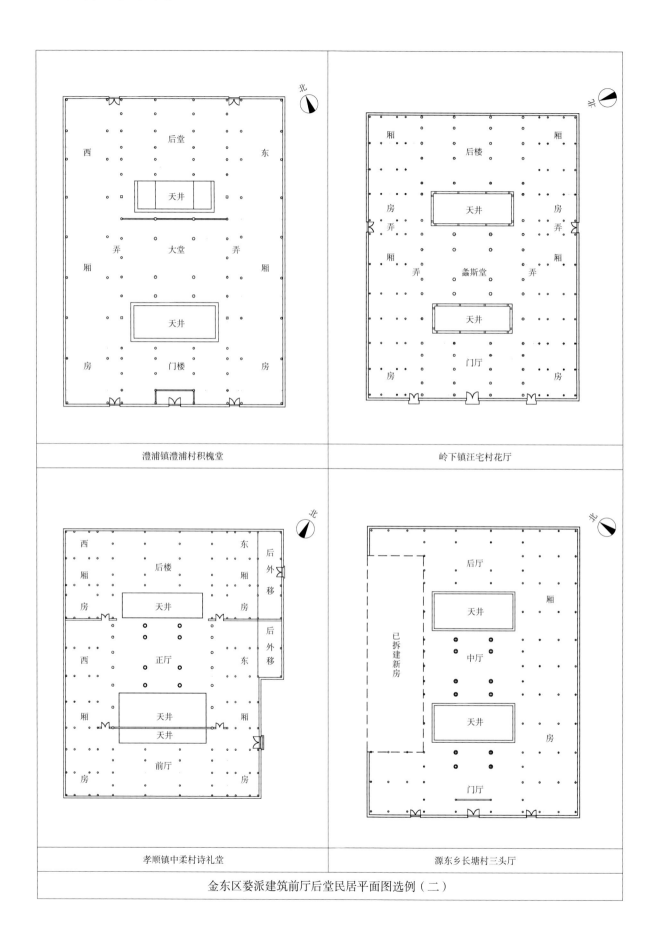

澧浦镇澧浦村积槐堂

岭下镇汪宅村花厅

孝顺镇中柔村诗礼堂

源东乡长塘村三头厅

金东区婺派建筑前厅后堂民居平面图选例（二）

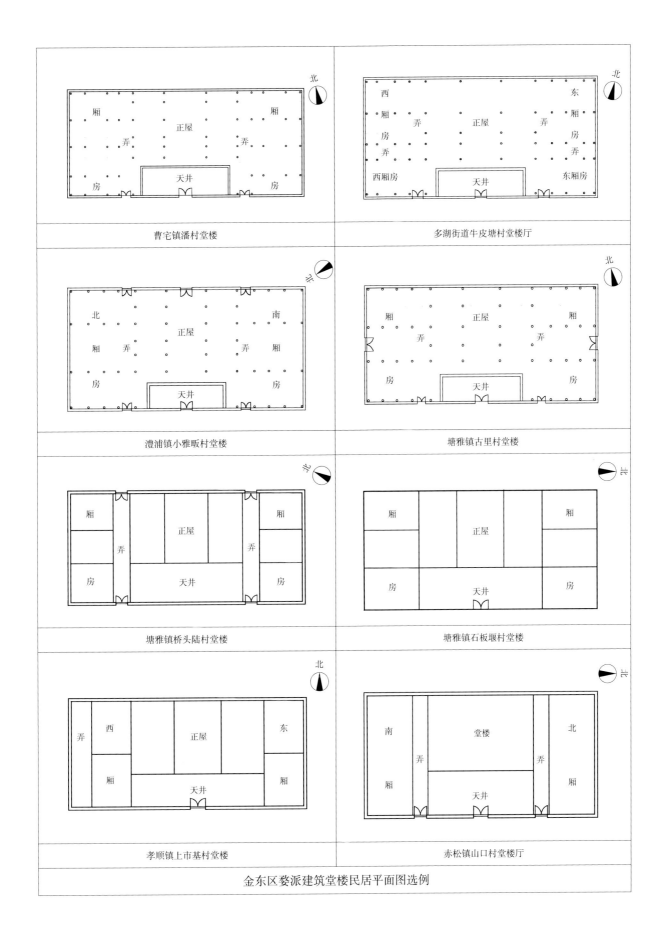

曹宅镇潘村堂楼

多湖街道牛皮塘村堂楼厅

澧浦镇小雅畈村堂楼

塘雅镇古里村堂楼

塘雅镇桥头陆村堂楼

塘雅镇石板堰村堂楼

孝顺镇上市基村堂楼

赤松镇山口村堂楼厅

金东区婺派建筑堂楼民居平面图选例

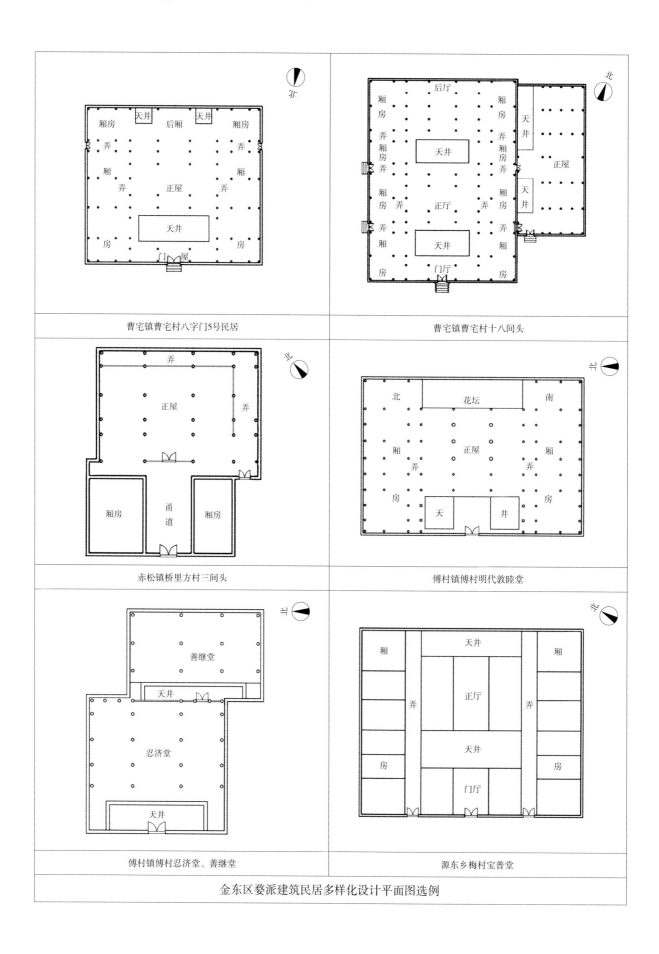

曹宅镇曹宅村八字门5号民居

曹宅镇曹宅村十八间头

赤松镇桥里方村三间头

傅村镇傅村明代敦睦堂

傅村镇傅村忍济堂、善继堂

源东乡梅村宝普堂

金东区婺派建筑民居多样化设计平面图选例

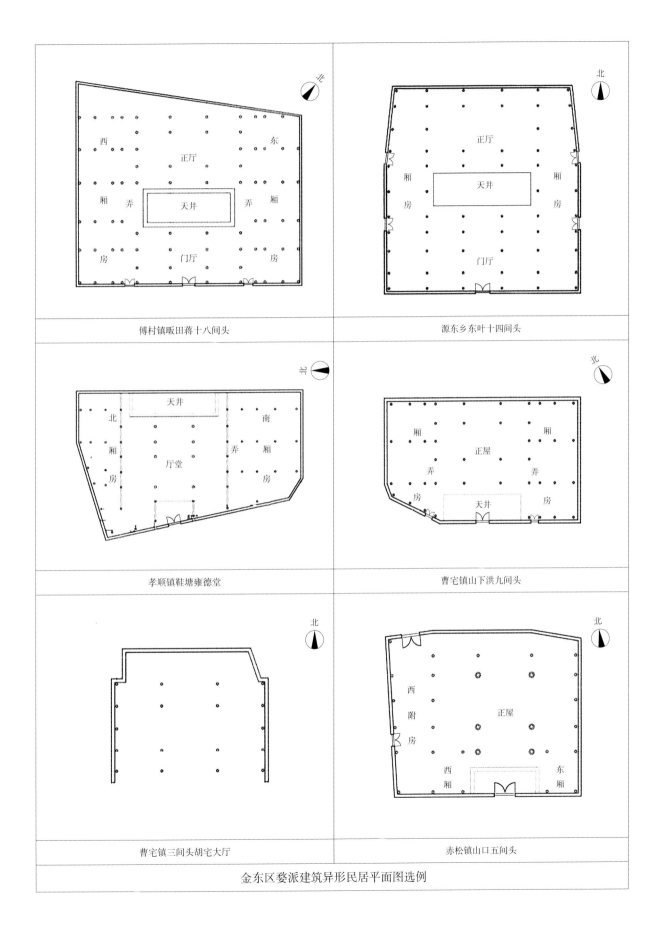

金东区婺派建筑异形民居平面图选例

第四章　婺派宗祠建筑

一、宗祠建筑综述

中国的传统村落，是同宗民居建筑的聚合体，这种聚合体深受同族观念、宗法制度和祖宗崇拜的影响，以血缘为纽带进行总体布局，而宗祠是村落中联系血缘的纽带，因此，几乎每村每族都建有宗祠。

（一）金东区宗祠"三普"数据❶

金东区进入"三普"调查档案的祠堂有77座。其中建于清代的有56座，建于民国期间的有21座。清代祠堂其中三开间有33座，五开间有23座。

（二）古代宗祠的三种类型

一是守墓庐的祠堂，即司马光所云"汉世公卿贵人，多建祠堂于墓所"。如，浙江省景宁畲族自治县时思寺（原称"时思院"），系南宋绍兴十年（1140年）赐额的梅元屃守墓庐，据《梅氏宗谱》所录《旌表时思院额省牒》云："……本都民人梅开，有子元屃，幼年六岁能守故祖仲真墓。其父梅开不忤其意，构庵与房，昼夜三年不离其侧，有此实迹……"地方官为了表彰元屃之孝德，经逐级转奏，"绍兴十年庚申十一月初十日已降旨礼部，广赐束帛，旌表其人曰孝童，庐曰时思院"。

二是生祠，即为某一活人建立的祠堂。《汉书·卷七十一·于定国传》："于定国字曼倩，东海郯（今浙江嵊州）人也，其父于公为狱史，郡决曹，决狱平，罗文法者于公所决皆不恨。郡中为之立生祠，号曰于公祠。"唐末，朝廷为威胜军节度使董昌立生祠，

---

❶ 清代三开间中，多进平面19座，两进平面9座，工字形平面8座，异形平面2座（含未进入"三普"统计的祠堂）。
　清代五开间中，五间多进平面21座，五间两弄多进平面21座（含未进入"三普"统计的祠堂）。

浙江省绍兴市戢山有唐代摩崖题记，其文曰："唐景福元年，岁在壬子，准敕建节度使相国陇西公生祠堂，其年十二月十六日兴工开山建立"。建于墓所的祠堂，虽然也是为了祭祀，但更重要的意义在于守护亡灵。而生祠用于礼拜，须经朝廷特许，是属特殊的荣誉。无论是墓祠或生祠，都是以特定的个人为对象。

三是宗祠，即宗族的祠堂。宗祠与墓祠有某种渊源关系，但更直接的应该是从家庭的厅堂或享堂祭祖扩演过来的。

（三）古代维护宗族秩序是一个"孝"字

中国封建社会，维护家庭和宗族秩序的准则，核心是一个"孝"字。孔子说："事父母，能竭其力。""生，事之以礼；死，葬之以礼，祭之以礼。"这种"事父母"的礼，由小家庭扩展到一个大家族，扩延到大宗族中的尊长辈、尊祖先，而尊祖先的方式，主要是祭祖先，同族人需要有一处共同祭祀的场所，于是产生了宗祠。通过宗祠祭祖等活动，从精神上把同族人联结起来，族中发生重大纠纷，全族人在宗祠里商议解决，宗祠又成了组织族众、决策族中重大事务、裁决族中重大事件的场所。宗祠是供奉祖宗牌位的庄严场所，牌位是祖宗神灵的象征，所以，宗祠被认为是祖先神灵的栖息之地，是活着的子孙与死去的祖先神灵沟通的庙堂。"欲使祖宗之冥栖有地，后裔之瞻依有所，非祠无以昭其制而尽其礼也。"因而，古人对宗祠的营造活动相当重视。

（四）祠堂装修"图必有意，意必吉祥"

我们在实地调研后发现，历史上村村族族对宗祠的建造是阖族竭尽全力，不仅建筑规模大，而且构造亦尽力讲究，在建筑构件上装饰雕刻图案，力求"图必有意，意必吉祥"。到了清代乾隆时期，农业生产大力发展，社会经济得到迅速恢复，随之，地方戏如同雨后春笋般地出现，促使民间大量兴建戏台，这时，宗祠建筑也不例外，十分强调戏台的建造，一般都把戏台安放在宗祠门厅明间的内部或后檐的天井里，逢年过节，族中都会请戏班子在宗祠里演戏。演戏不仅是为了娱乐，也是庆贺节日、报答神灵的一种方式，再则，古人以为在清明、冬至等祭日里演戏可以驱邪，否则会遭不吉，因此在当时，村村有宗祠，族族有戏台。

二、现存优秀实例分享

（一）严氏宗祠

位于孝顺镇严店村。村落地势平坦，海拔30米，村之南是水面开阔的义乌江，宗祠位于义乌江的下游，这里一年四季流水潺潺，水源十分丰富。宗祠就坐落在村落的西边。据宗谱记载：始建于明崇祯二年（1629年），于崇祯八年（1635年）落成；后经历次修缮，清康熙十年（1671年）修寝室、十二年（1673年）修正厅和门楼、二十四年（1685年）修门楼，清雍正十二年（1734年）修寝室，清道光十一年（1831年）辛卯重建严氏宗祠正厅与门楼、十二年（1832年）壬辰继造寝室及中庭两厢，越四五年而庙始落成；2003年5月严氏宗祠进行了全面修缮。现存宗祠建筑为砖、木、石结构，坐北朝南，总体布局为：三进两廊两厢呈工字形的平面，至今格局依然保存完整，2005年由浙江省人民政府公布为浙江省文物保护单位。

封建时期，朝廷对建造房屋有明确的等级制度，张廷玉在《明史·卷六十八·舆服志》"百官第宅"中记载：洪武二十六年定制，官员营造房屋，……三品至五品，厅堂五间，六品至九品，厅堂三间。又据《松湖严氏宗谱》载，严正，在朝为官，秩满后，随母至此。从建筑开间的间数推测，严正的品阶不在低等。

严氏宗祠在中轴线的主要位置上建造三进厅堂，均为五开间，自南而北依次为八字大门、门厅、正厅、穿堂和后厅，是一组工字形渐进式的平面布局，通面宽约20.7米，通进深约39.5米，占地面积818平方米。门厅似倒座，明间上方施方形的天花藻井，以五层井口枋和异形斗栱层层收缩至顶部，甚为华贵。两厅之间天井开阔，东、西两侧建造三间廊子，明间面宽较大，扁作梁形制的额枋上施两攒工字形斗栱，两次间各施一攒斗栱。正厅是组群当中的主要建筑，是族中举行祭祀活动的重要场所，也是操办红白喜事的地方，因此在建筑组群中体量最高大，主体构架为：九架前后双步廊用四柱，抬梁式。厅堂用材硕大，造作竭力讲究，采用月梁形制，五架梁背置两攒"骑栿栱"支托三架梁，这种在主体梁架之间使用"骑栿栱"的做法，在当时是婺州区域延用宋代木作制度的反映，梁端镌刻三条阴线的龙须纹，单步梁雕饰成卷曲状的鸱鱼喷水，梁柱节点以雕刻精湛的扇形雀替垫托，方形的桁下以层层出翘的斗栱支承，在石构柱头与坐斗之间装饰仰莲，前檐采用横栱和木雕牛腿承托挑檐檩，各间的后檐枋上均施两攒工字形斗栱，整座正厅显得华丽而庄重，正厅中多种类型的斗栱，象征着宗族的身份和等级。正厅后面以穿堂连接后厅，后厅也称寝室，是摆放先祖神主牌的地方，前檐墙安装槅扇门。

严氏宗祠整体建筑的柱子均采用石构，凡是金柱都是圆形石柱，所有的檐柱和山墙柱子则采用讹角方形石柱，使柱子的形制显得有序且富有变化。那么，为什么整座建筑组群的柱子都采用石构呢？这是一个值得深思和探究的问题，查阅文献，在《金华市志·灾情》中记载："天启六年，义乌县治大水，舟行衢中；顺治十四年，义乌大水入城；乾隆二十七年七月，义乌大水，县城内可通船；乾隆四十五年五月，义乌大水入县城，金华通济桥毁。"那么，义乌发大水与严氏宗祠又有什么关联呢？我们从宗祠的地理位置看，其居于义乌江下游，金华婺江的上游，海拔30米，低于金东区全域的平均海拔，试想，正如《金华市志》所载："乾隆四十五年五月，义乌大水入县城，金华通济桥毁。"义乌江暴发洪水，竟能把距离60公里外金华城内十余孔的大型通济桥冲毁，可想而知，位于中游的严氏宗祠还能独善其身吗？由此推测，宗祠自明初始建以来，因特大洪灾的缘故，宗祠屡修屡毁，先祖们总结经验教训，认识到石头的坚固性强于木材，采用石构柱可以大大增强抗洪能力，于是，在清代中期重修宗祠时，大胆采用石材为柱，使宗祠建筑屹立至今，成为金东区一处因地制宜的宗祠建筑典范。

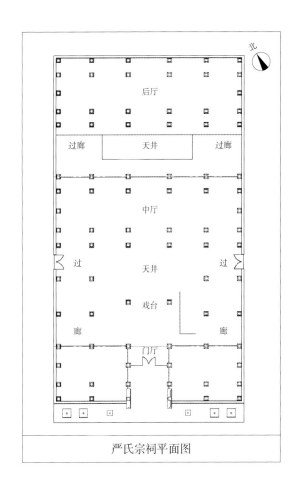

严氏宗祠平面图

（二）贾氏宗祠

位于江东镇雅金村。海拔60米，村落地势平缓。明朝末年，始祖从前贾村析出，开枝散叶，族中子弟受儒学熏陶，躬耕苦读，世代科第绵延，人才辈出，历史上功成名就者二十余人，至清代，出现叔侄登科，一家三兄弟均入太学的盛况。贾氏族人在强调德义助教的同时，对先祖的祭祀活动也十分重视，为使先祖冥栖有地，后裔瞻依有所，于清康熙五十年（1711年）创建宗祠，后又经历代维修，1994年遭遇不测，门厅与正厅大面积建筑毁于火灾，2004由地方政府和村落筹集资金，按原形制、原材料、原工艺等进行修复，至今保持原有格局，2006年7月6日被金华市人民政府列为"金华市文物保护单位"。

现存宗祠建筑系砖、木、石结构，坐北朝南，面临江面宽阔的武义江，一年四季江水潺潺，再往南是一座山体平缓、形似案几的铜山，东侧伴有姜湖，北处山丘郁郁葱葱，使宗祠坐落在水光山色的自然环境之中。宗祠总体平面为：三进五间两侧厅，通面宽17.5米，通进深32.4米，总占地面积567平方米。自南而北单体建筑的组织序列是：牌坊、门厅、戏台、正厅和后厅。该宗祠十分讲究建筑组群前端的单体布局和立面造型，最前端摆放旗杆石，旗杆高高耸立，象征着功名成就和宗族的身份，满足了光宗耀祖的精神需求。其后紧接着树立一座清乾隆五十年（1785年）的石构牌坊，其构造形式为二柱三楼，在主楼中安放了赐封相国贾周臣"聖世瑞徵"的石构御匾，甚为稀有。该石牌坊2004年3月29日被金华市文化体育局列为"金华市文物保护点"。石牌坊的背面是门厅明间的大门，两旁摆放抱鼓石，门簪的上方悬挂"贾氏宗祠"匾额。

门厅五开间，似倒座，明间的后檐紧贴着戏台，戏台面对着正厅而建造，平面略呈方形，立面造型为翼角起翘的歇山顶亭台式，四个转角处各用方形石柱，其上均镌刻楹联，如"古往今来皆如此""淡妆浓抹总相宜"等。又在两根后角柱之间安装木构扇面墙，两边辟小门，门上分别书"出将""入相"，这是专门为演戏时角色上场和下场而设计的。在方形台面的上部构造半球形的穹隆藻井，这种上圆下方相互呼应的构思，反映出中国"天圆地方"古老宇宙观的建筑意匠。戏台的前面是天井，天井两侧各为三间侧厅，梁柱构造为：通檐五架梁用二柱，抬梁式。在第一进的空间区域里，由门厅、戏台、天井、左右各三间侧厅组成多元的建筑组合。

正厅五开间，始建时为砖木结构。据宗谱记载，梁柱大木构架遭受白蚁蛀蚀，损坏严重，因此，清道光四年（1824年）修建时改用石构梁柱。现存正厅露明造，施望砖，明间后檐的额枋上悬挂"永慕堂"匾额，明、次间主体构架为：七架前后单步廊用四柱抬梁式，山面穿斗、抬梁混合式，采用月梁形制。在正厅主体构架的建造方面，最突出的地方体现在建筑材料的使用上，工匠们不仅将所有的柱子都改用成石材，而且大胆地，把抗弯功能最大的五架梁也改作石构，梁柱节点采用石构扇形雀替，并且在构造形制上忠实地仿木结构。

正厅与后厅之间天井较狭窄，两侧建廊子。后厅建造在石构台基上，台基高约70厘米，在《大清会典事例》中规定："公侯以下，三品以上房屋台基高二尺；四品以下至庶民房屋台基高一尺。"也就是说，四品以下至百姓房屋的台基高度一尺，相国贾周臣的品阶，应符合朝廷规定的等级制度，后厅台基的高度未被逾越。后厅五开间均为敞开式，使得厅内光线明亮，梁柱构造为：七架前后单步用四柱，石构五架梁背上以短柱承托木构三架梁，主体构架造作简洁。

古代对房屋的营造，开间的间数、屋顶的形式、色彩的使用、台基的高度、进深的架数、台阶的级数等，都受到典章制度的限制，特别在斗栱的使用方面，朝廷有严格的规定，六品以下和庶民均不得使用斗栱，否则也属于僭越。因此，在中国古建筑中，判断建筑是大式做法，还是小式做法，斗栱往往被作为主要的特征。由此要特别强调，我们在维修古建筑，尤其是文物保护单位时，不仅要排除建筑的安全隐患，使其延年益寿，更重要的是，要保护好建筑本体所传递的历史信息，而这些历史信息，又往往蕴含在上述建筑的多个元素之中，是提供古建筑研究的珍贵实物资料。

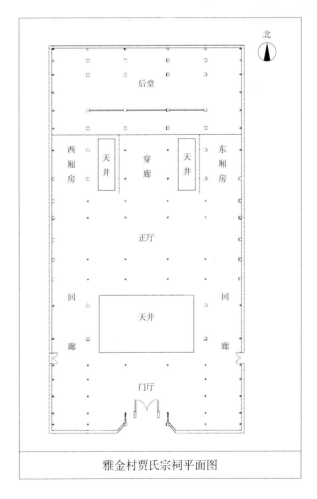

雅金村贾氏宗祠平面图

贾氏宗祠在大门前竖立乾隆赐"聖世瑞徵"的牌坊，显示出身份的显贵，在现存实物中极为少见，十分难能可贵。

（三）邢氏宗祠

位于曹宅镇午塘头村，海拔75米，始建于清嘉庆元年（1796年）三月，道光二十五年（1845年）维修。坐北朝南，砖木结构，为三进两廊，保存完整，建筑的主体构架真实地呈现出原有的构造形制。2006年7月6日邢氏宗祠被金华市人民政府列为"金华市文物保护单位"。

该宗祠在中轴线的主要位置上建造三进厅堂，为三开间，自南而北依次为砖雕门楼、门厅、正厅、穿堂和后厅，是一组工字形渐进式的平面布局，通面宽约14米，通进深约28米，占地面积392平方米。在组群的最南端，是一座三间四柱五楼的砖构门楼，下枋表皮用方形清水磨砖砌筑成斜方格纹，其上青石字牌阳刻"邢氏祠堂"四个大字，上枋与檐枋之间的砖构檐垫板装饰万字花，寓意着万方平安，又在主楼檐下的砖构字牌上阳刻"追远"二字，表达了晚辈对先祖的追怀。门楼四根方柱上分别阳刻"敦""睦""本""族"，柱头和平板枋砖雕仰莲纹，这很明显是清嘉庆始建的特征。

门厅似倒座，面对正厅，两厅之间设横长方形的天井，其东、西两侧是廊子，至今，在廊子墙体的上方还保留了墨书题记。西山墙上的墨书题记，字迹模糊难辨，内容的大意是，宗族对孤绝者（无子孙）的赡养及生子者、娶妻者的族规。东山墙上的墨书题记较为清晰，书有："道光二十五年十一月廿四日冬至节，阖族老人绅士，暨五班祠首，公议异姓承继之说。从前，因族中人少，固有此举，迄今人丁渐繁，尽可由亲及疏，简择昭穆相当者承继。此次修谱，因积习难除，族中现有继归抚养者，故，只得仍旧与继。自此以后，预先通知，族中无子者，不得过继异姓为子，如有再行抱养异姓者，下次修谱，即出多金，决不许上谱，因此，大书于祠壁，□通族共晓，弗谓言□□□□□□□实也。阖族公具。"山墙上的墨书题记，反映出封建时期，族中宗法制度的森严和权威性。

正厅是族中举行祭祀活动的重要场所，面宽三间，明间后檐墙的额枋上悬挂"大节堂"匾额，厅堂空间高敞，明间主体构架为：九架前后双步廊用四柱，抬梁式；山面梁架为：穿斗、抬梁混合式。采用月梁形制，梁端镌刻三条阴线的龙须纹，单步梁雕饰成卷曲状的鸥鱼喷水，五架梁背置坐斗支撑三架梁，梁柱节点以通体透雕花卉的扇形雀替垫托，木构的圆柱头略作卷杀。正厅后面构筑穿堂连接后厅，在穿堂的转角处各用一根圆柱，上施平綦天花，并饰彩绘。后厅三开间，梁柱构造为：七架前后单步用四柱，五架梁与三架梁之间用短柱，造作简洁。明间靠近后檐墙处摆放祭桌，在各间的后檐墙上悬挂列祖列宗的画像，供族中晚辈祭祀。

邢氏宗祠的主要价值，具体表现在如下几个方面：

（1）建筑本体雕刻艺术的价值。雕刻图案不仅十分精美，而且题材也十分丰富，有狮子戏球、戏剧故事、喜上眉梢、代代寿仙、麒麟送子和双凤牡丹等等。特别在题材与木构件的巧雕方面独具匠心，如，正厅前檐的牛腿，把撑栱（俗呼"琴枋"）圆雕麒麟送子，牛腿圆雕母狮，这种雕刻构思，既满足了宗族祈求子孙繁衍、瓜瓞连绵的愿望，同时，又反映出当时工匠所采用的雕刻题材大多来自业主的意愿。

（2）建筑本体反映的历史价值。国家文物局对古建筑作出界定，认为古建筑的下限是1840年。该宗祠建于清嘉庆元年（1796年），虽经清道光二十五年（1845年）维修，但，尚保存较多嘉庆元年的原构，属于古建筑的范畴。邢氏宗祠的建筑本体，无论在大木构架的营造方面，还是小木作的装修上面，无不反映出当时历史时期的建筑技艺、社会结构及意识崇尚等因素，都具有较高的历史价值。

（3）山墙墨书题记的文化价值。墨书题记所撰写的内容，反映了在当时社会，宗祠在村落中占据的主导地位，以宗法制度和伦理观念来规范族人的行为，如，

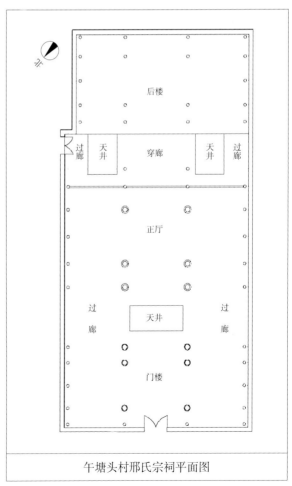

午塘头村邢氏宗祠平面图

"族中无子者，不得过继异姓为子，简择昭穆相当者承继。"可以看出，邢氏宗族十分强调以血缘关系来维护父系谱序为次第的秩序。另外，又记录了宗族对无子孙后代的孤寡老人，作出赡养的族规，使孤绝者老有所依。于此，也可以窥视到，宗祠在当时社会中承当义务的某一个侧面。

（四）曹氏宗祠

位于塘雅镇含香村，海拔54米，村落地势相对平坦，芎溪穿村而过，自然环境秀美，曹氏宗祠就坐落在村庄的西南边。宗祠依山傍水，坐北朝南，砖木结构，始建于清康熙年间，从现存木构件的形制看，应该是在清代中期又进行重修，目前正厅内部尚保留了部分康熙年间的柱础。建筑整体布局为三进两廊，保存完整，主体构架表现出鲜明的地方特色，2004年3月29日被列为"金华市第一批文物保护点"。

该宗祠在中轴线的主要位置上建造了三进厅堂，为三开间。建筑组群中，单体建筑的形式非常丰富，有砖构照壁、砖雕门楼、卷棚轩、大门、门厅、正厅、穿堂、后厅及东西两廊。建筑组群的通面宽约17米，通进深约34米，占地面积约578平方米，是一组工字形渐进式的总体平面。

在组群的最南端，砌筑一道砖石结构的照壁。照壁的下部采用石构基座，由于现在村落路面增高，仅裸露出部分束腰、上枭、上枋和镌刻束莲的短柱，由此推断，基座的形式应该是高等级的须弥座。照壁的墙身用清水磨砖一丁一顺砌筑，其上以平砖与花砖相间叠涩出檐，顶部铺设板瓦，四周檐口施滴水瓦当。与照壁隔街巷对峙的是砖雕门楼，为三间四柱五楼的牌坊形式，明间辟石框门，下为青石墙裙，雕刻双夔捧寿、缠枝阴阳鱼和麒麟瑞兽等图案。门楼下枋的表面，用方形清水磨砖砌筑成斜方格纹，其上石构字牌阳刻"曹氏宗祠"四个大字，门楼四根砖构方柱的柱头和平盘枋上浅浮雕仰莲，柱头科和平身科均为一斗六升。从整体的构造形制分析，该砖雕门楼大约建于清嘉庆年间。跨入砖雕门楼，紧挨着又是一座木构大门，门上悬挂着书有"江南望族"的红色门匾，一对石构抱鼓石各立大门两旁，门前上方构造四檩二柱的卷棚轩。

门厅似倒座，面对正厅，梁柱构造为：九架前后双步廊用四柱，明间抬梁式，山面穿斗式，采用月梁形制，五架梁与三架梁之间用短柱，造作简洁。门厅与正厅之间设置宽大的天井，不仅利于院落内部的通风采光和屋面雨水的宣泄，而且内向性的空间使四周的屋檐形成"四水归堂"的格局，又在天井的两侧构筑槛墙和木雕槛窗，在美化院落环境的同时，还可以起到分隔空间的作用。正厅三开间，明间后檐内额枋上悬挂"敦本堂"匾额，此处是阖族举行各种活动的重要场所，也是建筑组群当中的主体建筑，因此，建筑体量高大，屋顶采用悬山顶。从屋顶的等级来说，悬山顶比马头墙硬山顶的等级要高，山墙上依然保留了悬山顶的出际（山墙的出檐）遗构，只是后人把出际的外沿予以延伸，又增砌了一道观音兜形式的山墙，两道山墙之间的空间，用作走廊。正厅明间的主体构架为：九架前后双步廊用四柱，抬梁式，露明造，造作讲究，采用月梁形制，五架梁与三架梁之间用"骑栿栱"支撑上部的木构件，桁条下以层层出翘的斗栱支托，梁端镌刻三条阴线的龙须纹，各步架之间的单步梁均雕饰呈卷曲状的鸥鱼喷水。这样的梁架构造，是一种延用宋代木作制度及融合婺州民间营造技艺的综合体。厅内用木构圆柱，柱脚垫置石构鼓形柱础，从部分柱础的形制看，应该是康熙年间的原构，有的柱头略作卷杀，梁柱节点以木雕扇形雀替垫托。正厅与后厅之间构建穿堂，用四柱，穿堂上面施平綦天花，饰彩绘，在前后檐柱之间安装横披窗。后厅三开间，明间额枋上悬挂"寝堂"之匾，前檐墙均安装槅扇门和横披窗。

曹氏宗祠的建筑组群强调突显个性化，这主要由宗族文化和工匠的技艺所形成，列举如下点滴：

（1）注重宗祠建筑"门面"的造型设计。联想到民间有句俚语，叫做"撑门面"，或许源头来自于对建筑大门立面设

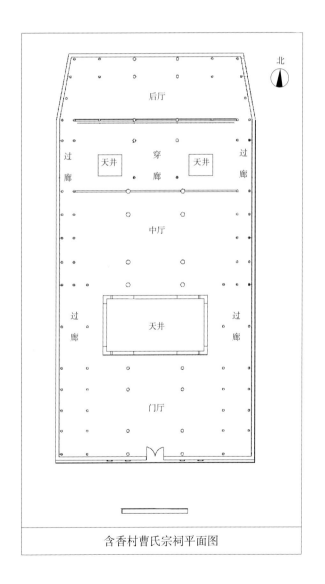

含香村曹氏宗祠平面图

计的追崇。曹氏宗祠在建筑前端的序列中，有砖构照壁、砖雕牌坊门楼、轩廊、大门，在这门前狭小的空间内，建造如此精美而形式多样的单元体，确实不多见。很明显，这种建筑构思，是为了彰显"江南望族"的精神需求，实属稀罕。

（2）正厅部分构件沿用明代晚期的形制。曹氏宗祠始建于清代早期，明末建筑的时代特征难免会继续沿用，尽管该宗祠在清代中期又进行重修，但有的工匠还会把原有的风格予以移植，比如，正厅圆柱的柱头砍削成"卷杀"的形制，而这种形制的圆柱，在婺州区域，往往是反映明末以前的时代特征。因此，我们对古建筑进行断代时，不能仅凭单一的构件作为依据，否则容易误判。

（3）鸱鱼题材的装饰应用。鸱鱼的形态，在传说中为龙头、鱼身、鱼尾，善喷水激浪，于是将其作为中国古建筑上能够辟火的"水之精"。因此，鸱鱼题材在民间得到普遍采用，形态千变万化，在古建筑中俯拾皆是，如曹氏宗祠的木构梁架上，将两根桁条之间的单步梁雕刻成抽象的卷曲状鸱鱼喷水，又将屋檐下明沟内的挡石雕刻成具象的鸱鱼喷水，均寓意着喷浪灭火，在精神上得到寄托。

（五）张氏宗祠

位于曹宅镇龙山村。始祖张宣，其父身亡，结庐守墓。所谓结庐守墓，即在故祖的墓旁构造守墓庐守护亡灵，三年不离其侧，实为孝子。张宣在守墓其间，察看到东西走向的山脉形似游龙，后，于山脉之东筑屋定居，繁衍生息，发族形成村落。宗祠坐落在村落的南边，据历史文献记载：始建于明万历四十七年（1619年）冬，四十八年（1620年）秋告成；康熙四十八年（1709年）秋重建，越一年落成，为砖木结构；乾隆三十八年（1773年）重修；嘉庆四年（1799年）九月至嘉庆九年（1804年）腊月，祠堂因木柱朽坏，由张作楠❶主持重建后厅，因张作楠正处于考学的关键时期而暂停，后又因其为

---

❶ 张作楠（1772—1850年），字让之，号丹村，龙山村人。清嘉庆十三年（1808年）进士，由处州教授历任桃源、阳湖知县，太仓州知州，徐州知府兼徐州河务兵备道。辞职回乡后，潜心研究天文，曾设计制作"浑天仪"。著有《新测恒星图表》《新测中星图表》《新测更漏中星表》《金华晷影表》等。1912年商务印书馆编印的《新字典》例言中载："星名但载二十八宿，其所列中星，皆依张作楠之中星表推算递加，其与民国纪元之中星不差分秒。"另著有《量仓通法》5卷、《方田通法补例》7卷、《续编》3卷、《八线类论》3卷、《八线对数类论》2卷、《弧三角举偶》3卷、《高弧细草》1卷。另外，还著有《四书同异》《乡党述注》《翠微山房遗诗》和《书事存稿》等。

官，直至张作楠乡居后的道光九年至十二年（1829—1832年）继造一、二两进。2007年由浙江省文物局拨入专项经费进行抢救性维修。张氏宗祠整体布局保存完整，1999年6月1日被金华县人民政府列为"金华市第四批文物保护单位"。

现存宗祠建筑为砖、木、石结构，坐东朝西，总体平面布局三进两厢，中轴线通面宽19.4米，通进深42.3米，总占地面积1187平方米。建筑自西而东依次为照壁、明堂、大门、门厅、戏台、正厅、后厅及左右两厢房，北侧厢房无存。

照壁与八字大门之间的明堂，现在是一条公路穿"堂"而过。门厅共五间，三间厅两间门房，木石结构。门厅单层，空间十分高敞，在明间后金柱和后檐柱之间安放台座式的固定戏台，面对正厅，以便族中长辈坐在正厅看戏。为扩大戏台上的表演空间，工匠把门厅抬梁式的梁架移植到戏台的上部，使门厅的后檐形成抬梁式的构架，很明显，这是专门为戏台而设计的，并且在戏台的上方施斗八平綦天花，左、右次间施平綦天花，天花之上采用草架（未经过精细加工的梁架）。戏台前面是横长方形的天井，天井南、北两侧各建两间二层的看楼，第一层是廊子，可做通道，也可容纳族人看戏，第二层主要供妇女看戏，封建社会强调男女授受不亲。

正厅五开间，曰"孝友堂"，建造在石构台基上，台基的高度约43厘米，正对应鲁班尺上"兴旺""登科"的吉字，这也可能是巧合。在明、次间的台基下各设三级台阶，中国古代非常讲究营建数理，凡阳宅台阶均采用阳数，即单数，阴宅台阶用双数，当然台阶的级数，同样受到朝廷等级制度的约束。正厅内部的空间特别高敞，使用石构方柱，柱子上均镌刻多种字体的楹联，有篆体、隶书、草书、行书、楷书等等，而且特别值得一提的是，明间两根后檐柱上镌刻满文与蒙文的对联，十分稀有，其正厅后檐柱的满文对联为"诸葛一生唯谨慎，吕端大事不糊涂。"另一副在正厅两山墙的后檐内，各立一通清乾隆三十八年（1773年）的石碑，碑额上分别镌有"龙山"和"孝友堂"的字样。明、次间木构梁架为：九架前后双步廊用四柱，抬梁式，山面梁架穿斗与抬梁混合式。采用月梁形制，五架梁背置两攒"骑栿栱"支托三架梁，这种构造形制的梁架，明、清时期在古婺州十分盛行。梁端镌刻三条阴线的龙须纹，步架之间不用单步梁作联结，梁柱节点以雕刻精湛的扇形雀替垫托梁头，方形的桁下以层层出翘的斗栱支承，石构柱头上装饰木雕仰莲的皿板，给后人留下了清嘉庆时期的历史符号，前檐牛腿圆雕历史人物，形象栩栩如生。这些木构件上的精细造作，结合了当地民间的建筑技艺。

后厅五间，建造在石构台基上，台基的高度约55厘米。我们从宗祠整体建筑的侧立面可以看出，门厅、正厅、后厅三进厅堂的建筑地面，呈现出一进比一进高的态势，形成"前低后高"的现象。从功能需求看：假设整体建筑的地势呈现"前高后低"，如遭遇大雨，雨水势必会倒灌进建筑内部，反之，屋面的雨水宣泄到天井的明沟后，又流入暗沟，这样，雨水自然地顺着暗沟从高而低流出建筑组群。后厅是供奉先祖神主牌的场所，造作简洁，石构方柱、木构梁架，其主体构架为：七架前后单步带前廊用五柱，厅内彰显出庄严肃穆的氛围。

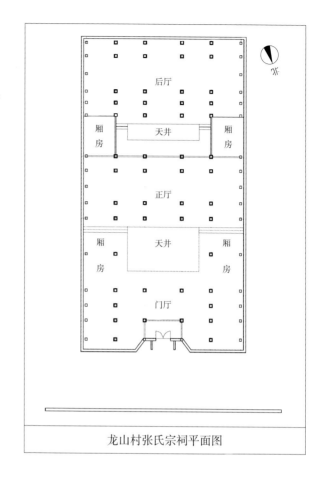

龙山村张氏宗祠平面图

张氏宗祠的宗谱详细地记载了历代修缮的情况，为该建筑的历史沿革提供了宝贵的史料，建筑本体与史料都具有较高的历史价值；建筑组群不仅单体建筑形式多样，而且保存诸多的楹联和雕刻构件，具有很高的艺术价值和文化价值；不仅如此，该宗祠最为突出的是由张作楠主持建造。

（六）孙氏宗祠

位于澧浦镇山南村。海拔约84米，村落地势高低错落，生态环境秀丽，宗祠就坐落在村落的西边。现今正厅内尚保存乾隆碑记，落款为："大清乾隆丙申年冬吉旦"，由此得知，该宗祠于乾隆年间（1776年）建成，又历经嘉庆二十三年（1818年）、道光二十一年（1841年）、光绪二十三年（1897年）多次修缮，2002年村民自筹资金又予以维修。现存宗祠建筑为砖、木、石结构，整体布局为三进两厢房，至今格局依然保存完整，并真实地表现出原有的构造特征和地方风格，2004年3月29日金华市文体局公布为金华市第一批文物保护点。

宗祠坐北朝南，在宗祠的东南侧至今屹立着一棵十分苍劲的古樟树，据树铭牌介绍，估测年龄为860年。中国封建时期，古人建造宗祠，喜在祠旁栽植树木，以永作护荫，祈愿祖先神灵护佑晚辈及子孙世代昌盛、簪缨不绝。宗祠前还有水面宽大的池塘，可谓"朱雀"，再南不远处是南山，山体不高，山顶呈双峰状，双峰略有高低，犹如波纹起伏，此山应该是孙氏宗祠的"案山"。

宗祠在中轴线上建造三进厅堂，为三开间，自南而北依次为：栅门、八字大门、门厅、戏台、正厅和后厅，是一组多进式的平面布局，通面宽约19米，通进深约31米，占地面积约589平方米。八字大门为木构，前檐月梁形制的额枋施二攒平身科，形似蝶形栱。大门前构筑卷棚轩，门上悬挂"孙氏宗祠"的匾额。门厅似倒座，二层，采用石构圆柱，明间用作通道，上施平棊天花，左、右两次间为门房，现用作"青年民兵之家"和"e家书房"，得到合理利用。门厅明间的后檐与古戏台连接。戏台平面方形，位于天井内，为歇山顶亭台式固定戏台，翼角起翘，面对正厅，此时的正厅成为观戏的场所。由于正厅是族中举行祭祀活动的重要场所，因此体量相对其余建筑高大，单层露明造，厅内东、西山墙旁，各树立三通重修宗祠碑记。正厅主体构架为木石结构，其中五架梁、廊梁、柱子及部分雀替采用石构，这些石构件的风格较木构件古朴。梁柱结构：七架前后单步用四柱，抬梁式，月梁形制，在五架梁端镌刻三条阴线的龙须纹，又在龙须纹的里侧阳刻飞龙图案，这是极为少见的。前檐柱

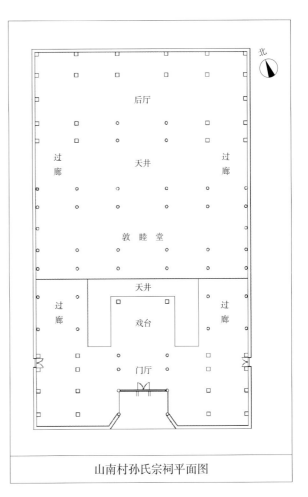

山南村孙氏宗祠平面图

上不置牛腿，仅用雕花木构件作装饰。正厅与后厅之间的天井两侧建厢房。后厅三间七架，后金柱与后檐柱之间设神龛，摆放先祖的神主牌，前檐安装槅扇门。

一般来说，建筑历史价值的表现主要从两个层面分析，一是建造年代的历史；二是建筑所传递的历史信息以及能够见证、揭示当时社会的诸多因素。从第二点分析，孙氏宗祠的历史价值主要体现在以下两个方面：

（1）宗祠正厅内部保存的六通重修碑记，有清乾隆年间的、清道光年间的、清光绪年间的，确切地记载了修缮年代和族中喜助钱款的历史信息，重修碑记佐证了宗祠的历史沿革，十分宝贵。

（2）大梁上龙须纹里侧阳雕龙体图案，佐证和明确了"龙须纹"名词的由来。

（七）方氏宗祠

位于澧浦镇方山村。海拔约83米，三面不远处郁郁葱葱的山林环抱着村落。现存宗祠坐落在村庄的东北边，为砖、木、石结构，坐西朝东，始建于清乾隆三十年（1765年），咸丰四年（1854年）进行重修，历时两年的时间，于咸丰六年（1856年）修缮完工；后由于年久失修，屋面渗漏，侵蚀了木基层，使建筑本体产生安全隐患，于2002年进行修复。目前组群保存完整，2004年3月29日金华市文化体育局将其列为"金华市第一批文物保护点"。

宗祠在中轴线上建造三进厅堂，为五开间，自东而西依次为：栅门、八字大门、门厅、戏台、侧厅、正厅和后厅，是一组多进式的平面布局，通面宽约19.8米，通进深约31.2米，占地面积约617平方米。八字大门为木石结构，明间两根石构前檐柱支顶木构挑檐檩，柱檩节点出两翘异形丁头栱和替木，大门前构筑卷棚轩，门上悬挂"方氏宗祠"的匾额，大门两旁各立石构抱鼓石，八字门内的木构件装饰彩绘。门厅似倒座，二层，采用石构方柱，明间用作通道，两根后廊柱之间安装木构扇面墙，与门厅明间后檐的古戏台连接一起。戏台平面略呈方形，位于天井的前端，为歇山顶亭台式固定戏台，翼角起翘，台面的上部施天花，构造穹隆藻井，四根石构角柱的上部于45°处出一插栱（当地俗呼"琴枋"），支撑其上的木雕构件和角梁。插栱的再现，暗示着琴枋是从角科（斗栱）演变而来的。在戏台屋顶正脊的中部装置瓦作宝葫芦，并插上戟状的铁件。戟最早出现在我国商周时期，是一种兵器，在这里取其"级"的谐音，寓意仕途连连升级。正厅五间单层，露明造，木梁石柱，后檐枋上悬挂"聚族堂"之匾，明、次间主体构架：九架前后双步用四柱，抬梁式，五架梁与三架梁的上下之间用短柱，厅内石构方柱阳刻楹联，题款为："咸丰甲寅小春吉旦"。前檐柱上不置牛腿，仅用雕花构件作装饰，这一构造，在金东区的建筑上是屡见不鲜的。正厅与后厅之间的天井狭窄，辟有两口长方形的水池。后厅五间，进深较浅，为七架带前廊，采用木构件石方柱，老檐柱之间均安装槅扇门。

宗祠每一进建筑之间均设天井，天井两侧根据建筑功能的不同而采用不同的建筑形式，一进与二进之间，也就是戏台的两边，各建侧厅三间，梁架构造为：通檐五架用二柱，抬梁式，采用月梁形制，三架梁与五架梁之间施短柱。二进与三进之间的天井两侧为廊子。

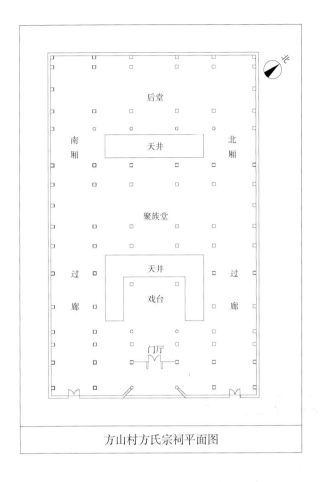

方山村方氏宗祠平面图

在正厅前的南、北侧厅里，展示非物质文化遗产板凳龙和迎大蜡烛。板凳龙是国家级非物质文化遗产，全村男女老少喜迎元宵节，添丁祈福。迎大蜡烛系市级非物质文化遗产，每年迎蜡烛前，方氏宗族于除夕日就开始焚香添烛祭拜，并伴以大锣大鼓，直至正月十二，这一晚亦称"蜡烛夜"，宗祠内要张灯结彩，锣鼓喧天，在次日正月十三这一天，要举行迎蜡烛活动，祈福一年吉祥如意、万方平安、五谷丰登。迎蜡烛活动的全过程需半个月的时间，喜悦又繁忙，宗祠里为此还制定了一套完备的流程和规定，确保活动自始至终有条不紊。

（八）王氏宗祠

位于澧浦镇蒲塘村。海拔58米，村落整体地势高低起伏，自然生态景色秀美，正如《蒲塘地图说》所云："蒲塘之地，水秀而山明，蒲塘之势，龙蟠而虎踞，左廻右顾，瑞拱钟灵。"蒲塘村是以王姓氏族聚族而居的血缘村，至今还是以王姓为主。据《凤林蒲塘王氏宗谱》记载：始祖王从皓自义乌凤林迁址金华雅塘街，南宋时，又迁到蒲塘定居发族，瓜瓞连绵，簪缨不绝，发展成名门望族。先祖王淮，南宋绍兴十五年（1145年）进士及第，官职左丞相，授观文殿大学士。王氏宗族历来重教兴学，在村旁建造文昌阁，为族中子弟提供读书的场所，同时对宗祠的营建也十分重视，由世祖王敏动议创建，于明嘉靖六年（1527年）告成，清康熙二十年（1681年）迁建今址，扩其规模，康熙四十年（1701年）予以修缮；后经历代维修，至清光绪十年、十八年、二十年维修数次；民国时期局部维修；2005—2008年，村民勠力大修，保持了原有的格局，2011年1月7日由浙江省人民政府公布为浙江省文物保护单位。

王氏宗祠位于村落的东北部，坐西朝东，砖、木、石结构，总体平面布局为三进五间两廊庑，中轴线通面宽21.4米，通进深45米，总占地面积约963平方米，建筑自东而西依次为门楼、门厅、戏台、正厅、穿堂、后厅及左右两厢房。

宗祠前面不远处有一宽大的池塘，在旧时谓之"朱雀"，寓意利事业、利学业。王氏宗祠非常注重纵轴线前端的铺垫，拾级而上，明间构造二柱三楼歇山顶的木构牌楼式门楼，两根石构方柱上，各置牛腿承托翼角，扁作梁形制的额枋遍刻蟠螭回纹，承载其上层层叠叠的正心枋，檐下悬挂"凤林"之匾。门楼内安装两扇朱漆大门，上方施平綦天花，门之两旁各立抱鼓石，与门额上的门簪形成上下呼应，即民间所称的"门当户对"。跨入大门是门厅，门厅二层，进深很浅，明间后檐与戏台相连，这种构造的门厅，其实是宗祠戏台的戏房，供演戏时化妆、过场和摆放道具等之用，楼上往往是演完戏优伶❶过夜住宿的地方。戏台面对正厅而建，前面是天井，南、北两边是廊子，戏台的形式为歇山顶固定式戏台，翼角起翘，木构件雕刻华丽，是宗祠内部重要的附属建筑。

正厅面宽五开间，曰"崇本堂"，木石结构，建造在石构台基上，台基的高度约50厘米，台基下设台阶。正厅内部空间高敞，露明造，金柱为石构圆柱，柱脚与柱顶石之

---

❶ 宋元后戏曲演员的称号，优是男演员，伶是女演员。

间置瓜楞柱础，最大直径位于中部，应该是清早期的遗构。这一时期柱础与柱脚的联结处已不再使用榫卯，而是以柱子所传递的重量直接压在柱础上，如遇到地震，柱脚与柱础之间只是产生移位，一般不会折断柱子，震后将柱子归安即可。这样，柱础在起到隔潮的作用上，又添加了抗震的功能。山墙上的柱子和前、后檐的柱子采用方形讹角柱，这种形制的方柱，一般盛行于清代中期，柱子上均镌刻楹联。明、次间木构梁架为：九架前后双步廊用四柱，抬梁式，山面穿斗与抬梁混合式。采用月梁形制，五架梁背用短柱直接顶托上金檩，三架梁的梁尾插入短柱，这样的构造形制，在婺派建筑中属于小众。梁柱节点以丁头栱为主，也有使用扇形雀替，节点上构件形制的多样性，主要还是由历代维修所形成的。正厅明间后檐与后厅明

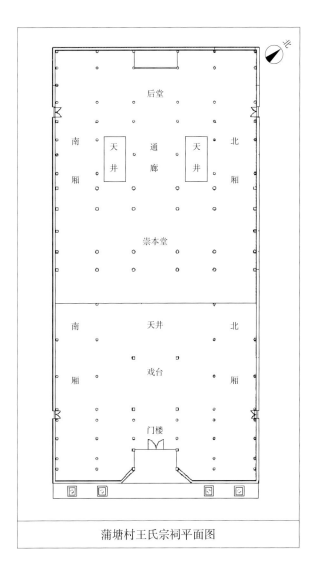

蒲塘村王氏宗祠平面图

间前檐之间构造穿堂，上施天花，额枋上施"工"字形斗栱。穿堂的南、北两边分别是天井和厢房。

后厅面宽五间，也是建造在石构台基上，台基的高度约60厘米，使后厅的建筑立面形成屋顶、屋身、台基三分法的造型特点。后厅梁架造作简洁，七架带前后廊用四柱，不饰雕刻，老檐柱之间安装槅扇门，厅内明间祭桌上供奉历代先祖的神主牌，彰显出庄严肃穆的气氛。

（九）周氏宗祠

位于傅村镇苍头村。海拔75米，村落地势高低错落，宗祠建造于村落中部。坐北朝

南，砖木结构，整体布局包括三进两廊及西厢书室，中轴线通面宽8.7米，通进深27.5米，西厢通面宽10.5米，通进深7米，总占地面积约313平方米，全国第三次文物普查认定为不可移动文物。

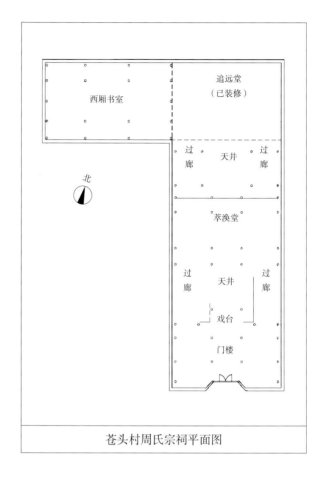

苍头村周氏宗祠平面图

宗祠三开间，拾级而上为八字大门，门内施平綦天花，装饰彩绘，内额枋上悬挂周氏宗祠匾额，落款为"崇祯元年孟春月之吉旦"。崇祯元年为公元1628年，距今已有394年，仔细分辨，仅剩大门的抱框、磨损严重的木门槛及门槛下满目沧桑的地砖，这部分是遗构，其余建筑为清代重修。

门厅的明间在清代重修时改建成翼角起翘的亭台式固定戏台，台面已毁，现今成了供人进出的通道。正厅曰"翠涣堂"，面积不大，主体构架用材小，造作简洁，现用作苍头村的老年活动室，甚为热闹。第三进追远堂和西厢的书室，已装修成适应现代生活所需的建筑空间，于此，宗祠建筑也能得以适应性地利用。

周氏宗祠的建筑本体并未体现出有多大的特点，但是，宗祠的附属建筑西厢书室，是供本族子弟读书学习的场所，通过读书走上仕途，荣宗耀祖，提高宗族声望，这也是宗族所祈盼的。在周氏宗祠建筑组群中，除了宗祠应有的功能性建筑之外，还建造了具有重教兴学功能的书室，这在当时来说，是习以为常的，可是，随着社会的发展与时代的变迁，在宗祠内部至今还保存书室的遗存，却是难得一见的。

（十）傅大宗祠

位于傅村镇傅二村。海拔72米，村落地势高低错落，宗祠就位于傅一村和傅二村的交界处，坐东朝西，背依蟾山峰，面对双尖山。据《东山傅氏宗谱》记载，建筑创建于明代万历元年（1573年），清乾隆三十五年（1770年）大修，1912年因毁于火而重修，2007年村落傅氏后裔又集资修缮，及时排除了建筑本体的安全隐患。现存宗祠建筑为砖、木、石结构，整体布局为三进两厢，至今保存完整，2011年1月7日由浙江省人民政府公布为"浙江省文物保护单位"。

宗祠规模较大，均为五开间，随着建筑纵深方向的地势延伸而逐级抬高，这样的地势，既能满足旧时"前低后高世出英豪"的要求，又可体现宗族的身份象征，因而，每进厅堂建筑均构筑在台基上，体现出中国古建筑台基、屋身、屋顶三分法的立面造型特点。中轴线上自西而东依次为：照壁、栅门、八字大门、门厅、戏台、南北钟鼓楼、正厅及后厅，是一组单体建筑形式丰富的建筑组群，其通面宽约26米，通进深约43.1米，占地面积约1120平方米。

八字大门为木石结构，大门两边采用石构方柱，在转角处以雕刻历史人物的牛腿支撑短柱、花替及挑檐檩，前檐月梁形制的额枋浮雕戏剧故事，上施短柱与花板，使八字大门显得富丽堂皇。

门厅五开间抬梁式，似倒座，在明间后金柱和后檐柱之间构筑台座式的戏台，上施天花藻井，演戏时为了不让观众在视觉上产生压抑感，故增加后檐柱的高度，使后檐柱与后金柱等高，从而达到扩大后檐廊空间的效果。门厅与正厅之间设横长方形的天井，天井两边分别构造钟楼和鼓楼。据宗祠简介："宗祠南北有钟鼓楼，建于雍正年间，因傅宏基捐躯报国，皇帝准予建造。"一般来说，钟鼓楼在寺庙中较为常见，摆放的位置"东钟西鼓"成为规制，而在宗祠内部建造钟鼓楼确实不多见，需皇帝特许。由于傅大宗祠的建筑朝向是坐东朝西，故而族人便灵活地把钟楼建造在南边廊庑的位置，鼓楼建造在廊庑的北边，两楼面面相峙，祭祀先祖时，钟、鼓齐鸣24声，按父系谱序的排辈而入。钟、鼓楼砖木结构，为二层楼阁式，三间四柱重檐歇山顶。中国封建社会时期在古建筑屋顶的形式上也有着森严的等级制度，正式建筑（园林建筑为杂式）的屋顶主要有：庑殿顶、歇山顶、悬山顶和硬山顶四种，重檐屋顶的等级又比单檐屋顶的等级略高，其中等级最高的是重檐庑殿顶，只许宫殿和重要的寺庙使用，如，故宫的太和殿是重檐庑殿顶，天安门城楼则采用等级略次的重檐歇山顶，当然，歇山顶也是不可任意使用的，如品阶低的官员和老百姓采用歇山顶是僭越。我们了解了使用屋顶等级的规定，便知傅大宗祠的社会地位与等级是不言而喻的。

正厅五开间，明间内额枋上悬挂"敦本厚伦"之匾，前后檐柱采用石构方柱，避免风雨对檐柱的侵害。厅内露明造，使用木构梁柱，用材硕大，造作讲究，主体构架为：九架前后双步廊用四柱，采用月梁形制，月梁的两端装饰雕刻三条阴线呈椭圆形的龙须纹，五架梁与三架梁的梁背均采用雕花柁墩垫托短柱，桁条的底皮均雕刻纹饰，桁与桁之间，以雕饰成卷曲状鸥鱼喷水的单步梁作联结，梁柱节点用扇形雀替垫托。由于正厅是族中举行祭祀活动的重要场所，需要容纳更多族人集聚拜祭，故明、次间均采用抬梁式，山面采用取材略小的穿斗式，这样可以根据受力情况的不同予以合理用材。后厅五开间，亦称"寝堂"，是供奉本族先祖神灵的地方，主体木构架为：七架中柱带前廊，老檐柱之间安装槅扇门。

傅大宗祠的门厅、正厅和后厅均建造在石构台基上，台基是保证建筑物稳固的重要部分，不仅可以防水隔潮、调适构图和扩大体量，而且也是体现建筑等级的标志之一。如上文提及，古代官员营建房屋，台基的高度也会受到朝廷等级制度的限制，正厅台基的高度从现存情况看，约在60厘米，不过二尺；后厅台基形制为简易素面的须弥座形制，这种形制的台基等级，高于普通形制的台基，其高度在80～90厘米，超过二尺，很明显是高于四品官的品阶。据宗谱记载，傅宏基为怀远将军，官职是从三品，又因捐躯报国受皇帝奖赏，两者相符，未逾越朝廷规定的等级制度。

傅大宗祠建筑组群中的钟鼓楼、五开间的面宽、高度过二尺的台基等等，都是反映中国古代建筑等级制度的一个例证，为现今研究古代典章制度提供了宝贵的实物资料。

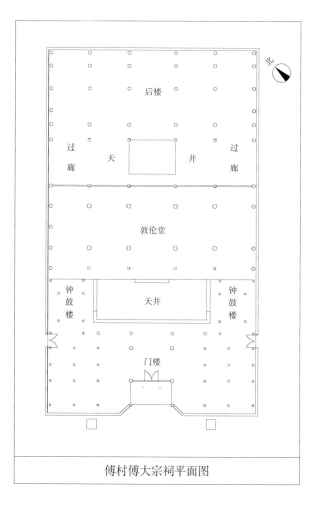

傅村傅大宗祠平面图

（十一）严氏宗祠

位于澧浦镇琐园村北部。相传，该宗祠与孝顺镇严店村的严氏宗祠有着渊源关系，据《清湖严氏宗谱》记载，明代万历年间，始祖严守仁从孝顺严店村析居，迁址琐园繁衍生息，历经二百余年的苦心经营，严氏家族开枝散叶，生生不息，逐渐形成村落，至清代乾隆年间，族中数位长辈提议建造宗祠，使宗族有一处阖族祭祀的场所，遂鸠工庀材，于乾隆三十年（1765年）落成，后又经历多个朝代修缮。现存建筑为砖、木、石结构，坐北朝南，共四进，格局完整，1996年12月28日由金华县人民政府公布为第二批县级文物保护单位，2011年1月7日由浙江省人民政府公布为第六批浙江省文物保护单位。

严氏宗祠规模较大，四进三开间，通面宽约21.2米，通进深约63.7米，占地面积约1350平方米，是目前金东区最大的宗祠建筑组群。第一进建筑的立面造型为"三间两落翼"，即：中间三间屋顶较高，两侧屋面较低，形成雄鹰展翅的姿态，这种建筑立面的造型，容易被人误认为五开间。第二进为前厅，明间梁架为七架前廊后单步用四柱，抬梁式。两根前金柱之间安装大门，门外是三间装饰华丽的前廊，明间大门上方悬挂"严氏宗祠"匾额。第三进为正厅，曰"敦伦堂"，木梁石柱，系民国期间重修，厅内空间高敞，明、次间梁架：九架前后双步用四柱，抬梁式，采用直梁形制，造作简洁，少饰装修。第四进是供奉祖先神灵的场所，亦称"寝堂"，明间梁架七架前后单步用四柱，抬梁式，采用木构月梁，石构檐柱。

严氏宗祠每一进建筑之间均设天井，以利于宗祠内部的通风和采光。天井两侧因进深位置不同而采用不同的建筑形式，二进与三进之间，天井的两边各建造三间

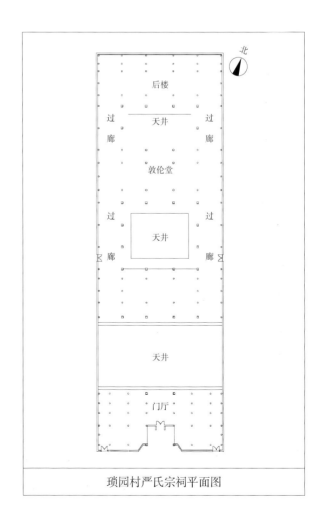

琐园村严氏宗祠平面图

空间高敞的侧厅，梁架构造为通檐五架用二柱，抬梁式，采用月梁形制，三架梁与五架梁之间施短柱。由于现在将单层的侧厅装修成二层空间的廊，故原状不易辨识，被误认为廊。三进与四进之间，天井两侧构造廊子。

另外，还有一个建筑特点：将每一进厅堂两侧廊子的空间与厅堂空间融为一个整体，形成明、次、梢五开间，把次间梁架也做成抬梁式，廊子山墙的梁架为穿斗式，这样，可以使厅内空间的利用率达到最大化，这也是金东区宗祠建筑较为突出的特点之一。

（十二）徐氏宗祠

位于浙江省金华市澧浦镇山口村的北部。海拔约55米，村落地势平坦。宗祠建筑规模不大，通面宽约13米，通进深约23米，占地面积近300平方米，坐北朝南，为前后两进的四合院形式。

宗祠的南端是八字大门，一对抱鼓石分立大门两旁。门厅似倒座，三开间，为砖木结构，木构架造作简朴，以素面为主。正厅前面天井宽深，略呈方形，两侧廊子的墙面上绘制20世纪60年代的壁画。正厅三开间，采用木构月梁和石构方柱，明间东、西两缝梁架为七架前后单步用四柱，抬梁式，山面梁架抬梁、穿斗混合式，造作简洁，少饰木雕。

在这里，特别值得一提的是，正厅两山内墙和后檐内墙上绘满壁画，西次间后檐墙上的壁画内容为20世纪60年代山口村田间的劳作图，有农机插秧、稻谷脱粒、挑肥浇水、耕田犁地等，一派繁忙景象，图的标题为"山口生产队一九六○年粮棉猪指标"。东次间后檐墙上的壁画，绘制社员们向往的理想图，画中有：家家住新房、水库水坝抗旱灾、汽车运棉粮、乡道开汽车、拖拉机地头忙、稻田粮食大丰收等景象。两山墙面上的壁画是歌颂党的领导和社员生活，图文并茂，隐约可见：第四食堂福利好，社员生活改善了；第五技术革新好，劳动效力大提高；第六食堂工厂好，社员便利来得了；第九食堂无限好，党的领导第一好。厅内石方柱上多处书写标语口号，但已不完整："农林牧副渔全面发展""人人每餐节省□"，等等。这些壁画和标语口号，反映出20世纪60年代山口村的乡村面貌和村民对未来美好生活的追求与向往，是社会主义建设初期的记忆，也是特定时期的历史信息，这些壁画亦可谓"不可再生"。

壁画上向往的幸福生活，距今六十余年，再把当今人民的生活水平与那时人们所向往的美好生活作一比较，其实已经早早作了超越，这些壁画可以从侧面反映出新中国建设的飞跃发展。

以父系谱序为次第的宗族制度，在现代社会逐渐走向消亡，而作为物化形式的宗祠建筑，往往是村落文化的精神象征，所承载的历史文化有着积极的和消极的两个方面，我们摈弃糟粕，汲取精华，将其优秀的传统文化永续传承。

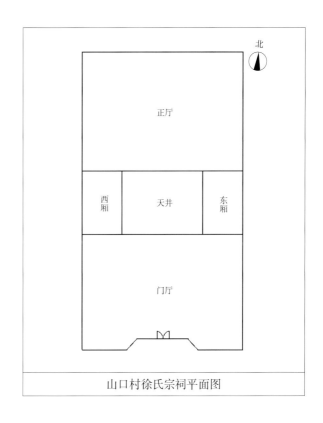

山口村徐氏宗祠平面图

三、其他宗祠简介

（一）清朝建造的

曹宅村曹氏宗祠，位于曹宅镇曹宅村。据《协和曹氏宗谱》载，"东溪明洪八年，始祖曹伯康自坦溪西浒迁居东溪之东浒，于洪武十一年创建祠堂，始称曹宅，嘉庆廿六年重修"，2004年再修。坐北朝南，砖木结构，总体平面布局为三进五间两侧廊，通面宽25米，通进深34米，占地850平方米。宗祠依地势逐级抬高而建造，自南而北有门厅、穿堂、正厅、穿堂和后厅。五开间前后三进、左右过廊。格局完整，规模较大，有较高的文物、历史、艺术价值，2018年12月由金华市人民政府公布为金华市历史建筑。

雅里村李氏宗祠，位于曹宅镇雅里村中部，清代建造。坐南朝北，占地375.4平方米，三开间前后三进、左右过廊。格局完整，做工考究，牛腿、雀替等木构件雕刻精细，有一定的文物价值。

桥西村金氏宗祠，位于曹宅镇桥西村，始建于清乾隆十五年（1785年），民国重修。坐西朝东，砖木结构，总体平面布局为三进三间左右两廊庑，通面宽13.68米，通进深30米，占地410平方米。三开间前后三进、左右厢房和檐廊。硬山马头墙。一进门厅明间前檐辟八字门。格局完整，规模较大，牛腿、雀替等木构件雕刻较精细，有一定的文物价值。

山下洪村郑氏宗祠，位于曹宅镇山下洪村，为郑忠愍公三祠之一，始建于明代，清康熙年间维修，后又历经数代修缮，2015年村落集资修建。坐北朝南，通面宽13.9米，通进深39.9米，占地面积554.9平方米，总体平面布局为三开间前后三进、左右过廊。纵轴线上的主要建筑，自南而北有门厅、戏台、正厅和后厅。戏台面对正厅而建，平面呈方形，戏台的上部置穹隆藻井。宗祠硬山顶观音兜山墙。格局完整，规模较大，牛腿、雀替等木构件雕刻精细，有较高的文物价值。

上明路村舒氏宗祠，位于曹宅镇上明路村中部，清代建造。坐西朝东，占地211.3平方米，三开间前后两进，左右过廊，硬山顶。现仅存一、二进。一进门厅明间前檐辟八字门。格局基本完整，做工较考究，有一定文物价值。

东塘村张氏宗祠，位于赤松镇东塘村西部，清代建造。坐北朝南，占地189.7平方米，三开间前后两进左右过廊，硬山顶。现仅存一进。格局不完整，做工一般，有一定文物价值。

郭村郭氏宗祠　位于赤松镇郭村东部，清代建造。坐东朝西，占地330.5平方米，三开间前后三进，左右过廊，硬山顶。一进门厅明间前檐辟八字正门。格局基本完整，做工较考究，有一定文物价值。

东关村姚氏宗祠，位于东孝街道东关村东北部，始建于元代，重建于清代，2006年4月从村南迁此原样重建。坐北朝南，占地462.6平方米。五开间前后三进。一进木构牌楼八字门上竖匾"政通人和"，下横匾"姚氏宗祠"，施藻井。整体建筑规模较大，格局完整，梁柱、牛腿、雀替均雕刻较精细，有一定的文物保护价值。

下于村于氏宗祠，位于金东区东孝街道下于村，清代建造。坐北朝南，占地221.6平方米，平面不规则，前后两进，中间穿廊，西侧偏房。1938年台湾义勇队医院设此，一进门诊，二进宣传队办公用房，西偏房为制药厂。格局完整，构架简朴，具有重要的历史和研究价值。

十二里村姜氏宗祠，位于多湖街道十二里村中部，清代建造。坐东朝西，占地507.8平方米，五开间前后三进，左右过廊。祠堂内用石方柱。格局完整，做工考究，牛腿、雀替等木构件雕刻精细，有较高的文物和艺术价值。

汀村姜氏宗祠，位于多湖街道汀村东部，清代建造。2007年大修。坐北朝南，占地517.1平方米，五开间前后三进，左右过廊。一进明间辟八字门，后设戏台。格局完整，做工一般，牛腿、雀替等雕刻较精细，有一定文物和艺术价值。

傅二村爱敬祠，位于傅村镇傅二村中部，清代建造。坐东朝西，占地352平方米，三开间前后三进，左右檐廊。硬山观音兜。一进门厅前檐辟正门，前檐石方柱。格局完整，规模大，用材粗大、考究，牛腿、雀替等木构件雕刻较精细，有较高文物价值。

后傅村陈氏宗祠，位于傅村镇后傅村北部，清代建造。坐北朝南，占地183.8平方米，三开间前后两进左右过廊。格局基本完整，有一定文物价值。

山头下村沈氏宗祠，位于金东区傅村镇山头下村南部，清代建造。坐东朝西，占地336.4平方米（详见第十一章）。

上姜村姜氏宗祠，位于傅村镇上姜村南部，清代建造。坐东朝西，占地232.6平方米，前后三进，现仅存第三进，硬山马头墙。格局不完整，三进后厅明间用石柱楹联，做工考究，有一定文物价值。

溪口村仁甫祠，位于傅村镇溪口村中部，清代建造。坐北朝南，占地377.3平方米，三开间前后三进左右厢房，硬山马头墙。格局完整，颇具规模，一进门面做工考究，二进用材粗大，牛腿、雀替等木构件雕刻较精细，有较高的文物和艺术价值。

横店村项氏宗祠，位于江东镇横店村，始建明代，清代和民国多次维修。坐南朝北，五开间前后三进，占地620.4平方米。一进明间八字台门后设戏台。格局完整，规模较大，做工考究，用材较大，普用石方柱楹联。有较高的文物、历史和艺术价值。

六角塘村吴氏宗祠，位于江东镇六角塘村环村，建于清代。坐北朝南，占地551.6平方米，五开间前后三进。格局不完整，做工考究，二进用材较粗大，有较高的文物价值。

上王村王氏宗祠，位于江东镇上王村，清代建造。坐北朝南，占地286.8平方米，三开间前后三进，左右过廊。现仅存一、三进。一进门厅明间前檐辟八字砖雕正门。格局不完整。现存三进后厅用石方柱楹联，做工考究，有一定文物价值。

雅湖村胡氏宗祠，位于江东镇雅湖村，清代建造。坐北朝南，占地641.8平方米，五开间前后三进，左右过廊。一进门厅明间前设八字门置抱鼓石。较多采用石方柱。格局基本完整，规模较大，做工考究，有一定的文物价值。

毛里村叶氏宗祠，位于澧浦镇毛里村中部，清代建造。砖木结构，坐北朝南，占地245.7平方米，三开间前后两进，左右设过廊，中间穿廊。硬山马头墙。格局完整，牛腿、雀替等木构件雕刻较精细，有一定的文物价值。

里郑村郑氏宗祠，位于澧浦镇里郑村西北部，清代建筑。2008年抢修。坐北朝南，占地541平方米，五开间前后三进，左右厢房。一进门厅明间前设八字门置栅门，后施藻井。二进柱头施彩绘。格局不完整，整个建筑为石方柱木梁做法，牛腿、斗栱、雀替雕刻精致，彩绘优美，有较高的文物保护价值。建筑已毁，仅剩大门。

泉塘村徐氏宗祠，位于澧浦镇泉塘村北部，清末建筑。坐北朝南，占地204平方米，五开间前后两进，左右过廊。一进门厅明间前檐设八字大门。保存完整，牛腿、斗栱、雀替等雕刻一般，有一定的文物保护价值。

湖湾村叶氏宗祠，位于澧浦镇湖湾村东部，清代建造。坐北朝南，占地465平方米，三开间前后三进。一进门楼明间前设八字门，后檐设戏台。格局完整，做工考究，二进和三进前檐用石方柱，牛腿、雀替等木构件雕刻精细，有较高的文物价值。

铁店村李氏宗祠，位于澧浦镇铁店村西部，清代建造。坐南朝北，占地572.3平方米，五开间前后三进，左右设过廊。一进头门明间前设八字门。格局完整，做工考究，牛腿、雀替等木构件雕刻精细，有较高的文物价值。

洪村方氏宗祠，位于澧浦镇洪村东部，清代建造。坐北朝南，占地410.1平方米，五开间前后三进，左右设厢房，硬山观音兜状。一进浮雕罗马式门面。次间前檐辟窗，半圆窗眉，设戏台。第三进已毁。格局不完整，做工考究，牛腿、雀替等木构件雕刻精细，迎面正门用西方建筑风格，有较高的历史、文物、艺术价值。

长庚村刘氏宗祠，位于澧浦镇长庚村北部，始建明崇祯年间，现存清代建造。坐东朝西，占地509.2平方米，五开间前后三进，左右设厢房。一进头门明间前金柱设档门，后檐设戏台。第三进已全毁，格局不完整，仅存一、二进，做工考究，牛腿、雀替等木构件雕刻精细，有较高的文物价值。

下西王村童氏宗祠，位于澧浦镇下西王村中部，清代建造。坐西朝东，占地165平方米，三开间前后两进，硬山马头墙。格局完整，牛腿、雀替等木构件雕刻一般，有一定的文物价值。

釜章村章氏宗祠，位于岭下镇釜章村，清代建造。坐北朝南，占地476.8平方米，五开间前后三进左右过廊。一进门厅明间前设八字门，后设戏台，歇山顶施藻井，后檐用石方柱。格局基本完整，做工考究，有一定的文物价值。

后溪村汤氏宗祠，位于岭下镇后溪村中部，清代建造。坐西朝东，占地581.3平方米，五开间前后三进左右厢房。一进门厅明间前设八字门，后设戏台歇山顶。格局完整，规模较大，做工考究。牛腿、梁架等雕刻精细，有较高的文物价值。

山南头村胡氏宗祠，位于岭下镇山南头村中部。据载宗祠始建清代。坐西朝东，占地535.8平方米，五开间前后三进左右过廊，硬山观音兜状。一进门厅明间设八字门，后为戏台。格局完整，规模较大，做工考究。牛腿、梁架等木构件雕刻精细，有较高的文物价值。

诗后山村朱氏宗祠，位于岭下镇诗后山村中部，清代建造。坐西南朝东北，占地465.6平方米，三间两弄前后三进左右过廊。现仅存一、二进。一进明间前檐辟八字正门。三进后厅基本倒塌。格局基本完整，做工较考究，有一定的文物价值。

金村金氏宗祠，位于塘雅镇金村西部，建于清代，2004年翻修。现存二、三进。坐北朝南，占地285.3平方米，三开间前后三进。一进后檐戏台已毁。格局不完整，现存建筑用材粗大，牛腿、雀替等木构件雕刻精细，有一定的文物价值。

马头方村方氏宗祠，位于塘雅镇马头方村，建于清代。坐北朝南，占地471.6平方米，一进门厅后戏台，二进报本堂，三进后厅，左右过廊。格局完整，用材考究，整个用石柱加楹联，牛腿、雀替等木构雕刻精细，有较高文物和艺术价值。

桥头陆村陆氏宗祠，位于塘雅镇桥头陆村中部，建于清代。坐北朝南，占地515.3平方米，五开间前后三进，左右厢房。一进头门明间前檐辟正门置抱鼓石。格局完整，规模较大，牛腿、雀替等木构件雕刻精细，有较高的文物价值。

塘四村黄氏下宅宗祠，位于塘雅镇塘四村南郊200米、浙赣线北侧20米处。坐东朝西，占地455.4平方米，三间三进。二三进中间穿廊。一进门厅明间前设八字门。格局完整，石柱楹联，牛腿、梁架等木构件雕刻一般，有一定的文物价值。

下金山村徐氏宗祠，位于塘雅镇下金山村中部，建于清代。坐北朝南，占地336.1平方米，三开间前后三进。一进拆建砖房，二进中厅三开间。格局不完整，现存建筑用材粗大，牛腿、雀替等木构件雕刻精细，有一定的文物价值。

下范村范氏宗祠，位于孝顺镇下范村中部，清代建造，2008年修缮。坐北朝南，占地面积573平方米，五开间前后三进，左右厢房。整个建筑为木梁石柱做法，配楹联，做工考究。牛腿、斗栱、雀替、花板雕刻禽兽、花卉、云纹等图案，刻工精致，有较高的文物价值。

车客村严氏宗祠，位于孝顺镇车客村东部，据《白水严氏宗谱》记载，严氏宗祠始建于清乾隆二十九年（1764年），清嘉庆二十五年（1820年）重修，2006年再次修缮。坐北朝南，砖、木、石结构，原为三进五间，通面宽18.83米，通进深31.04米，占地584.4平方米。宗祠的门厅、天井及东、西廊子，于新中国成立初期改建成教室，现存正厅和后厅均为五开间。一、二进在1950年代拆建学校，二进正厅曰"敦伦堂"，厅内主体构架采用石构，并且忠实地仿木结构，使用榫卯联结。石构月梁，突显刚柔并济的特质，石构讹角方形柱，造型秀美，甚至连小木作中的雀替，也是石构，其上镌刻瑞兽祥云、琴棋书画和缠枝花卉，柱头两侧的石雕装饰玲珑剔透、美不胜收。在建筑前檐石构方柱的上部，安装木构倒挂鸥鱼状的牛腿支顶插栱（俗呼"琴枋"）。后厅建造在台基上，明间设五级石台阶，厅内露明造，主体梁架为七架前后单步廊用四柱，抬梁式。

该宗祠最为突出的是，先祖勇于将建筑的主体构架采用石构，而且饰以精湛的石雕技艺，呈现出鲜明的地方特色和时代特征，不仅是金东区清代石构建筑的典型之作，而且在婺派建筑中极具代表性，具有历史价值、艺术价值和科学价值。三进后堂楼五开间。格局基本完整，柱础、柱身、梁架均为石质，硕大粗壮，在我区古建筑中具有一定的历史地位，有较高的文物价值，1999年6月1日由金华县人民政府公布为县级文物保护单位。

村里村方氏宗祠，位于塘雅镇村里村中部，建于清代。坐北朝南，占地151.4平方米，五开间前后三进。一进和三进已毁，现存二进序伦堂。格局不完整，二进石方柱楹联，有一定的文物价值。

方村方氏宗祠，位于孝顺镇方村中部，建于清代。坐北朝南，占地362平方米，三开间前后两进。硬山观音兜状。格局不完整，牛腿、雀替、斗栱雕刻精致，有一定的文物价值。

王店村王氏宗祠，位于孝顺镇王店村中部，清代建造。坐西北朝东南，占地309.3平方米，三开间前后三进，左右过廊，现仅存第一进。一进明间前檐辟八字正门，置抱鼓石，后檐用石圆柱，次间梁架穿斗式用五柱。格局不完整，做工考究，有一定文物价值。

叶店村叶氏宗祠，位于孝顺镇叶店村西部，建于清代。坐北朝南，占地445.5平方米，三开间前后三进。格局完整，戏台、厅堂、后堂采用石柱木梁做法，牛腿、雀替、斗栱雕刻精致，有一定的文物价值。

支家村翁氏宗祠，位于孝顺镇支家村中部，清代建造。坐西朝东，占地321.9平方米，三开间前后二进，左右过廊。一进明间前檐辟八字正门用木方柱楹联。格局完整，做工考究，雕刻较精细，有一定文物价值。

紫湖严氏宗祠，位于金东区孝顺镇紫江塘村西部，建于清代。坐北朝南，占地315.3平方米，三开间前后两进，左右过廊二间，硬山观音兜状。格局完整，牛腿、雀替、斗栱雕刻精致，有一定文物价值。

莘村余氏宗祠，位于孝顺镇莘村南部，清代建造。坐北朝南，占地922平方米，三开间前后三进左右厢房，硬山马头墙。一进明间前廊施藻井置栅栏，左右有旗杆。天花板图案精美。牛腿、斗栱、雀替等图案形象生动，雕刻工艺精致，建筑规模较大，有较高的文物、艺术价值。

东叶村施氏宗祠，位于源东乡东叶村，清代建造。坐东朝西，占地208平方米，三开间前后两进，左右厢房，硬山马头墙。一进门厅明间辟八字门。格局完整，牛腿、雀替等木构件雕刻较精细，有一定的文物价值。

（二）民国时期建造的宗祠

滕家岭方氏宗祠，位于曹宅镇滕家岭村，民国时期建造。坐南朝北，占地214平方米，三开间前后三进，左右过廊。现存二、三进，格局不完整，做工一般，有一定的文物价值。

石牌村邢廿相公祠，位于赤松镇石牌村，始建于清代，民国时期重修。坐南朝北，占地168.1平方米，三开间前后两进，左右过廊。格局完整，用材考究，石柱楹联，有较高的文物和艺术价值。

泉源村朱氏宗祠，位于多湖街道泉源村，民国时期建造。坐北朝南，占地142平方米，五开间前后三进，现存第三进后厅。做工一般，有一定的文物价值。

东后徐村徐氏宗祠，位于傅村镇东后徐村，民国时期建造。坐北朝南，占地168平方米，现存二、三进和左右过廊。二进明间金柱和次间中柱楹联有一定文物价值。

深塘坞村傅氏宗祠，位于傅村镇深塘坞村，始建于清代，现存为民国时期修缮。坐东朝西，占地1041平方米，包括一进门屋、戏台，二进孝忠祠、三进后厅，有左右厢房。一进明间后檐设戏台。格局不完整，规模较大，做工一般，有一定的文物价值。

溪口村阮氏宗祠，位于傅村镇溪口村，始建于清代，现存为民国时期修缮。坐北朝南，占地853.5平方米，前后三进，硬山马头墙。一进明间八字正门后檐设戏台。二三进中穿廊左右天井，两侧过廊双开间。格局完整，颇具规模，做工考究，牛腿、雀替等木构件雕刻较精细，有一定的文物价值。

傅二村孝忠祠，位于傅村镇傅二村友谊路，清代建造，民国时期修缮。坐东朝西，占地160.85平方米，三开间前后三进。一进明间前辟八字门，第三进基本倒塌。格局不完整，牛腿、雀替等木构件雕刻较精细，有一定的文物价值。

姜村姜氏宗祠，位于江东镇芦村姜村自然村，建于民国时期。坐北朝南，占地314.6平方米，五开间前后三进，现存一进门厅、二进中厅和一二进左右过廊。格局不完整，做工一般，有一定的历史价值。

塝塔村徐氏宗祠，位于澧浦镇塝塔村东部，民国时期建造。坐北朝南，占地170.6平方米，前后二进左右过廊。一进门厅基本倒塌。格局基本完整。二进正厅做工一般，有一定文物价值。

宋宅村宋氏宗祠，位于澧浦镇宋宅村，民国时期建造。坐北朝南，占地615.9平方米，五开间前后三进，左右设过廊。格局不完整，仅存一、三进，牛腿、雀替等木构件雕刻一般，有一定的历史价值。

包村吕氏宗祠，位于岭下镇包村中部，民国时期建造。坐西朝东，占地456.6平方米，三开间前后三进，左右过廊。格局基本完整，牛腿、梁架等木构件雕刻一般，有一定的文物价值。

汤村汤氏宗祠，位于岭下镇汤村中部，民国时期建造，2007年大修。坐北朝南，占地596.5平方米，前后三进，一二进左右过廊。三进后厅五间。格局基本完整，规模较大，做工考究，有一定的文物价值。

汪宅村严氏宗祠，位于岭下镇汪宅村西部，民国时期建造。坐北朝南，占地481.1平方米，五开间前后三进，左右过廊。一进明间设八字门，后戏台施藻井穹隆顶歇山顶。二进中厅三开间。二三进间设天井，左右过廊二开间。三进后厅五开间高于二进五台阶。格局完整，牛腿、梁架等木构件雕刻一般，有一定的文物价值。

前溪边村方氏宗祠，位于塘雅镇前溪边村南部，建于民国时期。坐北朝南，占地663平方米，一进五开间两弄明间戏台，二进中厅，三进后厅，一二进左右厢房。二进中厅五开间带两弄。三进后厅建于1964年。格局完整，用材考究，二进明间圆柱、次间金柱和梢间中柱楹联字体不一，牛腿、雀替等木构件雕刻精细，有较高的文物和艺术价值。

李村俞氏宗祠，位于孝顺镇李村中部，民国时期建造。坐北朝南，占地343.2平方米，前后三进，左右过廊，硬山马头墙。格局完整，做工考究，雕刻较精细，有一定的文物价值。

陶朱路村潘氏宗祠，位于东孝街道陶朱路村中部，民国时期建造。坐北朝南，占地298.5平方米，三开间前后三进。格局完整，规模较大，牛腿、雀替等木构件雕刻较精细，有一定的文物价值。

周村周氏宗祠，位于东孝街道凤凰庵村周村自然村，民国时期建造。坐东朝西，总体平面布局为三进三间两侧厅，正厅与后厅之间设穿堂，呈"工"字形平面。整体建筑通面宽12.04米，通进深28.66米，占地345.1平方米。建筑组群自西而东有门厅、正厅、穿堂和后厅，门厅与正厅之间的天井两边，各建二间抬梁式的侧厅。前后三进左右过廊。二三进中间穿廊，三进山面观音兜状。格局完整，规模较大，牛腿、雀替等木构件雕刻较精细，有一定的艺术与文物价值。

长塘徐村瀛生公祠，位于源东乡长塘徐村，民国时期建造。坐北朝南，三合院式，占地241.5平方米。原户主徐载金，1876年生，16岁中秀才，曾在私塾教书，后任浙江省炮兵团团长，国民革命军某独立旅旅长，福建省罗源县县长，1935年去世立碑，由浙江省省长王绍题词追任陆军少将。格局完整，民国时期代表建筑，有较高的文物和历史价值。

四、金东宗祠建筑的共性

金东区传统建筑中，目前还保留了诸多的宗祠建筑，不仅规模大、质量好，而且保存状况基本上都不错。通过实地调查和研究，发现各座宗祠既有着独自的个性，又有着共同的特点，粗略归纳，主要表现在如下几个方面：

（一）选址

从村落选址看，多择山水秀美的自然环境卜居而筑，在建筑朝向上，不是刻板地讲究坐北朝南，而是灵活地选择依山面水的自然生态，满足"前朱雀、后玄武、左青龙、右白虎"的格局。

（二）时间

从建造时间看，以清代为主，集中在清中期，延续到民国时期。

（三）建筑类型

从建筑类型看，均采用建筑等级较高的厅堂类形式，并且十分注重宗祠前端的立面造型，有八字大门、砖雕门楼、木构门楼和石牌坊，无论何种形式的大门或面宽间数的多寡，均在明间辟门，不设边门。

（四）建筑规模

从建筑规模看，以三进渐进式的院落为主，也有少量四进和两进的四合院。其中最主要应该是受到当时社会等级制度及建设资金的约束。

（五）平面布局

从平面布局看，以"工"字形的平面为主，也有三进两侧厅的平面、三进两廊或三进两厢房的平面等。

（六）单元组合

从单元组合看，多由大门、戏台、厅堂、侧厅、天井、穿堂、廊庑或厢房组成。

（七）建筑材料

从建筑材料看，盛行木、石、砖结构。大概原因有三：一是宗祠多数选择面水而建，历史上多遭洪灾，屡修屡坏；二是当地气候湿润，地面潮湿，易遭白蚁蛀蚀；三是当地石材资源丰富。

（八）主体构架

从主体构架看，采用抬梁式和穿斗式相结合，即明、次间采用抬梁式，扩大厅内空间，可以容纳更多族人集聚祭拜；山面梁架采用穿斗与抬梁混合式，因山面是活动空间的边际，而且屋顶的荷载明显减轻，用材较小的穿斗式梁架可以节约大料，减少对大树的砍伐，有利于保护村落周边的山林生态环境。

（九）梁架构造

从梁架构造看，有两种情况：一种是，五架梁与三架梁之间采用斗栱，延用宋代官式建筑木作制度；另一种是，五架梁与三架梁之间使用短柱，采用清式的木作制度。

（十）屋顶

从建筑屋顶看，盛行硬山顶、马头墙。有的宗祠，从现存建筑的遗迹现象判断，原构是悬山顶，被后人改成硬山顶，殊不知悬山顶的等级比硬山顶高。

（十一）五大特征

从婺派建筑五大特征看，金东区进入"三普"的77座祠堂，大多符合大体量、大厅堂、大院落、马头墙、精装修五大特征。有的院落天井化，但婺派建筑本质特征——中轴线定位与左右对称没有变。

（十二）独特创造

从祠堂建筑独特创造看，琐园村永思堂为全国建筑面积最大的女祠。

五、附平面图

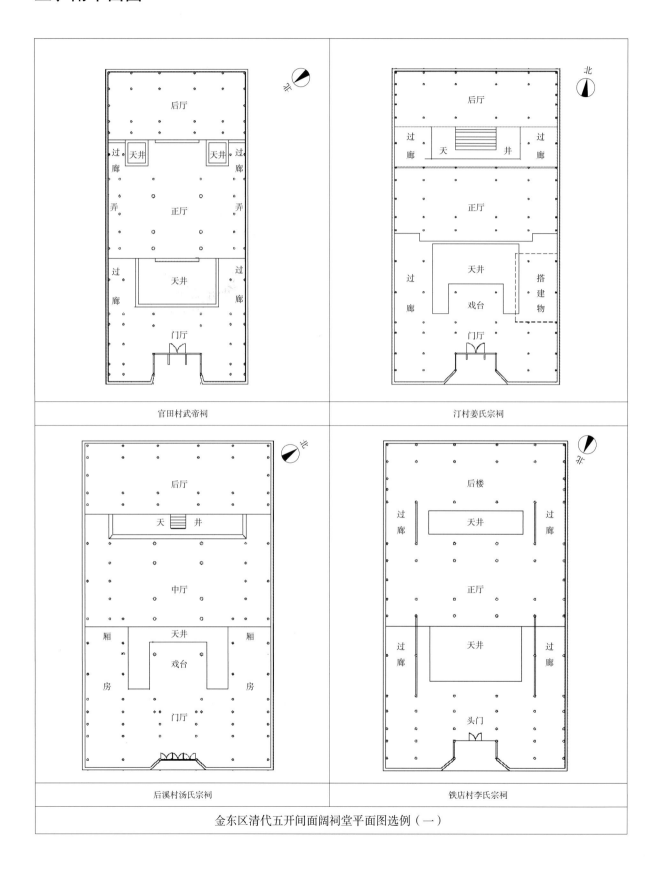

官田村武帝祠

汀村姜氏宗祠

后溪村汤氏宗祠

铁店村李氏宗祠

金东区清代五开间面阔祠堂平面图选例（一）

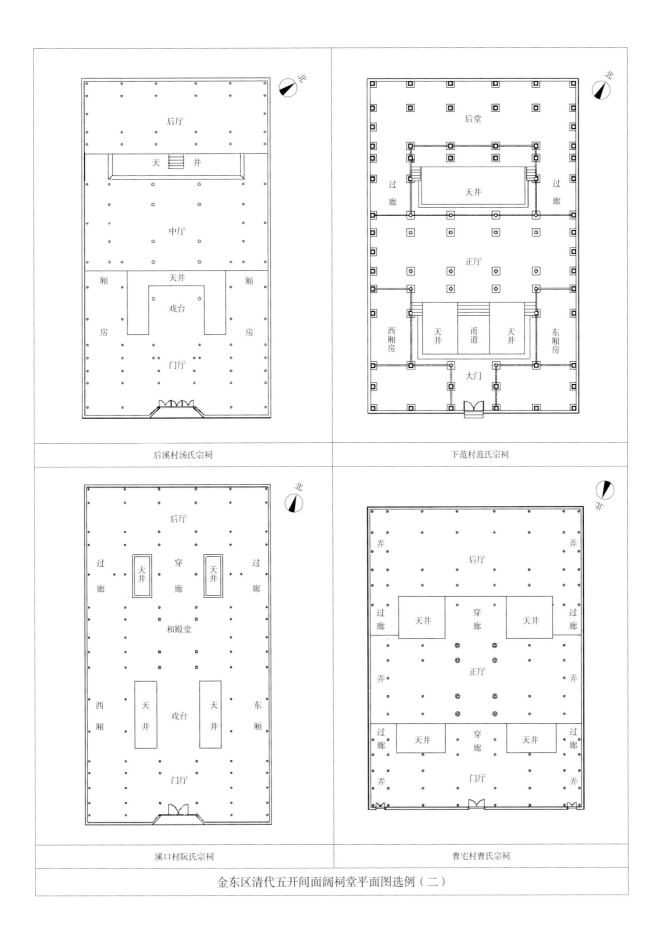

后溪村汤氏宗祠

下范村范氏宗祠

溪口村阮氏宗祠

曹宅村曹氏宗祠

金东区清代五开间面阔祠堂平面图选例（二）

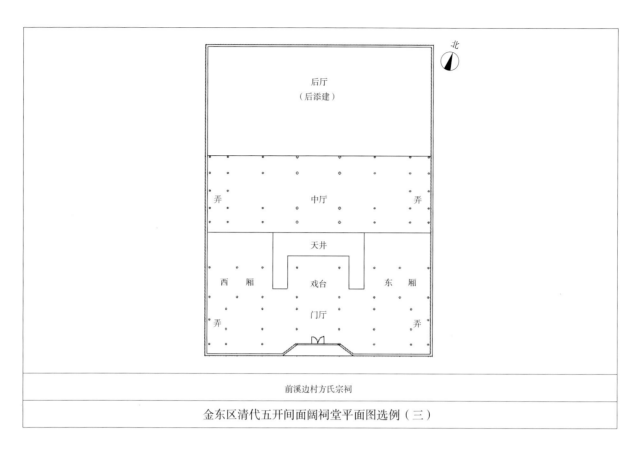

前溪边村方氏宗祠

金东区清代五开间面阔祠堂平面图选例（三）

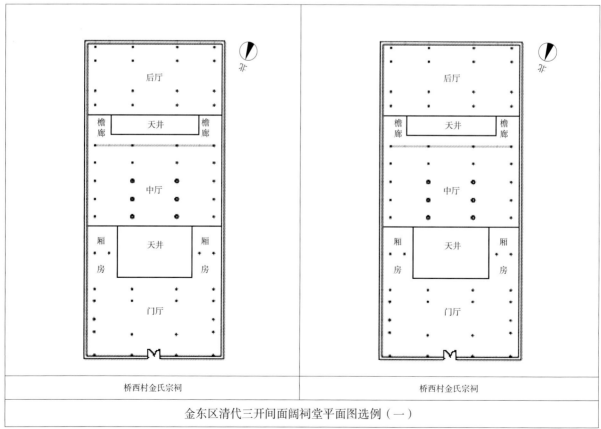

桥西村金氏宗祠

桥西村金氏宗祠

金东区清代三开间面阔祠堂平面图选例（一）

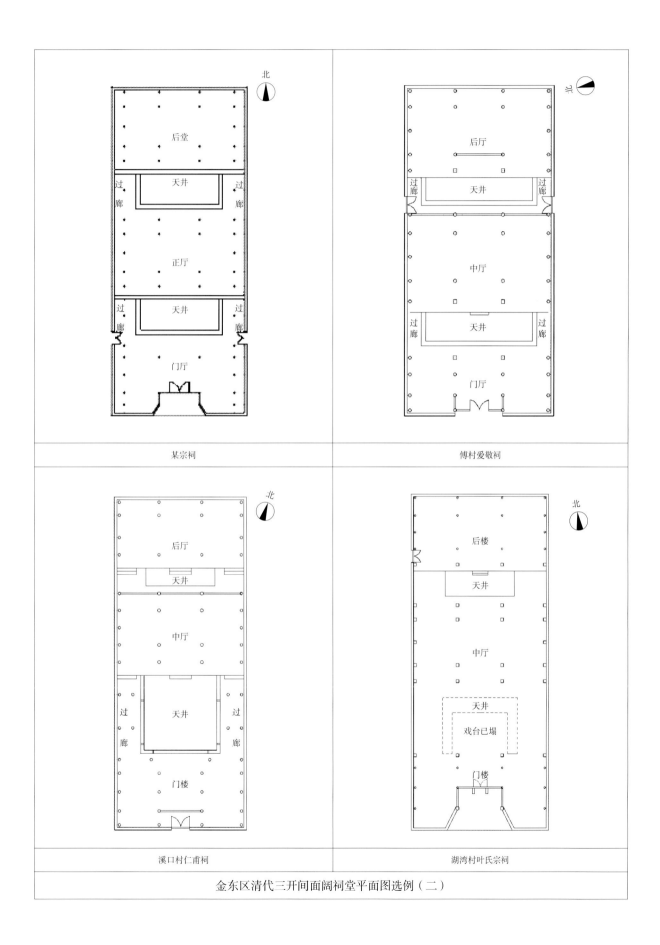

金东区清代三开间面阔祠堂平面图选例（二）

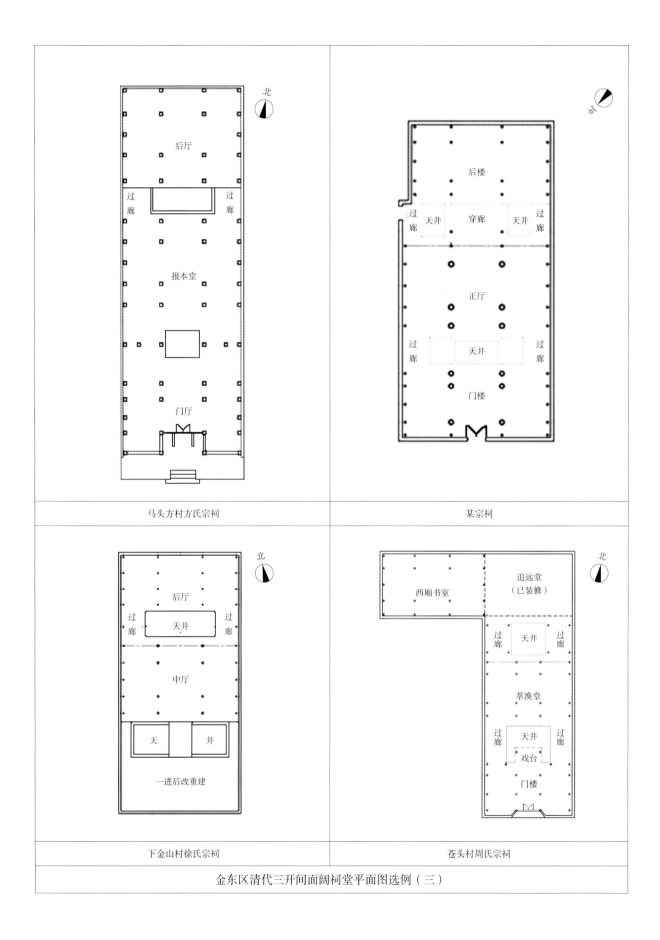

马头方村方氏宗祠

某宗祠

下金山村徐氏宗祠

苍头村周氏宗祠

金东区清代三开间面阔祠堂平面图选例（三）

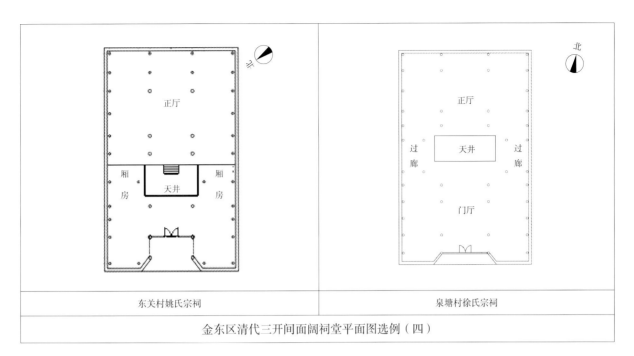

| 东关村姚氏宗祠 | 泉塘村徐氏宗祠 |

金东区清代三开间面阔祠堂平面图选例（四）

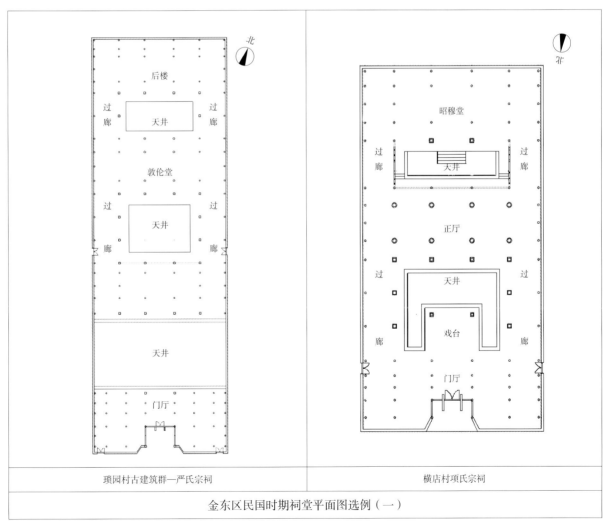

| 琐园村古建筑群—严氏宗祠 | 横店村项氏宗祠 |

金东区民国时期祠堂平面图选例（一）

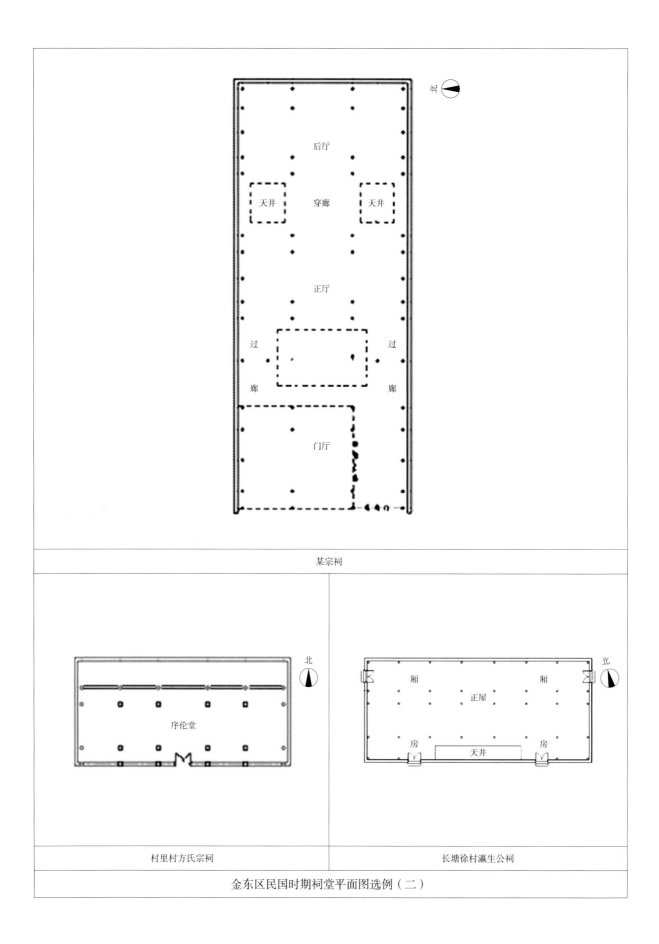

某宗祠

村里村方氏宗祠

长塘徐村瀛生公祠

金东区民国时期祠堂平面图选例（二）

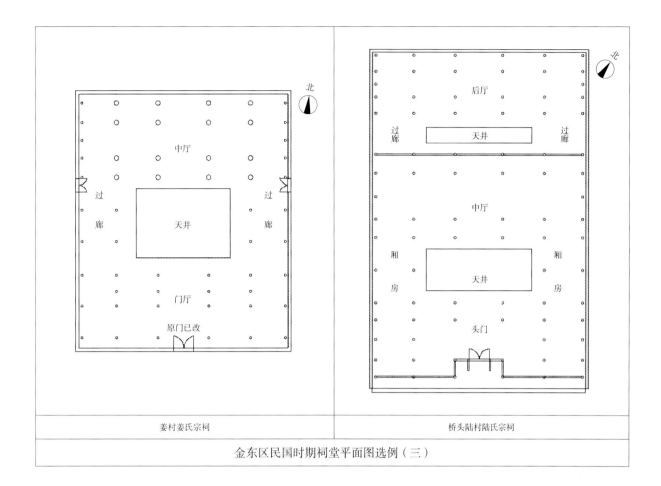

| 姜村姜氏宗祠 | 桥头陆村陆氏宗祠 |

金东区民国时期祠堂平面图选例（三）

第五章　婺派寺庙建筑

一、古寺庙概况

（一）"三普"数据

"三普"数据显示：金东区"三普"入档寺庙45个，各乡镇保有量如下：

东孝街道0个，多湖街道5个，曹宅镇9个，赤松镇4个，傅村镇3个，江东镇4个，澧浦镇6个，岭下镇2个，塘雅镇5个，孝顺镇5个，源东乡2个。

（二）按建造年限分析

金东名传遐迩的曹宅石佛寺，创建于南朝梁大同六年（540年），宋代改大佛寺，在中国佛教史上富有名气，但现存建筑为清光绪十四年（1888年）重建的。多湖街道林头村赤山寺始建北宋建隆年间，现存也是清代重建。另有清光绪《金华县志》载始建五代后周显德年间的多湖街道永红村法明寺，建于宋淳化年间的孝顺镇栗塘范村流湖寺，始建于元至正十五年（1355年）的下仓总管殿等，现存多为清代重建。

因此45个寺庙中，清代建造的有39个之多，余下6个是民国期间建造的。

（三）按建筑平面分析

多进院式：5个。

前厅后堂：7个。

五间对合：2个。

三间头式：21个。

一间两弄：2个。

一间头：1个。

异形者：7个。

（四）按建筑规模分析

建筑面积最大者：孝顺镇栗塘范村流湖寺，占地面积673.6平方米。

建筑面积最小者：多湖街道庄头巢塘太祖庙，占地面积26平方米。

二、古寺庙实例分享[1]

（一）佛寺（9个）

大佛寺，位于曹宅镇北2公里的山坳中，南朝梁大同六年（540年）创建，古称"石佛寺"。光绪《金华县志》载：旧名赤松岩寺，又名西岩禅寺，俗称大佛寺。清光绪十四年（1888年）重建。建筑坐北朝南偏西，中轴线上依次为山门、罗汉堂、大雄宝殿、大佛阁。四进大佛阁为歇山顶，其余为硬山顶。三间通面宽11.64米。一进进深9.30米，二进进深10.80米，大佛阁进深2.80米，四进通面宽11.30米。观音堂在大佛阁西侧，梁架一二进明间抬梁式，次间梁架穿斗式；三进为单坡廊式；四进明间抬梁式，次间梁架穿斗式，明间重檐，次间依崖搭顶；观音堂明间抬梁式，次间梁架穿斗式，明间七檩三柱。

大佛寺属省级风景区，这里文化积淀深厚，山势地貌独特，古木遍布其间，环境清幽宜人。景区以大佛寺为依托，拓展锣鼓洞景区、东岩寺景区，东岩湖、西岩湖镶嵌其间。三个景区临山面水，风景绝佳，景区内有五百罗汉堂，连理树木众多，有被称作"华夏一绝"的鸳鸯林。

赤山寺，位于多湖街道林头村赤山自然村北部，始建北宋建隆年间。据清光绪《金华县志》载，"在县南赤山，宋建隆中置"。现存为清代重建。2003年大修。坐东朝西，占地面积276平方米，前后两进，硬山马头墙。一进前殿三间单檐设前廊置花槅门，明间前檐辟正门，三架抬梁式，次间为梁架穿斗式。二进正殿三间单檐高于一进二台阶，明间三架抬梁式，梢间梁架穿斗式。一二进间设天井。建筑布局规整，用材适中，柱有圆有方且配楹联，牛腿、雀替等构件雕刻工艺精致，有较高的文物价值。

---

[1] 根据"三普"资料摘编。

流湖寺，位于孝顺镇上范村南山脚，据《金华县志》记载，流湖寺建于宋淳化年间，因流湖坑水自此流出而名。清嘉庆十七年（1812年）僧安仁重建，现为民国时期重修。坐南朝北，占地面积673.6平方米，依山势逐进升高，一进至二进有5级台阶，二进至三进有23级台阶，硬山顶。一进为山门三间单檐，明间前檐辟正门设踏跺九级，五架抬梁带前后双步，次间为梁架混合式。二进梁架同一进。三进后殿五间单檐，明、次间五架抬梁带前后单步，梢间梁架穿斗式。寺东侧后建僧房、食堂。建筑布局规整，规模较大，用材适中，木构件牛腿、雀替、斗栱、花板均雕刻人物、禽兽、花卉、回纹等图案，雕刻工艺精致，有较高的文物价值。

慧因禅寺，位于源东乡东叶村西北村外500米处田野中，始建清乾隆时期，道光和咸丰年间多次维修，坐西朝东，占地452.7平方米，平面有山门、前后三进、左右厢房，硬山顶。一进东北角山门呈亭状用四柱，梁架抬梁式，山面马头墙，西侧前檐设隔扇门，后檐供奉佛像，南山面辟门通往一进，四柱楹联。一进前殿三间，明间前辟正门，明、次间抬梁式结构用三柱，西次间隔断墙内嵌清道光和咸丰重修碑记各一通。一二进间设天井。二进正殿三间，仅剩楹联石柱。其余构架和屋面于1996年重修。三进与北厢房已毁，南厢房改建。1937年抗日战争时期，曾收容附近百余村民避难于此，施复亮（1899—1970）幼年曾数度在此读书，号召难民要团结开展敌后游击战争；1944年慧因禅寺曾作为金萧支队第八大队根据地的前哨基地。寺庙现存格局不完整，但有重要文物和历史价值。

法明寺，位于多湖街道永红村中部，据清光绪《金华县志》载，法明寺始建于五代后周显德年间，现存为清代重建，2000年大修。坐西朝东，占地面积496.9平方米，依地势而建，前后三进，左右过廊，硬山马头墙。一进前殿三间单檐，明间前檐辟正门，梁架采用抬梁式，次间为梁架穿斗式。二进正殿（大雄宝殿）三间单檐高于一进三台阶，明间梁架抬梁式，次间梁架穿斗式。三进后殿三间单檐高于一进十四台阶，台阶中间设平台，明、次间梁架同二进，石柱木梁结构。一二进间设天井，左右设过廊，南山墙辟边门。二三进中间设天井，该建筑布局规整，用材适中，做工考究，石柱楹联，牛腿、雀替等构件雕刻工艺精致，有较高的文物价值。

三白古寺，位于澧浦镇里郑村三白寺自然村西部，现存为清代建筑。坐西朝东，占地565平方米，前后二进，左右设厢房，硬山顶。一进门楼已倒，明、次间前设天井置照墙辟正门。一二进间设天井。二进正屋三间两弄单檐，明间五架抬梁，次间梁架穿斗式结构。二进明、次间左右两侧无厢房，一进左右厢房五间有楼单檐。三白古寺用材考究，一进明、次间用石方柱和圆柱，柱头施彩绘，惟妙惟肖，具有地方特色，文物价值较高。

禅定寺，位于傅村镇上柳家村东部，宋濂故居遗址东侧。现存为清代修建。坐北朝南，占地381.5平方米，前后三进，三进西侧厢房，硬山马头墙。一进前殿三开间，明、次间供佛象，明间前檐辟正门，三架抬梁式，次间山墙承重。一二进间设天井。二进三间单檐，明间供佛像，五架抬梁带前后单步，次间梁架为穿斗式。二三进间设天井。三进后殿三间，明间供佛像，五架抬梁带后单步，次间梁架为穿斗式。格局基本完整，规模较大，二三进边柱用石方柱且二进配楹联，有一定的文物价值。

云林古寺，位于澧浦镇上邵村西部，清代建造。坐北朝南，占地587.7平方米，一进是前殿、二进是正殿，一二进之间有左右厢房，第三进已毁；东侧僧房和厨房，均为硬山顶。一进前殿五间单檐，明间五架抬梁式，次、梢间梁架为混合式，次间用中柱。二进正殿五间有楼单檐，高于一进三台阶，明、次间梁架混合式，梢间梁架穿斗式。一二进左右厢房二间单檐，中间设天井。一进迎面明间前檐辟正门，拱券门楣，方形壁柱共四根。东山面建有僧房和厨房，僧房五间有楼设西洋式门面，厨房位于僧房东侧、两间。格局不完整，做工一般，牛腿、雀替等木构件雕刻简单，有一定的文物价值。

古法华寺，位于澧浦镇郑店村北部，清代始建，民国时期多次维修。坐东朝西，占地234.2平方米，三合院式，由正殿、左右侧殿组成。正殿三间单檐，后檐设神龛供佛像，歇山顶，明间梁架五架抬梁，梢间梁架穿斗式。正殿前设天井前置照墙，天井靠照墙左右设青石刻花坛一对。左右侧殿三间。格局完整，牛腿、雀替等木构件雕刻精细，有一定的历史价值。

（二）祖庙（20个）

大头畈太祖庙，位于孝顺镇大头畈村南部，清代建造。坐东朝西，单体建筑三开间，占地68.6平方米，硬山顶。明间前檐辟正门，五架抬梁式，次间梁架穿斗式。明次间后供奉佛像。格局完整，无资料查询，有一定的文物和历史价值。

黄泥山村柏树太祖庙，位于多湖街道黄泥山村北部，清代建造。坐北朝南，单体建筑三间，占地85.6平方米，硬山马头墙。明间前檐辟八字正门，五架抬梁式，次间梁架穿斗式。明、次间后供佛像。格局完整，无资料查询，有一定的文物和历史价值。

卢村太祖庙，位于江东镇卢村西，清代建造。坐西朝东，单体建筑三间，占地101.3平方米，硬山顶。明间前檐辟八字门，五架抬梁式，次间梁架穿斗式。明间和前后檐用石方柱，明、次间后供本保君和财神土地像。格局完整，无资料查询，有一定的文物和历史价值。

巢塘太祖庙，位于多湖街道七里畈村，清代建造。坐北朝南，占地92.8平方米，硬山顶。单体建筑三开间，明间前设八字门，后施藻井设神龛供佛像，五架梁和单步梁用石质。次间梁架穿斗式用中柱。格局完整，整个建筑用石方柱，明间金柱和次间中柱配楹联，做工考究，有一定的文物价值。

桥西太祖庙，位于曹宅镇桥西村南部，清代建造。坐南朝北，单体建筑三间，占地68.57平方米，硬山顶。明间前檐辟门，后供佛象，五架抬梁式，次间梁架穿斗式，全用石方柱，明间金柱和次间中柱配楹联。格局完整，有一定的文物价值。

庄头巢塘太祖庙，位于多湖街道庄头村中部，清代建造。坐北朝南，单体建筑共一间，占地26平方米，硬山马头墙。前檐辟扇门，下压青条石台基。山面边柱三根，梁架穿斗式。后檐供奉佛像。格局完整简洁，无资料查询，有一定的文物价值。

洞井村关帝庙，位于源东乡洞井村北金华至原浦江县公路旁，清代建造。1992—2005年多次维修，基本恢复原貌。坐东朝西，占地266.4平方米，一进门楼，二进正殿，左右过廊，硬山马头墙。一进门楼三间，明间前辟八字门，二柱三楼牌坊式门楼，五架抬梁带前后双步，前金柱间置扇门，次间梁架穿斗式。二进正殿三间，明间五架抬梁式，次间梁架混合式。明间后供关帝像，一二进间设天井，左右过廊二间。格局完整，做工考究，皆用石方柱且二进和过廊配楹联，有较高文物价值。每年农历五月十三日有祭祀活动。

国湖村夏后庙，位于江东镇国湖村西部，清代建造，1993年修复。坐北朝南，单体建筑三开间，占地75.5平方米，硬山观音兜。明间前檐置扇门，五架抬梁式，次间梁架穿斗式。檐柱和角柱内嵌墙体，明间后供佛像。格局完整，明间五架梁和单步梁石质，部分石方柱配楹联，有一定的文物价值。

胡塘村天花祖师庙，位于鞋塘管理处胡塘村东约2公里处，始建于清代，1985年翻修。坐东朝西，占地85.96平方米，单体建筑，硬山马头墙。一进三间单檐，明间前檐辟八字正门，五架抬梁式，次间梁架穿斗式，金柱用石圆柱，其余用石方柱。格局完整，庙后50余米处有一棵红豆树，为金华地区稀有树种，传天花祖师用红豆为村民医治天花，"天花祖师庙"即由此得名。

黄金畈村关帝庙，位于曹宅镇黄金畈村东南田野中，建于民国28年（1939年），1995年、2008年多次维修。坐南朝北，单体建筑三开间，占地39.35平方米，硬山马头墙。明间前辟门，五架抬梁式，用石方柱配楹联，后檐供佛像。次间山墙承重。屋面木板代替望砖。格局完整，有一定的文物价值。

贾村前兴庙，位于江东镇贾村西南200米处田野中。清代建造，1999年维修，基本恢复原貌。坐西朝东，单体建筑三开间，占地41.8平方米，屋顶歇山顶，屋檐伸出翼角起翘。明间前檐辟正门，五架抬梁式，次间檐柱和角柱内嵌墙体，内壁施壁画。格局完整，做工考究，有一定的文物价值。

金村金宝湖庙，位于塘雅镇金村西部，金氏宗祠东侧，建于清代，1995年和2002年翻修。坐北朝南，占地108.4平方米，前后两进，左右过廊，硬山顶。一进三开间单檐，下设台基，明间梁架抬梁式，三柱六檩，次间梁架穿斗式用四柱，明间供佛像。一二进间设天井，左右过廊单间。二进观音堂三间单檐，明间梁架五架抬梁式，次间梁架穿斗式，后设神龛供奉佛像。格局完整，用材较细，有一定的历史价值。

南王村张府君庙，位于江东镇南王村西50米处，清代建造。1995年维修，基本恢复原貌。坐北朝南，单体建筑三开间，占地51.6平方米，硬山顶。明间前檐辟八字门，梁架五架抬梁式，次间梁架穿斗式。明、次间后供张府君和财神土地像。格局完整，无现存资料查询，有一定的文物价值。

石下村神仙庙，位于赤松镇石下村中部，清代建造。坐北朝南，单体建筑三开间，占地107.6平方米，山面马头墙。前檐置栅门。明间梁架五架抬梁式，次间梁架穿斗式。明间后檐供奉观音像。格局不完整，做工较考究，有一定的文物价值。

潘村郑刚中庙，位于赤松镇下潘村东部，清代建造。坐北朝南，占地101.9平方米，单体建筑硬山顶。面阔三间，前檐设台基，下压青条石。明间梁架五架抬梁，次间梁架穿斗式。均用石方柱配楹联。明间后檐供奉胡公大帝，次间供奉邢公大帝和徐公大仙。

郑刚中（1088—1154），字亨仲，号北山，金华曹宅人。南宋宣和五年（1123年）进士，抗金名将，资政殿大学士。卒后谥号"忠愍"，为下潘郑氏六世祖。

郑刚中庙格局完整，为祭祀宋代名人而建，充分反映了村民对郑刚中的敬仰和爱戴，也为研究提供了佐证，有重要的历史和文物价值。

下塔山西新建庙，位于赤松镇下塔山村中部，清代建造。坐北朝南，单体建筑三开间，占地61.4平方米，硬山马头墙。明间前檐辟八正门，五架抬梁式带前单步，四柱七檩。明次间后供奉佛像。格局完整。有一定的文物和历史价值。

孝顺城隍庙，位于孝顺镇下街村中部，现存建筑为清嘉庆十年（1805年）重修。一、二进1990年修复，三进于1997年原址重建，基本保持原貌。坐北朝南，占地398平方米，前后三进，硬山顶。一进头门三间单檐设前廊，前檐为牌坊式门楼，明间梁架抬梁式，次间梁架穿斗式。二进中厅三间单檐，明间五架抬梁带前后单步，次间梁架穿斗式。三进后厅倒塌后于1997年重建。一二进间设穿廊施藻井，左右设天井。二三进间设甬道，左右设天井。整个建筑规模较大，二进用石方柱，梁柱、牛腿、雀替均雕刻各种花纹图案，精致华丽，整个建筑显得庄重威严。在封建王朝只有县城才能建城隍庙，地处乡镇的孝顺城隍庙是金华县城隍庙之别庙，具有其特殊性，有一定的文物保护和历史研究价值。

严坞村严浦庙，位于岭下镇严坞村养真堂正对面约100米处，明代始建，现存清代重修。坐北朝南，占地91.5平方米，硬山顶。单体建筑三间单檐设前廊，用石方柱和梁架。明、次间梁架五架抬梁带前后单步。明间后供奉佛像，前檐柱置栅门。明间中金檩下有明万历三十九年（1611年）墨书题记。庙内保存明嘉靖二十八年（1549年）石案几一张。格局完整，用材考究，文物价值较高。

朱塘头村新隆庙，位于澧浦镇朱塘头村西部，民国时期建造。坐西朝东，占地88.5平方米，单体建筑，马头墙硬山顶。明间前檐辟门，五架抬梁带前单步，金柱楹联，次间梁架穿斗式，明、次间后檐供奉佛像。格局完整，做工考究，整个建筑用石方柱，明间梁架也用石质，传统节日香火旺盛，有一定的文物和历史价值。

砖塘村钱公庙，位于塘雅镇砖塘村东约200米处田野中，清代建造。于1991年、1993年、1998年多次维修。坐北朝南，单体建筑三间，占地57.6平方米，屋顶歇山顶，翼角起翘。前檐设台基，明间前设栅栏施天花绘彩图，后供奉钱公夫妻像，前设石祭桌。明间梁架五架抬梁带前后单步，金柱楹联，次间檐柱和角柱内嵌墙体。格局完整，做工考究，对当地风俗习性有一定的研究价值。

（三）祭祀殿（9个）

下仓总管殿，又称下仓殿，位于塘雅镇下仓村西南部，始建于元至正十五年（1355年），为纪念元代三朝婺州路总管范仁所建。现建筑为清咸丰十年（1860年）大修，2000年村自筹资金修缮。范仁，为范仲淹第八代孙，于元延祐七年（1320年）任婺州路总管，历经元仁宗、英宗、泰定帝三朝。在任期间，"兴利除害，政绩殊异，深得民心。"建筑坐北朝南，占地315.4平方米，前后三进，硬山顶。一进前殿三间单檐，明间梁架五架抬梁带后单步，次间梁架穿斗式，前檐明间辟拱门设踏跺三级，后檐设扇门和台基。一二进间设通道，山面辟边门，为当时义乌至金华官道。二进总管殿三间，明间后供奉总管像，梁架五架抬梁带前单步，次间梁架穿斗式，用石方柱。三进后殿三间单檐，高于二进两台阶，前檐设扇门，明间后檐供奉总管夫妻像，梁架五架抬梁，用石圆柱，次间梁架穿斗式。格局完整，做工考究，三进石柱配楹联，有重要的文物价值。

东方六殿，位于曹宅镇曹宅村东方巷南端，民国时期建造。坐东朝西，占地209平方米，前后两进，屋顶硬山顶。一进前殿三间带两弄，明间前檐辟八字门，梁架混合式，次间梁架穿斗式。二进正殿三间两弄，明间梁架五架抬梁式，金柱楹联，次间梁架穿斗式。一二进间设天井，左右过廊二间。格局完整，雕刻一般，有一定的文物价值。

尘不染本保殿，位于赤松镇尘不染村东部，清代建造。坐西朝东，三间，占地58平方米，硬山顶。明间前檐辟正门，梁架五架抬梁式，次间梁架穿斗式。山面合围成院墙。格局完整，做工考究，构架简洁，有一定的文物价值。

曹宅太祖殿，位于曹宅镇曹宅村协和路66号，清代建造。坐北朝南，单体建筑三开间，占地52.4平方米，硬山马头墙。明间前檐辟扇门，后供奉佛像，梁架五架抬梁式，次间山墙承重。格局完整，做工较考究，有一定的文物价值。

向阳村圣殿，位于傅村镇向阳村北部约200米处，清代建造。坐东朝西，占地220.5平方米，四合院式，前后两进，左右回廊，硬山顶。一进前殿三间单檐，敞开式，明间前檐辟门抬梁式，次间梁架穿斗式。二进正殿三间单檐，敞开式，明间五架抬梁，次间梁架穿斗式。一二进间设天井，左右回廊单间单檐。格局完整，做工考究，用石柱楹联，施彩绘，牛腿、雀替等木构件雕刻较精细，有较高的文物价值。

河口本保殿，位于岭下镇河口村北部，清代建筑。坐北朝南，三间占地67.2平方米，硬山马头墙。明间前檐辟正门。梁架五架抬梁式，用石方柱。明、次间后供奉佛像。格局完整，无资料查询，有一定的文物和历史价值。

马头方村胡公殿，位于塘雅镇马头方村南部，建于清代。坐东朝西，占地84.7平方米，硬山顶。面阔三间，明间梁架五架抬梁带前单步，次间梁架穿斗式。明间后檐供奉胡公大帝。格局完整，均用石方柱楹联，有一定的文物价值。

潘三村朱三殿，位于曹宅镇潘三村北二公里外田野中，清代建造。坐北朝南，山门、正殿硬山顶。现存正殿明间梁架混合式，次间梁架穿斗式。全用石方柱楹联。据村民反映，原有山门，中间天井和正殿合围成院落式。格局不完整，现存建筑做工考究，有较高的文物价值。

上留庄本保殿，位于曹宅镇上留庄村东部，清代建造。坐东朝西，单体建筑三开间，占地52.2平方米，硬山顶。明间前檐辟正门，梁架五架抬梁式，用石方柱。明、次间后供奉佛像。格局完整，无资料查询，有一定的文物和历史价值。

（四）先祖祠（1个）

官田武帝祠，又名敦本堂，位于曹宅镇东京村。官田村陈姓，系南朝陈武帝（陈霸先）的后裔。为纪念先祖，陈氏后裔于清康熙四十一年（1702年）始建武帝祠，后经清嘉庆、咸丰、同治、光绪年间多次维修。现存建筑为民国29年（1940年）重建。1990年和2007年维修基本恢复原貌。建筑坐东朝西，占地417.5平方米，前后三进、左右过廊，二三进中间穿廊，硬山顶。一进门厅五间有楼，明间前檐辟八字门，梁架混合式，次、梢间梁架穿斗式。一二进间设天井，左右过廊二间。二进正厅三间两弄，明间梁架五架抬梁带前后双步，次间梁架穿斗式。三进后厅五间，明次间梁架五架抬梁带前单步，梢间梁架穿斗式。二三进间设穿廊，左右设天井，两侧过廊二间。格局完整，做工考究，牛腿、雀替等木构件雕刻精细，有较高的文物价值。

（五）观音堂（3个）

下仓观音堂，位于塘雅镇下仓村殿前路18号，清代建造。坐北朝南，占地75.9平方米，前檐设扇门。明间金柱楹联，后供奉观音像。格局完整，做工简朴，牛腿、雀替等木构件雕刻较精细，有一定的研究价值。

夏宅观音堂，位于孝顺镇夏宅村中部，清代建造，1987年抢修，1995年大修，最后一次于2005年维修上漆。坐西北朝东南，占地235.6平方米，前后两进，左右过廊，中间穿廊，硬山顶。一进正殿三间设前廊，明间前檐置扇门，梁架五架抬梁，次间梁架穿斗式。一二进间设天井，左右过廊单间，中间设穿廊施天花。二进后殿三间单檐，后檐供奉祖宗牌位，明间梁架五架抬梁带前双步，次间梁架穿斗式。格局完整不规则，雕刻一般，有一定的文物价值。

长庚村观音堂，位于澧浦镇长庚村老街路19号，清代建造。坐东朝西，占地64.2平方米，硬山顶。单体建筑三间单檐，前檐设台基铺青条石，置扇门。明间梁架五架抬梁带前后单步，次间梁架穿斗式。格局完整，构造简单，牛腿、梁架等木构件雕刻精细，有一定的文物价值。

（六）庵堂（3个）

陈村龙华庵，由太祖庙和龙华庵组成，位于曹宅镇东陈村东外150米处，清代建造。坐东朝西，前后两进。一进在原址上重建。二进正殿三间，明间梁架五架抬梁带前单步，次间梁架穿斗式，石方柱楹联。太祖庙位于龙华庵北侧三间，明间抬梁式，用石方柱和石梁架，次间山墙承重，前后檐柱内嵌墙体。南侧后添建附房供奉岳飞像。格局完整，做工一般，有一定的文物和历史价值。

下宅塘法华庵，位于曹宅镇杜宅村南下宅塘东南角，始建于明代，民国3年（1914年）重修。坐东朝西，占地408.5平方米，前后两进，硬山顶。一进前殿三间，明间前檐辟八字门，五架抬梁带前后单步，次间梁架穿斗式。二进后殿三间高于一进三台阶，明间梁架五架抬梁带前后单步，后设神龛，次间梁架穿斗式。一二进间设天井。格局完整，做工考究，皆用石方柱且配楹联。雕刻精细，有较高的文物价值。

方山村鹫祇庵，位于澧浦镇方山村东部，清代建造，2002年大修。坐西朝东，占地281.8平方米，四合院式，前后两进，左右设厢房，歇山顶。一进前殿五间单檐，明间梁架五架抬梁带前后单步，次、梢间梁架穿斗式，次间用中柱，梢间为减柱做法。二进正殿五间单檐高于一进一台阶，明间梁架五架抬梁带前单步，用石方柱，次、梢间梁架穿斗式，次间用中柱，梢间为减柱做法。一二进左右厢房单间，中间设天井，一二进明间供奉佛象。格局完整，做工考究，二进配有楹联，雕刻精细，有一定的文物价值。

三、本章归纳与评价

古代遗存寺庙不多。金东区古寺庙建筑年代较早，但遗存数量不多。

没有大规模的寺庙。金东区古寺庙没有规模特别大的寺庙建筑。

有特别多的小寺庙。金东区古寺庙规模小的建筑面积只有26平方米。

寺庙里多石柱楹联。金东区几乎百分之八九十的古寺庙，惯用石柱楹联。

用婺派建筑马头墙。如赤山寺、法明寺、禅定寺、庄头巢塘太祖庙、柏树太祖庙、河口本保殿等采用婺派建筑马头墙特征。

用婺派建筑大院落。如塘雅镇金村金宝湖庙、澧浦镇上邵村云林古寺等。

四、附平面图

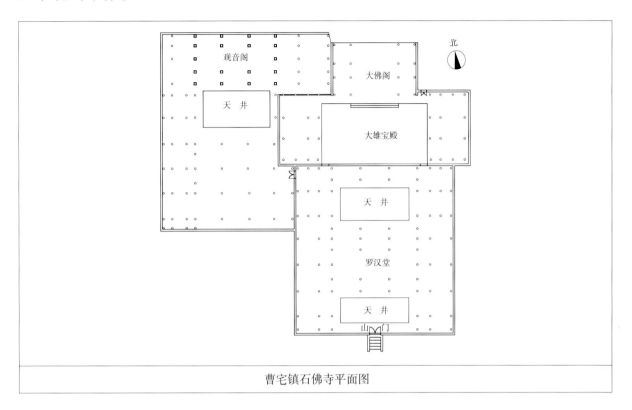

曹宅镇石佛寺平面图

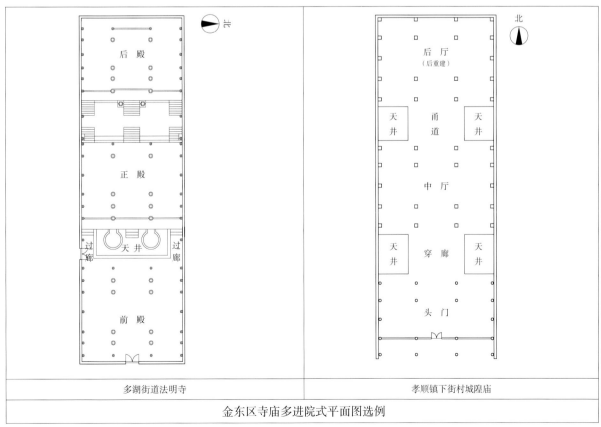

多湖街道法明寺	孝顺镇下街村城隍庙

金东区寺庙多进院式平面图选例

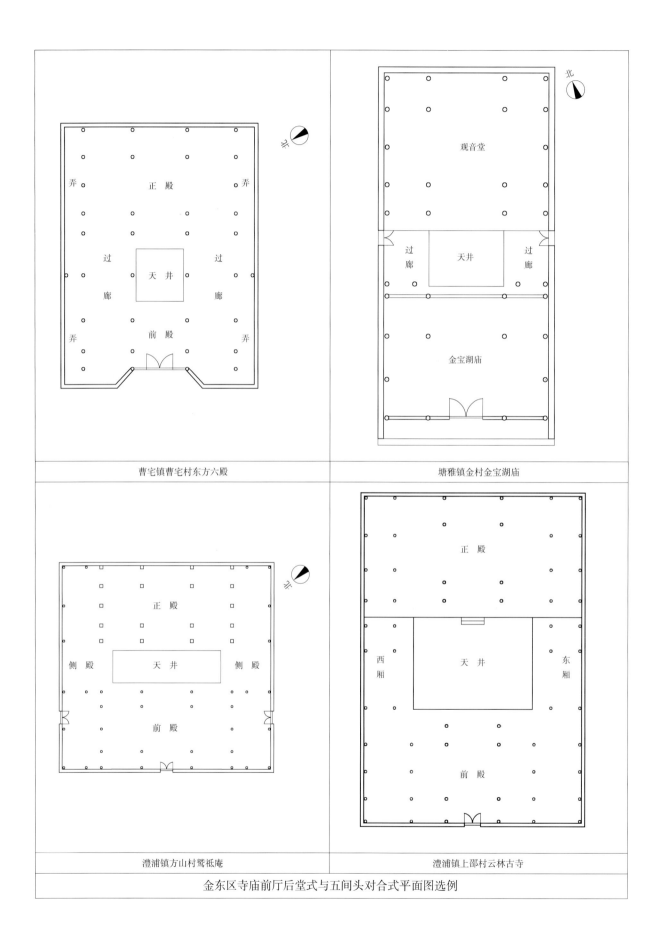

曹宅镇曹宅村东方六殿

塘雅镇金村金宝湖庙

澧浦镇方山村鹭祇庵

澧浦镇上邵村云林古寺

金东区寺庙前厅后堂式与五间头对合式平面图选例

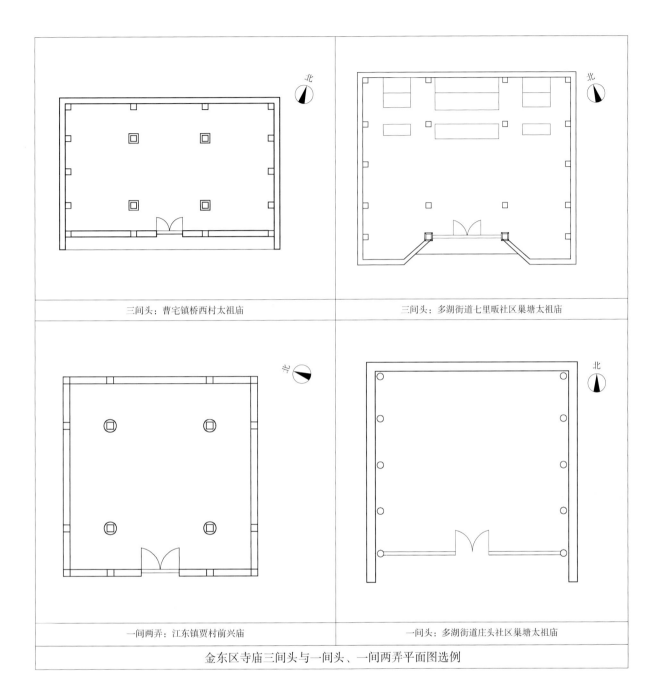

三间头：曹宅镇桥西村太祖庙

三间头：多湖街道七里畈社区巢塘太祖庙

一间两弄：江东镇贾村前兴庙

一间头：多湖街道庄头社区巢塘太祖庙

金东区寺庙三间头与一间头、一间两弄平面图选例

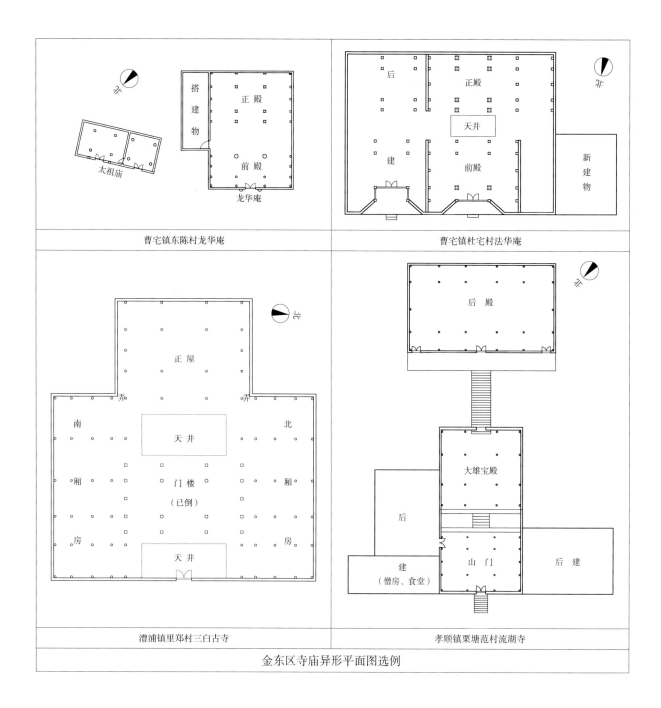

金东区寺庙异形平面图选例

第六章　其他公共建筑

一、保存概况

戏台、楼阁及学校、店铺、作坊、仓储等公共建筑，虽不是居住空间，但却是生存不可或缺的配角，是人们寻找情趣意味的场所，是人的生命之所以活泼可爱的所在，是人类为自身生存与发展创造空间与环境的配套部件。

二、现存戏台实例

（一）戏台产生和发展的背景

戏台的产生和发展，其背景是多方面的，与政治、经济和文化等诸方面都有着密切的关联。康乾盛世，政治稳定，发展到清代中叶，农业经济的迅速恢复与发展，给民间的艺术活动创造了极为有利的条件，地方戏如同雨后春笋般地出现。金华婺剧酣畅淋漓的唱腔，激昂粗犷的表演，深受当地人们的喜爱，逢年过节、迎神赛会、祝寿祭祀等重大活动，都少不了请戏班子演戏。

（二）金东古戏班发展状况

旧时，当地民间流传着这样一句俚语"七嬉八嬉，不如看戏"，因此逢年过节呈现出"村村锣鼓响，处处戏文唱"的热闹景象。与此同时，演戏也是村民们自娱自乐的一种方式，例如产生于清嘉庆年间的十响班（1796—1820年），距今二百余年，是一种季节性的戏班子，农忙时戴笠帽，做戏时戴戏帽，这种农村的娱乐形式，当时在金东区一带十分盛行，尤以山口冯一带最多，并出过多位名伶，如擅长正吹的汪海水等。仅曹宅一个镇就有十几个十响班，还有傅村镇的畈田蒋村、杨家村、傅村、凤塘村和石狮塘村等也有十多个班。所谓十响班，是指先锋、笛子、梨花、吉子、徽胡、月琴、大钹、小钹、大锣、小锣，均由当地九至十几位农民组成，农闲时外出演戏，农忙时在地里劳作，亦农亦艺。在庙会开光、逢年过节、红白喜事和夏天乘凉之时，随叫随到，能唱上七八个正本，几十只折子戏，于是乎，看戏、演戏成了村民精神生活中不可缺少的一部分。

（三）金东古戏台模式分析

由于地方戏的蓬勃发展，促使民间戏台大量兴建，从金东区保存至今的古戏台看，不仅保存了一定的数量，而且构造也比较讲究，特别是清朝中期翼角起翘、雕刻华丽的亭台式固定戏台，逐渐取代了早期原有的台座式戏台。戏台所在的位置又分为露天和室内两种空间，而室内戏台，从现存的数量来看，则以清代宗祠戏台为多数。

宗祠戏台（亦称"雨台""万年台"）。人们赋予了戏台双重的精神功能。旧时，民间有种风俗，每当遭遇干旱时节，各宗族会请戏班子到宗祠里演戏求雨，祈祷风调雨顺，保佑农作物有个好的收成。这种演戏求雨的行为方式，反映出人们由意识形态上的农业祈愿，演化到实质性的物质追求，是一个由物质到精神、由精神到物质的过程。发展到明清时期，宗族建台演戏又与祭祀活动联系在一起，不仅将其作为同宗族人的娱乐场所，而且更是将演戏、娱乐视为族人共同庆贺节日和酬谢神灵的重要方式，祈福护佑族人万方平安、瓜瓞连绵和簪缨不绝。从某种意义上说，宗祠戏台实际上既是沟通同宗感情的场所，又是人、天感应的神坛，无疑，戏台成了宗祠建筑中不可或缺的重要组成部分。从金东区现存建有戏台的宗祠规模来看，一般都是三进式的建筑组群，把戏台设置在中轴线前端的重要位置上，背靠门厅，面对正厅，正厅成了看戏的主要地方。这样的布局，使宗祠建筑的前端形成了以戏台为中心，将门厅、天井、正厅和左右看楼或侧厅等建筑组合成一个整体。诸如：龙山村张氏宗祠、傅村傅大宗祠、横店村项氏宗祠、马头方村方氏宗祠、雅湖村胡氏宗祠、后溪村汤氏宗祠、方山村方氏宗祠、釜章村章氏宗祠、山南头村胡氏宗祠、雅金村贾氏宗祠和民国时期的前溪边村方氏宗祠等的戏台，在宗祠的总体平面布局中无一例外。其中，戏台的构造又分为台座式和亭台式两种建筑形制。

台座式戏台

目前在浙江，明代台座式戏台的原构已不多见，它的产生大约早于亭台式戏台二百余年，由于种种人为的因素以及自然因素，当下保存极少，对其进行系列化研究存在一定的困难。根据笔者自1987年做"浙江古戏台课题"时，经过数年对实物资料的调查搜集和现场的勘察记录，最后采用"类型学"作科学分类，以"历史分析法"进行分析归纳，发现其发展演变的脉络还是十分清晰的，在此作一赘述，权当抛砖引玉。

根据已发现的宗祠台座式戏台，其发展演变的过程可分为三个阶段：活动式、半活动式、固定式。

（1）台座式活动戏台。以明代中、晚期为主，是一种最原始、最简单的厅内戏台，一般都设置在宗祠门厅的四根金柱内，左右两边各放一张随建筑进深方向的长方形台座，每张台座的高约1米，面宽约1米，进深约4米，两张台座之间留一条通道，演戏时在通道内横铺数块台板，戏台就构成了。这种戏台在构造上没有明确的前台和后台之分，演戏时在台座的后沿两根后金柱之间，挂上一块布帘或者晒稻谷用的竹蓆（方言俗称"地簟"）来划分台面与门厅的空间。演完戏，将临时铺在通道间的台板拆除，便可恢复通行，也可以把两张台座搬到门厅一角，或者借给别的宗祠演戏之用。这种简单的戏台，不仅与农村戏班的规模和表演形式有关，而且也适合当时以家庭为主的戏班演出。

（2）台座式半活动戏台。大约出现在明代末年，盛行于清代早期，民国时期继续延用。所谓半活动式戏台，即形制、体量与活动式戏台相仿，仍然安置在门厅的明间，但已不是活动式的台座，而是演变为独立的框架式单体，共用柱十二根，戏台的前沿设望柱，后沿尚未出现扇面墙，在台座两侧各设木构台阶，供演员上下台之用。戏台的体量有所扩大，面宽约4.5米，进深约7米，台高约1.5米，固定在门厅明间的四根金柱内，不能移动，仅中间的台板可以拆卸，演完戏把台板搬走，台的中间就变成门厅的通道。这种半活动式戏台，也是利用门厅的明间搭台演戏。由于戏台呈倒座式，面对正厅而建，把半活动式戏台的台面明显增高后，台面与后檐之间的垂直间距缩短了，观众坐在正厅看戏时，对表演空间，在视觉上会产生压抑感，因此工匠们把门厅后檐柱的高度予以增高，又把后檐廊做成卷棚顶，提升了戏台上部的空间，又在木构件上雕刻华丽的图案，这样，不仅扩大了台面的空间，而且也增添了戏台周围的艺术氛围。这阶段的戏台上部，尚未出现与之相配套的天花藻井。这种通过增高后檐廊来扩大台面空间的做法，给后人留下了印记，即：门厅的后檐柱高于前檐柱，与厅内的金柱等高，这样的构架往往提示我们，历史上这里曾经是搭台演戏的场所。

（3）台座式固定戏台。完善于清代早期，延用到民国时期。形制、体量与半活动式戏台相似，也是安置在门厅明间，但此时把台座的位置移动到后檐，完全固定在后檐柱和后金柱之间，这样可以缩短在正厅看戏的视距距离。整个台座被完全固定后，这时台面的后沿出现了木构扇面墙，以此分隔台面的表演区和台后的换场、装扮区，并在扇面墙的两边辟门，门的上面书"出将"和"入相"，分别作为演员出场和入场的门口。在梁架构造方面出现了变化，即：把抬梁式的空间移到后檐廊，使后檐柱与后金柱之间形成抬梁的构架，这样，既能满足戏台上唱、念、做、打程式化表演的功能需求，也使台座式固定戏台，有了相对独立的抬梁式构架，此时，在戏台的顶部装修了天花或藻井。

在金东区对宗祠建筑进行调研的过程中，发现有的宗祠，至今在门厅的明间还安置台座式的固定戏台，尽管台座是由后人重建，但，毕竟是戏台发展轨迹中的一份子，也是台座式戏台发展演变系列中不可或缺的组成部分，对这一系列的完善有着重要的意义，也为现今对台座式戏台系列化的研究提供了难能可贵的实物资料。

（四）现存旧时实例分享

龙山村张氏宗祠戏台，台座式的形制，现存的台座系后人重新构筑，固定在门厅明间后金柱和后檐柱之间。台座体量较小，台高1米，面宽3.6米，进深3.4米，平面略呈方形。门厅单层三间，厅内空间十分高敞，两次间的上部施天花，明间的上部施斗八平綦天花，以此衬托出明间的重要位置，在三间天花的上面采用草架。戏台空间高敞，后檐柱与后金柱的高度相等，在前后两根柱之间架月梁，梁背置三根短柱和雕花坨墩，承托平綦枋和平綦天花，又在台座的后沿构筑木构扇面墙，以此分隔前台和后台。戏台面对天井和正厅，天井两侧各建造两间二层的看楼，楼下是宽大的廊庑，楼上主要是女性观众看戏的场所。时至今日，看楼被逐渐改造为它用，在婺派建筑中，看楼成了稀有之物。

傅村傅大宗祠戏台。台座式固定戏台，现存台座系后人重新构筑，固定在门厅明间四根金柱和两根后檐柱之间，这样的台座设计，使戏台的进深比较深远，扩大了表演区间，在戏台两侧构筑木梯，便于上下台之用。门厅单层三间，后檐廊的空间高度明显高于前檐廊，在两根金柱之间构造五架梁，梁背置三根短柱，承托两层逐级往里收缩的井口枋和天花斗栱，天花的正中是穹隆藻井，在没有音响设备的旧时戏台，穹隆藻井可以起到悠扬声腔的效果，所谓："余音绕梁三日不绝于耳"。在台座的后沿筑木构扇面墙，一则可以分隔前台和后台；另外可起到遮挡宗祠大门入口的作用。戏台面对天井和正厅，天井的两侧分别是二层的钟楼和鼓楼，楼下是抬梁的空间，亦可容纳看戏的族人。

亭台式固定戏台，在台座式戏台的发展过程中相继出现，一直延续到民国时期。所谓亭台式戏台，不再附设在门厅内部，而是一座独立的单体建筑，位于门厅后面的天井前端。有独自的柱子、台面、梁架和屋顶。戏台平面略呈方形，在四个转角处立落地柱，顶部施天花藻井，歇山顶，翼角起翘，外观呈亭台状。在宗祠的总体平面布局上，戏台紧贴在门厅明间的后檐，而门厅往往是二层的楼屋，亦作戏房之用，楼上分别是演员的化妆间和砌末（戏剧道具）服装间。戏台面对正厅，前面是天井，左右两侧有看楼或侧厅，使宗祠的前端由戏房、戏台、看楼和天井等组成了一个整体。目前，亭台式固定戏台的实例在金东区保存丰富。

横店村项氏宗祠戏台，亭台式固定戏台。项氏宗祠位于江东镇横店村，始建于明代，历经清代、中华民国（1912—1949）和新中国成立后的多次修缮，2006年7月6日公布为金华市文物保护单位。该宗祠共三进，依地势逐级抬高而建造，这样既可满足旧时"前低后高世出英豪"的风俗，又能使建筑内部的雨水能够自高而下地向外流出，避免产生雨水倒灌现象。在中轴线上依次有八字大门、门厅、正厅和后厅。门厅与正厅之间设宽约11.2米、深约8米的天井，于天井的前端建造戏台，面对正厅。戏台平面呈方形，构造讲究，为亭台式歇山顶的建筑立面，翼角起翘，用雕刻精湛的牛腿支撑翼角，使戏台正立面的造型犹如展翅翱翔的雄鹰。戏台内部的上端施平綦天花。

方山村方氏宗祠戏台，亭台式固定戏台。方氏宗祠位于澧浦镇方山村，建于清代，2004年3月29日公布为金华市文物保护点。该宗祠共三进，中轴线上依次有卷棚轩式的八字大门、门厅、正厅和后厅。门厅二层，与正厅之间是宽约11米、深约6.5米的天井，在天井前端建造戏台，面对正厅。戏台平面略呈方形，其后檐紧贴门厅明间的后檐，在四个转角处各用1根石构方柱，避免风雨对柱子造成的伤害。戏台构造讲究，为亭台式歇山顶，翼角起翘，翼角下面用雕刻精湛的牛腿支撑，使戏台的立面造型犹如雄鹰展翅。戏台内部的上端构造天花藻井，可以扩大台面的空间。

后溪村汤氏宗祠戏台，亭台式固定戏台。汤氏宗祠位于岭下镇后溪村，2004年3月29日公布为金华市文物保护点。根据宗谱记载，宗祠建于清乾隆年间，总体布局共三进，中轴线上依次建八字大门、门厅、正厅和后寝。门厅与正厅之间是宽大的天井，宽约12米、深约7米，天井内部建造戏台，门厅为二层，演戏时楼上用作戏房，戏台的后檐与门厅明间的后檐紧密相连，面对正厅。戏台造作讲究，雕刻华丽。台面经修缮后，平面呈横向的长方形，采用翼角起翘的亭台式歇山顶，戏台内部的上面施平綦天花，并装饰彩绘。

前溪边村方氏宗祠戏台，亭台式固定戏台。方氏宗祠位于塘雅镇前溪边村，建于民国时期，砖木结构，坐北朝南，共三进。中轴线上自南而北依次建有八字大门、门厅、正厅和后厅。门厅与正厅之间设置了宽约11米、深约7米的天井，戏台就建在天井的南端，其东、西两边是厢房和看楼，戏台面对正厅。戏台的平面略呈方形，为歇山顶亭台式，翼角起翘，四个转角处各为1根角柱，在角柱的上段用雕刻精美的牛腿支撑翼角。台面的上部构造天花藻井，这样不仅增加了戏台建筑艺术的视觉冲击力，而且对演员的声腔也起到一定的悠扬效果。

露天戏台。露天戏台的形式与宗祠亭台式戏台的形式大同小异，也是歇山顶或攒尖顶。由于建造在露天，因此成为一座独立的单体建筑，有独自的柱子、望柱、台面、梁架、屋顶；此时与其相配套的戏房也出现了，紧紧贴在戏台的后面，为演员化妆、换装、摆放道具之用。这样，把戏房和戏台两者组合在一起，使露天戏台的整体平面呈凸字形。露天戏台的前面，一般都有宽大的道院（村落广场），这样，不仅能够满足更多的观众看戏，而且常常成为"斗台"的好场所。譬如：金东区杜宅村蒋大玉创办的"蒋春聚"昆腔戏班，1920年在紫岩殿举行庙会，有13个戏班聚会斗台，演出的大戏《民国记》，出奇制胜，一举夺魁。正由于露天戏台的周边空间开阔，观众看戏的距离相对较远，因此，露天戏台的体量要比室内戏台的体量高大，既能满足看戏时的视觉效果，又能与周边建筑的空间尺度相协调。另外，戏台木构架的造作也更为精致，例如，目前保存的白溪村古戏台、鞋塘前楼下村戏台、严店村戏台、施堰头村雨台和金仁塘村古戏台等。

　　白溪村古戏台，露天戏台。位于孝顺镇白溪村，建于清代晚期，2006年7月6日由金华市人民政府公布为金华市文物保护单位。戏台坐北朝南，台前是空间开阔的村落广场，木石结构，为方形攒尖顶亭台式固定戏台。台面的进深与面宽均约5米，其后紧贴二层五开间的横长方形戏房，在戏房的明间前檐设置楼梯，可通往戏台，供演员演戏时上下台之用。戏房整体外墙用木构，墙体的构造为：槛墙和槛窗上下纵联。戏房的通进深6.3米、通面宽17米，戏台与戏房整体组合成凸字形的平面，总占地面积139.2平方米。戏台转角处各用1根石构角柱，角柱之间采用石构方形望柱，望柱头镂刻束莲纹，前檐两根方形的角柱上镂刻楹联，东边角柱迎面书"笑谈哭唱皆为经典"，西边角柱迎面书"怒骂謌琹尽是文章"。戏台檐口下额枋的形制有两种：正立面采用月梁形制、侧立面采用贡形扁作梁的形制。额枋在戏台上起到两种建筑功能，首先将石构角柱联结起来，形成一个稳定的戏台框架，然后，把所承载戏台屋顶的荷载传递到角柱上，再通过柱础、柱顶石把上部的重量传递到地面的基础之中，戏台上的每一个雕刻构件，都把建筑功能和艺术效果进行有机的结合。在台面后沿与楼梯衔接处，构筑木构的扇面墙，中间雕刻"唐明皇拜月"图，左右两边辟门，分别标识"出将""入相"，这是演员上场和下场的出入口，戏台上方施穹隆藻井和天花。方形的台面，圆形的穹窿藻井，象征着天圆地方，表现出古老的东方宇宙观。

　　前楼下村戏台，露天戏台。位于鞋塘管理处前楼下村，建于清代，2004年3月29日公布为金华市文物保护点。坐西朝东，台前有空间开阔的村落广场，戏台木石结构，为单檐歇山顶亭台式固定戏台，翼角起翘。正脊的两端，安装当地盛行的鸱鱼吻兽，为龙头鱼身鱼尾的形象，戗脊采用花脊。戏台平面呈方形，进深约6米、面宽约6米，后沿紧贴三开间的戏房，在戏房明间的前檐设置楼梯，通往戏台，供演员演戏时上下台之用。戏房通进深6.5米、通面宽10米，戏台与戏房整体组合成凸字形的平面，占地面积108.2平方米。戏台四个转角处各用1根石构方形柱子，采用石构柱子可以避免风雨侵蚀。南北两根前檐角柱上镂刻楹联，其上用雕刻华丽的牛腿和插栱支撑起翘的翼角。戏台的上方安装半球形穹隆藻井，既可使演员唱戏的声腔更加悠扬，又可扩大台面的空间。

　　严店村戏台，露天戏台。位于孝顺镇严店村，建于清代，2004年3月29日公布为金华市文物保护点。戏台坐西朝东，台前有一处空间十分开阔的村落广场，木石结构，为歇山顶亭台式固定戏台，翼角起翘，台面的进深与面宽均约5米。其后紧贴三开间横长方形的戏房，于戏房的明间前檐，设置楼梯通往戏台，供演员表演或装台时之用。戏房通进深约5米、通面宽13.2米，戏台与戏房整体组合成凸字形的平面，占地面积89平方米。戏台四个转角处用石构方形角柱，其上楹联分别云："富贵功名倏成泡影""喜怒笑骂却是真情"。在台板外沿立木构望柱安装栏杆，又在台面后沿与戏房衔接处构筑木构的扇面墙，左右两边辟拱形门，门上分别书写"迎来""送往"，这里是演员登台演戏的出入口。"迎来"即演员登台的出口，"送往"是演员演完一段剧情，需要下场的出口，旧时也叫"古门"，意思是台上扮演的都是古人的事情。正如有的戏台楹联所云："聊借俳优作古人，还将旧事重新演"。

戏台上部的木构件制作十分精美，额枋的构造有月梁形制和扁作梁形制，分别镌刻龙须纹、仙鹤纹和蟠螭回纹，方柱与额枋的节点以木雕雀替垫托。额枋与平綦枋之间施雕刻华丽的皿板和透雕花板，平綦枋上出跳十六攒斗栱，将穹隆藻井层层收缩至顶部。很明显，匠人们把半球形的穹隆藻井当作天宫来构造，方形的台面象征着大地。《考工记》云："轸之方也，以象地也；盖之圆也，以象天也。"该戏台的建筑构思反映出中国古代天圆地方的宇宙观。古代演戏没有音响设备，匠人在戏台的顶部构筑穹隆藻井，在声学原理上可起到声响回旋的效果，使演员的声腔更加悠扬。

（五）小结

历史遗留下来的古戏台，随之人类社会跨入飞速发展的信息时代，很显然，古戏台的演戏效应逐渐消失，但其所承载的戏剧艺术、建筑艺术、雕刻技艺、文学书法、政治经济和社会崇尚等诸方面的历史信息是十分宝贵的，值得我们永续传承。

三、现存亭榭实例

亭榭建筑大致上分两种，一种是景观亭，建在风景区的景观节点，主要作用是供人观赏；二是路亭，设在重要道路一旁或骑路而建，主要作用是供人歇脚、饮水。

八仙亭，位于江东镇横店村八仙桥东边桥头，始建于清道光二年（1822年）。2003

年维修，大致恢复原貌。八仙桥原称"八素桥""龙宫桥"，亭以桥名。八仙亭平面呈正方形，占地48.2平方米，由内外八根石质角柱支撑，长、宽均为4.95米，高5.20米。歇山顶。石柱上刻有"接天影拟长虹架，题柱人看驰马归"楹联一副。亭中存有：清道光二年（1822年）《新建八素桥记》、道光二十五年（1845年）四月《修八素桥碑》、道光二十五年五月金华县衙《告示》等碑记。格局尚存，有重要的文物和历史价值。

过路凉亭，位于源东乡尖岭脚村南，民国时期建造，1985年翻修。坐南朝北，占地80平方米，硬山顶。正屋三间有楼，二楼置挑廊，前后檐柱六根雕刻牛腿。据村民介绍，该亭所在之处1995年前是源东乡通往浦江县城的官道，为方便来往过客休憩而造此亭。现存格局完整，对研究民国时期金华至浦江商贸流通提供了实物例证。

黄间亭，位于经济开发区鞋塘管理处杨村石龙头自然村北约2.5公里，清代建造，现存为民国时期修建。坐南朝北，占地30.7平方米。硬山顶。三开间，前后檐用石方柱。格局完整。据当地村民传说，此处原是源东乡到傅村镇的交通要道，黄间亭是人们路途劳累的憩息场所，1950年代还为路人提供茶水和稀饭，有一定的历史价值。

望府亭，位于多湖街道望府墩村中部，清代始建，民国八年（1919年）重修，2006年村自筹资金翻修。望府亭占地111.5平方米，平面呈凸字形，由望府亭和关帝圣庙组成。望府亭三间前后檐辟半圆形拱门，明间东侧设关帝圣庙并置花槅门隔开，内供奉关帝圣像。格局完整，做工一般，有一定的文物价值。

艅艎岭路亭，位于源东乡长塘徐村东约2公里艅艎岭脚。清乾隆四十一年（1776年）建造，民国时期重修。坐北朝南，占地55.8平方米，三开间。檐柱和边柱用石方柱，内设板凳。据《徐氏宗谱》吴氏安人节载："为行役者憩息，为力田者避雨，先生昆季承顺母命，遂建石亭艅艎岭之麓"。

四、现存轩阁实例

亦政轩，位于傅村镇山头下村北门街，清代建造。坐东朝西，占地269.8平方米，三合院式，正屋三间左右厢房有楼重檐设前廊，明间敞开，梁架混合结构，次间梁架穿斗式。两弄后檐辟门。中间天井置院墙。格局完整，做工简单，有一定文物价值。

蒲塘村文昌阁，位于澧浦镇蒲塘村东北部，始建于明代，清代重修，1995年翻修。坐北朝南，占地259平方米，由前殿和主楼组成。一进前殿五开间单檐，明间前檐辟八字门，山面马头墙。主楼三间二层阁楼式结构，重檐攒尖顶。上层供奉文昌帝君，下层供奉武圣关羽，用石柱。前殿和主楼左右厢房单间单檐，中间设天井。格局完整，造型优美，用材考究，雕刻精细，有较高的历史、文物、艺术价值。

岭下朱追远亭，位于岭下镇岭四村西北山坡上，清代建造。2006年前后大修，基本恢复原貌。坐西朝东，占地面积386.7平方米，六面三层攒尖顶。底楼内柱和檐柱分别用六根，柱之间用梁枋连接，东面辟正门，南北两面辟出入门。三楼葫芦顶，每楼设葫芦状栏杆。每面檐柱置牛腿、斗栱，雕刻有人物、花草。格局完整，造型优美，极具历史、文物及艺术价值。

五、现存学校实例

黄乃耐私立初级小学，位于澧浦镇里郑村西南，建于1924年。坐南朝北，占地面积约300平方米，建筑面积200平方米，砖木结构、单层建筑，平面布局呈"目"字形，置天花板，共两进。校舍前3米处设民国时期西式门坊，第一进为教室，中间为天井，第二进明间为小礼堂，东次间为教员寝室，西次间为办公室，校舍西为操场，南角是厨房，北角为厕所。整个校舍以牌坊设围墙，整体布局合理，精致实用，当时被称为"洋学堂"。

黄乃耐（1876—1942年），国画大师黄宾虹胞妹，1921年2月举办私人学校，免费招收贫困儿童；1924年独资兴建校舍，费时4个月建成，经政府登记，正式定名为"私立东源小学"；1939年改称"私立乃耐小学"。抗日战争之初，浙江贫儿院从杭州迁于里郑村，黄乃耐热情帮助并积极支持贫儿院师生开展抗日救亡活动。

黄乃耐的兴学义举受到广泛赞誉，金华教育界向她赠送"乐育英才"匾额，金华县政府向她颁发了"热心公益"的匾额。

黄乃耐深受四方乡邻的爱戴和敬佩，乡亲们把她当作"大恩人"，称她为"女中豪杰"。黄乃耐私立初级小学为研究金东区民国时期教育和抗战历史提供了实物例证。

浙江省立实验农业学校旧址，位于塘雅镇竹溪塘村北郊1000米处。建筑保留了民国时期典型的学校风格，现存21幢建筑，分别为：行政楼、教学楼、办公楼、学生宿舍、大礼堂、大膳厅、厨房、教师宿舍、图书馆、仪器室、操场、粮食仓库、实验楼、农社（含农民茶室、阅览室、医院、消费合作社）、邮政所等，功能上可谓一应俱全。唐代法藏寺遗址亦在其中。校内有一口大池塘，名曰"小西湖"，21幢民国建筑环列四周。玉壶溪上的玉壶桥如虹影垂波，更有竹林古樟、紫荆白杨相点缀，形成了得天独厚的清幽环境，花红竹绿，风景绝佳。整个学校规模宏大，气势恢宏，占地825亩，建筑面积22590平方米。如此规模宏大、现存完好的民国时期省立学校，在浙江省内已属罕见，具有极高的历史、文物和艺术价值。

校园地势东高西低，玉壶溪从校旁穿过，由于农校在民国建校之初就开设有园林、园艺专业，曾编印《园艺学讲义》等，故而在旧址上随处可见园林艺术的影子，小桥流水、竹苞松茂、古木参天，一派清幽的景象。从某种意义上说，这远远超出了校园的范畴，更像是一座中西合璧的园林，具有极高的艺术价值。加上原有的地理位置和植被分布，自然生态环境非常好。如今金东大道从校南横穿而过，对外交通也十分便捷。

浙江省立实验农业学校创办于民国二十二年（1933年）7月，由北平大学农学院教授、著名土壤学家蓝瑾先生来金华创办，先后征得土地250余亩，并制定了校训、校歌、校规。民国二十四年（1935年）改称"省立金华实验农业职业学校"，并设立附属小学。民国三十一年（1942年）5月金华沦陷后学校解散，民国三十五年（1946年）复校。1949年新中国成立后，学校更名为"浙江省立农业技术学校"，由浙江省教育厅领导，1952年夏移转浙江省农业厅领导。1966年"文化大革命"，学校停止招生。1967年12月，学校从金华塘雅迁移至金华市湖海塘畔。1969年在旧址上改办为地区五七干校。自民国以来，为新中国培养了一大批的领导干部，在浙江省内声誉极高。在民国那个战火纷飞、硝烟四起的年代，学校更兼容了抗日救国的思想，因而具有较高的历史研究价值。值得一提的是，1934年春节，学生黄道南从浦江老家带来一本《共产主义的ABC》中文译本，从此，共产主义理论在该校秘密传播，因此该校也是爱国主义教育的一处宝贵文物遗存。

六、现存仓储实例

　　这里所说的仓储，是专指金东区一带作为保管、储存备战备荒粮食，呈倒锥体形状的建筑物。这些建筑物，在20世纪70年代由毛泽东提出"深挖洞，广积粮，不称霸"的历史背景下产生，又因建筑物圆筒形，故又称为"圆仓"。虽然这些建筑物历经五十余年的风雨剥蚀，仍保留了多座。在全国第三次文物普查中，金东区的文物工作者不辞辛苦，跑遍了全区各个乡村进行现场勘察，根据勘察情况甄选出如下几座保存较好的圆仓，并认定为不可移动文物。

　　石狮塘村圆仓，坐落在傅村镇石狮塘村中部，海拔95米。建筑保存较好，平面呈圆形，夯土结构，圆仓6座分成2排，呈南北向排列，每排3座，井然有序，占地面积189平方米。立面造型按中国古建筑的三分法进行构造，有基座、屋身和屋顶。基座圆形供隔潮之用，屋身外墙粉刷石灰层，墙体辟门和百叶窗，便于出入及通风，屋顶的形式，为四脊的攒尖顶，屋面铺设小青瓦。呈现出当地粉墙黛瓦的传统建筑基因，与村落的传统民居相得益彰。

　　胡宅村圆仓，位于曹宅镇胡宅村，海拔100米，村落地势高低错落，圆仓建在村落之中。建筑本体保存较好，平面呈圆形，夯土结构，两座圆仓呈东西向排列，单体与单体之间两门相对，并设走廊，便于雨天行走，总占地面积约50平方米。立面造型为：基座、屋身和屋顶。基座圆形，直径4.4米，屋身墙厚0.35米，外墙粉刷石灰，屋顶以三层砖叠涩出檐，为攒尖顶，屋面开设通风窗，施小青瓦。整体延用了地方上粉墙黛瓦的传统建筑立面形式。

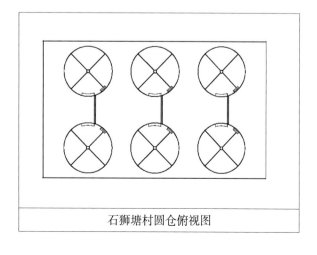

石狮塘村圆仓俯视图

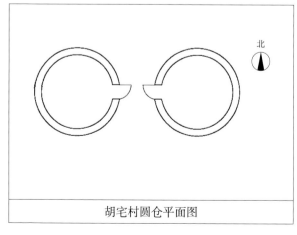

胡宅村圆仓平面图

东石塘村圆仓，位于博村镇东石塘村，海拔63米，村落地势高低错落，圆仓建造在村落中部。建筑本体现存情况较好，平面呈圆形，夯土结构，两座圆仓呈东西向排列，单体与单体之间两门相对。立面造型为：基座、屋身和屋顶。基座圆形，直径3.6米，外墙粉刷石灰层，屋身墙体上端辟三个通风窗，屋顶以三层砖叠涩出檐，为四脊攒尖顶，屋面施小青瓦。延用地方传统建筑粉墙黛瓦的立面特色。东石塘村圆仓建于20世纪70年代，传递了这一时期的历史信息。

上保村圆仓，位于岭上镇上保村，海拔93米，村落地势高低错落，圆仓1座建在村落之中。建筑本体保存一般，夯土结构，立面造型为：基座、屋身和屋顶。基座圆形，直径3.5米，屋身墙体的厚度为0.4米，南面墙体辟门，东南面的墙体上端开通风窗，外墙粉刷石灰层，屋顶以砖叠涩出檐，攒尖顶，屋面施小青瓦。圆仓外立面的视觉效果呈现出粉墙黛瓦的地方特色。上保村圆仓的建造时间，据村民告知为1970年，反映出这一历史时期相关信息。

金溪村圆仓，位于曹宅镇金溪村，海拔103米，村落地势高低错落，圆仓1座建在村落之中。建筑本体保存一般。夯土结构，立面造型为：基座、屋身和屋顶。基座圆形，直径3.8米，屋身墙体厚度为0.3米，南面墙体辟门，外墙粉刷石灰层，屋顶以三层砖叠涩出檐，攒尖顶，屋面施小青瓦，通风窗开设在屋顶。圆仓外立面呈现粉墙黛瓦的地方特色，与村落的传统民居融合协调。该圆仓建于1972年。

下陈村圆仓，位于赤松镇下陈村，海拔97米，村落地势高低错落，圆仓1座建在村落北部。保存情况一般，夯土结构，立面造型为：基座、屋身和屋顶。基座圆形，直径3.6米，屋身墙体厚度约0.35米，南面墙体辟门，东南面墙体的上端开通风窗，外墙粉刷白石灰层，在窗与檐口之间装饰灰色的带状，丰富了屋身的色彩。屋顶以二层砖叠涩出檐，从视觉上感到出檐短了些，屋面施小青瓦，攒尖顶。建造时间为1970年前后。

盘桥村圆仓，位于孝顺镇谷盘桥村，海拔50米，村落地势相对平坦，圆仓1座建在村落之中。建筑本体保存一般。夯土结构，立面造型为：基座、屋身和屋顶。基座圆形，直径3.7米，屋身墙体的厚度为0.3米，南面墙体辟门，在另一方向墙体的中下部开设长方形的窗，又在其上的檐口下开设小窗，增强了仓内的通风效果。外墙粉刷石灰层，屋顶以二层砖叠涩出檐，四脊攒尖顶，屋面施小青瓦。圆仓外立面呈现粉墙黛瓦的地方特色，与村落的自然环境和传统民居融合一体，成为村落一道亮丽的风景线。该圆仓建于1970年。

圆仓，是当时响应"深挖洞，广积粮，不称霸"，在"备战备荒为人民"的号召下产生的，反映了这一历史时期政治与社会诸方面的信息。同时不难看出，这些圆仓也在探索着"新而中"的建筑形式。

车站粮食仓库，位于塘雅镇对头山村的北部，海拔49米。这是一处大型的粮仓组群。在计划经济时期，对头山村一带设有供销社、粮站、米厂、副食品站、肥料仓库、税务所、邮电局和信用社等。老浙赣铁路线从村中通过，车水马龙繁华一时，粮食仓库就建在其中浙赣铁路线北侧的米厂内部。从粮仓的建筑形制来看，可分为两大类，又根据建筑特征的不同，可以明显的看出是由两个不同时期而建造的。第一类，由3座大型横长方形的粮仓组成，建于新中国成立初期，坐北朝南，各座粮仓的建筑体量不等，自东而西，第一座：通面宽51.3米，通进深13.6米；第二座：通面宽52.4米，通进深12米；第三座：通面宽37米，通进深10米。每座粮食仓库的正立面，于左、中、右分别辟三扇大门，门前设三级台阶，又在正立面构筑十分宽大的廊子，供汽车装卸粮食之用，前檐墙上还保留着红底白字铁皮标语牌："珍惜粮食光荣，浪费粮食可耻。金华县粮食局"。见此，不禁让人回想到那个年代的社会氛围。第二类，是由4座圆仓组成，东西向排列，夯土结构，立面造型为：基座、屋身和屋顶。基座圆形，直径10米。屋身的外墙粉刷白石灰层，墙裙与檐下装饰墨色带状，使建筑立面形成黑白相间的强烈反差，墙体南面辟大门，置门檐，其上开通风窗，屋顶形式为四脊攒尖顶，屋面施小青瓦。圆仓整体延用地方传统建筑粉墙黛瓦的建筑形制和立面特色。将这4座圆仓的建筑形制与上述几座圆仓的形制比较，系同一建筑类型，应该也是在20世纪70年代"深挖洞，广积粮，不称霸"与"备战备荒为人民"历史背景下建造的。

这一处大型的粮仓组群，呈现了不同的建造时间、不同的建筑形制、不同的历史背景，却传递出一个共同的信息，即：中国共产党自建立新中国以来，无论何时，始终把关心人民的粮食问题作为国之大事、民生大计。该建筑群本是金东区最大的圆仓和粮库，是见证党和人民政府关心人民粮食问题的实物例证，十分难能可贵，具有一定的稀有性，遗憾的是近年已毁。

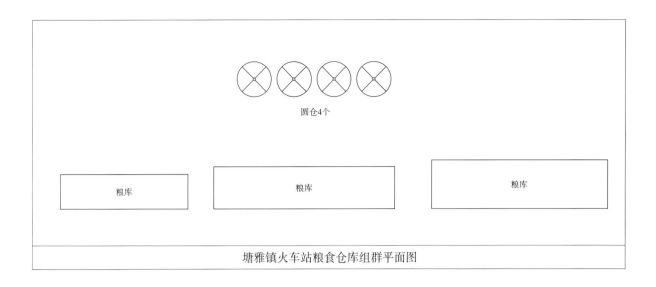

塘雅镇火车站粮食仓库组群平面图

七、其他配套公建

信泰源活动中心，位于孝顺镇中街南部端塘中，始建于清代，2002年异地重建。坐南朝北，占地158.6平方米，歇山顶。正屋五开间有楼。现存格局完整，对当地民族商业发展有一定的研究价值。

烟店，位于江东镇横店村横街和低炉巷交叉口，民国时期建造。新中国成立后改烟店。坐西北朝东南，占地92.2平方米。正屋五开间有楼重檐。曾是江东镇人民政府所在地。烟店格局完整，对研究当时的商贸和生活水准有一定的参考价值。

麻车屋，位于澧浦镇里郑村中部，清代建筑。坐西朝东，占地152.8平方米，平面不规则呈异形，硬山顶。五间，外墙用当地鹅卵石、砖块、土垒砌而成。内部榨油工具已毁。麻车屋是当地村民榨桐油、青油（桱油）、菜油、麻油（香油）、棉子油等的手工作坊，格局完整，简洁古朴，构造结实，为研究当时群众乡间生活、生产工艺水平提供了实物例证。

夏宅磨房，位于孝顺镇夏宅村西部，建于1935年。坐东朝西，前后两进左右过廊四合院式，占地163.8平方米，硬山顶。一进碾房三间有楼单檐，明间和南次间为碾盘场所。二进三间有楼单檐，次间为酒房，南次间为牛棚。格局完整，简洁实用，对旧时当地手工及农业的生产水平和生活习性有一定的研究价值。

八、本章归纳与评价

（1）亭台楼阁是儒家传人生存空间环境不可或缺的文化色彩。

（2）配套公建是儒家传人生活、生产与学习不可或缺的设施。

（3）婺派建筑特色，诸如户型、马头墙、精装修等，无处不在。

（4）万变不离其宗，虽是店铺，甚至作坊，建筑平面几乎相同。

（5）几处遗存十分宝贵，如民国时期创办的浙江省立实验农业学校，规模庞大，功能齐全，环境优美，是儒家传人为教书育人选择的好地方、规划的好例子。

（6）关于粮仓建筑，表面看与婺派建筑风马牛不相及，但实质上是儒家传人国家意识强，法制观念强，备战备荒态度明确、方法得当的物化表现。因为以上仓储建筑，都是党中央的号召之下建起来的。

九、附平面图

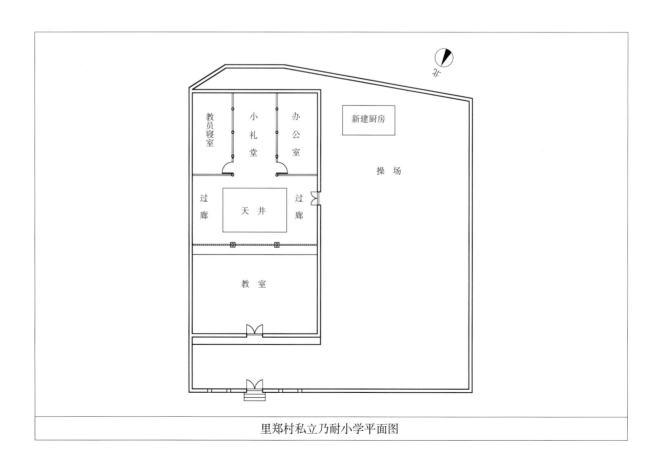

里郑村私立乃耐小学平面图

民国时期浙江省立实验农业学校总平面图

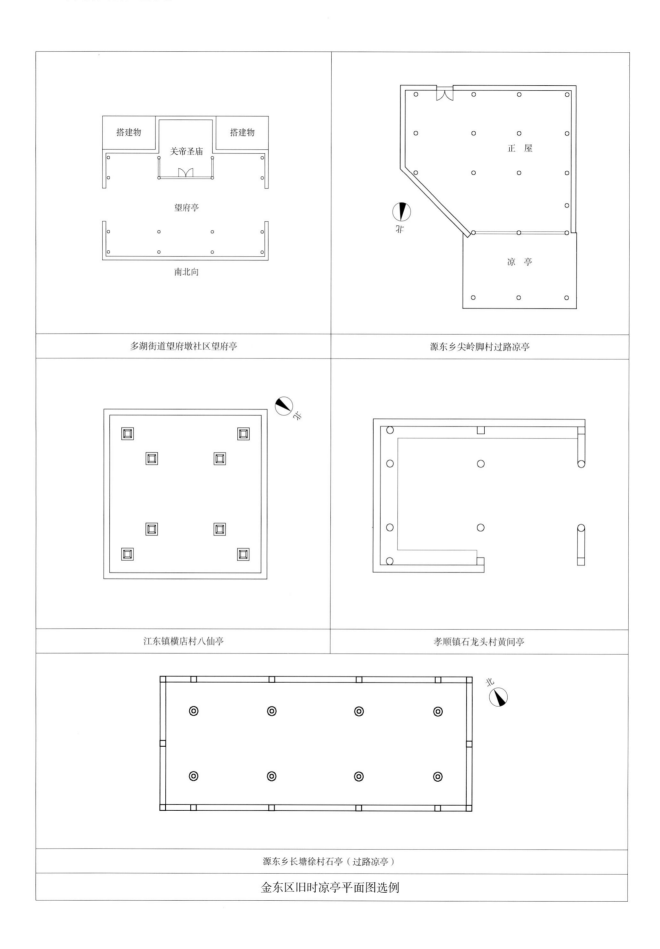

多湖街道望府墩社区望府亭

源东乡尖岭脚村过路凉亭

江东镇横店村八仙亭

孝顺镇石龙头村黄间亭

源东乡长塘徐村石亭（过路凉亭）

金东区旧时凉亭平面图选例

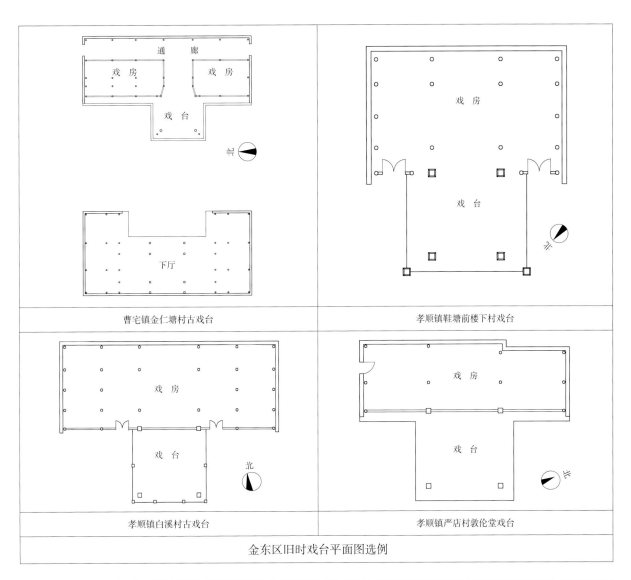

曹宅镇金仁塘村古戏台

孝顺镇鞋塘前楼下村戏台

孝顺镇白溪村古戏台

孝顺镇严店村敦伦堂戏台

金东区旧时戏台平面图选例

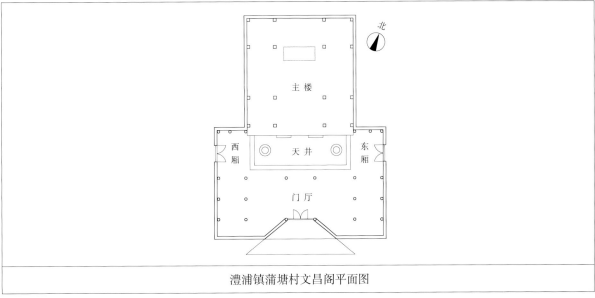

澧浦镇蒲塘村文昌阁平面图

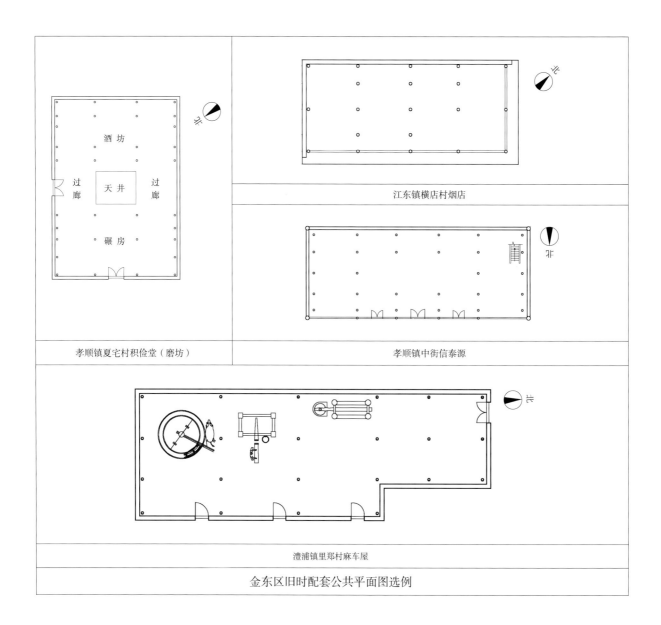

酒 坊

过廊　天 井　过廊

碾 房

江东镇横店村烟店

孝顺镇夏宅村积俭堂（磨坊）

孝顺镇中街信泰源

澧浦镇里郑村麻车屋

金东区旧时配套公共平面图选例

第七章　历史环境要素——以琐园村为例

一、历史环境要素概念

历史环境要素是人居空间环境不可或缺的重要构成部分。如果没有石阶、铺地、驳岸，人居空间环境就不具备完整性；如果没有古井、古树名木，人居空间环境就缺失必不可少的生命要素之一；如果没有古塔、牌坊和戏台，人居空间环境就没有文化艺术性，就缺少生命的色彩与情趣。

因此，在保护古城区、古街坊、古村落的同时也应该保护好历史环境要素，否则保护工作是不完整的，是顾此失彼的。

二、历史环境要素内容

国家颁发的《历史文化名城名镇名村保护规划编制要求》第十二条（五）规定："反映历史风貌的古塔、古井、牌坊、戏台、围墙、石阶、铺地、驳岸、古树名木等"，应作为"历史环境要素"。有关内容参看本书第十二章"精品聚落：琐园村"。

三、琐园历史环境要素清单

琐园历史环境要素清单

序号	类别	名称	所处位置	建造年代/树龄	结构	保存状况
1	桥梁	石板桥	西溪村北位	清朝	4孔，无栏杆	完好
2		简易水泥桥	西溪村中部	1980年代	2孔，无栏杆	完好
3		水泥桥	寒石塘当店塘间	1980年代	1孔，有水泥栏杆	完好
4	街巷	石子路面小巷	老村东区	明清时期	长300余米	已修缮

序号	类别	名称	所处位置	建造年代/树龄	结构	保存状况
5	构筑物	牌坊	宗祠西侧	清乾隆年间	占地130平方米	已整修
6	墙体	云山路32号	云山路中段	1950年代	用碎缸片砌墙，独具琐园特色	完好
7		云山路36号	云山路通住务本堂小巷	1950年代	用碎缸片砌墙，独具特色	完好
8	水系	西溪	村庄西边	古时即有	宽10米左右，接义乌江	已修堤岸
9		中渠	村庄青锁街一侧	古时即有	宽0.6米，接义乌江	已修堤岸
10		东渠	村庄东边	古时即有	宽0.6米，接义乌江	已修堤岸
11		西渠	村庄西边	古时即有	宽0.6米，接义乌江	已修堤岸
12		寒石井	寒石塘北侧	明清时期	井口直径1.8米左右	已修
13		老井	享会堂西侧	明清时期	井口直径0.8米左右	加了井盖
14		老井	月里塘南侧	明清时期	井口直径1.0米左右	尚存
15		后姆塘	青锁街北端东侧	明清时期	水面面积：1093平方米	正在整治
16		五斗塘	青锁街中段东侧	明清时期	水面面积：97平方米	尚存
17		六斗塘	永思堂北边	明清时期	水面面积：333平方米	尚存
18		七斗塘	徐雄泽宅东边	明清时期	水面面积：86平方米	尚存
19		八斗塘	村庄西北位	明清时期	水面面积：410平方米	已不存在
20		五石塘	八斗塘东边	明清时期	水面面积：97平方米	尚存
21		月里塘	东岳街一侧	明清时期	水面面积：184平方米	尚存
22		张店塘	村庄最南端	明清时期	水面面积：293平方米	尚存
23		荷大塘	村庄西南位	明清时期	水面面积：320平方米	尚存
24		寒石塘	两边厅外东侧	明清时期	水面面积：1253平方米	尚存
25		当店塘	紧靠寒石塘南	明清时期	水面面积：261平方米	尚存
26		杨柳泉塘	村庄中段西区	明清时期	水面面积：132平方米	已不存在
27		水主塘	环村东路一侧	明清时期	水面面积：39平方米	尚存
28		园里塘	紧靠水主塘北边	明清时期	水面面积：207平方米	尚存
29	古树	香榧树	永思堂东北附近	200余年	胸经约1.2米	良好
30		梧桐树	多处	80余年	胸经约0.6米	良好

四、图片分享

清乾隆五十二年（1787年）董氏旌节坊

某村西北无名石板桥

琐园村小溪流

琐园村中的大小水塘

琐园老村小巷

第八章 非物质文化遗产

一、金东区非遗资源概述

非物质文化遗产，形态涵盖方言、民间文学、传统表演、艺术表演、手工技艺、民俗活动、传统体育和游艺、口头传说、礼仪节庆等诸多方面。

金东区有5个国家级非遗项目，4个省级非遗项目、22个市级非遗项目，45个区级非遗项目，登记在册的非遗项目共631项，可谓各具特色。

这些非遗项目，与婺派建筑共生共荣，是构成金东人居空间环境不可或缺的重要内容，是婺文化、中国儒家文化的重要篇章。

非遗项目名录见金东区文旅局提供的《金东区国家级、省级、市级、县级非遗代表性名录项目汇总表》。

金东区国家级、省级、市级、县级非遗代表性名录项目汇总表

序号	项目名称	类别	乡镇	级别	备注
1	金华酒传统酿造技艺（寿生酒）	传统技艺	鞋塘办事处	国家级	
2	婺剧	传统戏剧	澧浦镇	国家级	
3	金华火腿腌制技艺	传统技艺	澧浦镇	国家级	
4	婺州窑烧制技艺	传统技艺	多湖街道	国家级	
5	金华酒传统酿造技艺（府酒）	传统技艺	塘雅镇	国家级	
6	木版年画	传统美术	塘雅镇	省级	
7	大成拳	传统体育、游艺与杂技	澧浦镇	省级	
8	迎花树	民俗	孝顺镇	省级	
9	岳家拳	传统体育、游艺与杂技	傅村镇	省级	
10	古砖瓦制作及烧制技艺	传统技艺	曹宅镇	市级	
11	金华传统建筑砖雕砖瓦制作技艺	传统技艺	曹宅镇	市级	
12	金东銮驾	传统舞蹈	曹宅镇	市级	
13	金东拉线狮子	传统舞蹈	孝顺镇	市级	

序号	项目名称	类别	乡镇	级别	备注
14	蒲塘五经拳	传统体育、游艺与杂技	澧浦镇	市级	
15	金东迎大蜡烛	民俗	多湖街道	市级	
16	金东昆腔	传统戏剧	曹宅镇	市级	
17	迎大蜡烛	民俗	多湖街道	市级	
18	知元堂中药炮制技艺	传统医药	多湖街道	市级	
19	金东布龙（五龙嬉珠）	传统舞蹈	塘雅镇	市级	
20	溪干旱船	民俗	塘雅镇	市级	
21	金东面塑	传统美术	塘雅镇	市级	
22	砂罐茶壶制作技艺	传统技艺	塘雅镇	市级	
23	金东区莲花灯	传统舞蹈	源东乡	市级	
24	小锣书	曲艺	东孝街道	市级	
25	金华说书	曲艺	东孝街道	市级	
26	金东山头下村古建筑营造技艺	传统技艺	傅村镇	市级	
27	蛇拳	传统体育、游艺与杂技	傅村镇	市级	
28	黄大仙道教音乐	传统音乐	赤松镇	市级	
29	打行锣	曲艺	赤松镇	市级	
30	黄大仙祭祀	民俗	赤松镇	市级	
31	竹编	传统美术	赤松镇	市级	
32	婺州窑玉清瓷烧制技艺	传统技艺	江东镇	区级	
33	婺式传统糕点制作技艺	传统技艺	江东镇	区级	市级
34	打铁	传统技艺	赤松镇	区级	
35	赤松子健身导引术	传统体育、游艺与杂技	赤松镇	区级	
36	金华佛手盆景艺术	传统美术	赤松镇	区级	市级
37	巷拳	传统体育、游艺与杂技	赤松镇	区级	
38	舞狮	传统舞蹈	曹宅镇	区级	
39	五虎拳	传统体育、游艺与杂技	曹宅镇	区级	
40	竹雕	传统美术	曹宅镇	区级	市级
41	金东迎蜡烛灯	民俗	岭下镇	区级	
42	传统板凳龙	传统舞蹈	岭下镇	区级	
43	湖北村咸菜腌制技艺	传统技艺	澧浦镇	区级	
44	草编	传统技艺	澧浦镇	区级	
45	传统建筑制品柴窑烧制技艺	传统技艺	孝顺镇	区级	

序号	项目名称	类别	乡镇	级别	备注
46	赛龙舟	传统体育、游艺与杂技	孝顺镇	区级	
47	金东壁画	传统美术	孝顺镇	区级	市级
48	纸灯制作	传统技艺	孝顺镇	区级	
49	婺州传统建筑木雕	传统技艺	孝顺镇	区级	
50	翻九楼	传统体育、游艺与杂技	孝顺镇	区级	
51	红糖传统制作技艺	传统技艺	孝顺镇	区级	
52	铜钱八卦制作	传统技艺	澧浦镇	区级	市级
53	少年同乐堂	传统舞蹈	澧浦镇	区级	
54	土陶器制作技艺	传统技艺	澧浦镇	区级	
55	婺州纯粮白酒	传统技艺	多湖街道	区级	
56	婺剧弦乐器制作技艺	传统技艺	多湖街道	区级	
57	柏木殿庙会活动	民俗	澧浦镇	区级	
58	金东指画艺术	传统美术	多湖街道	区级	
59	积道山传说	民间文学	澧浦镇	区级	
60	迎白灯	民俗	澧浦镇	区级	
61	麦芽糖制作技艺	传统技艺	澧浦镇	区级	
62	豆腐皮制作技艺	传统技艺	源东乡	区级	
63	金东传统馒头制作技艺	传统技艺	源东乡	区级	
64	划龙船	传统舞蹈	塘雅镇	区级	
65	九月初九重阳节	民俗	塘雅镇	区级	
66	纸龙扎制技艺	传统技艺	塘雅镇	区级	
67	塘雅牛肉卤味制作技艺	传统技艺	塘雅镇	区级	
68	南拳	传统体育、游艺与杂技	塘雅镇	区级	
69	箍米奢	传统技艺	赤松镇	区级	
70	金华火腿制作	传统技艺	鞋塘办事处	区级	
71	泥制砂罐茶壶	传统技艺	鞋塘办事处	区级	
72	当清正	民间文学	鞋塘办事处	区级	
73	传统书画修复技艺	传统技艺	鞋塘办事处	区级	市级
74	金华佛手炮制技艺	传统技艺	赤松镇	区级	
75	传统打铁技艺	传统技艺	东孝街道	区级	
76	传统实木雕花制品制作技艺	传统技艺	东孝街道	区级	市级

注："备注"一栏中标有"市级"的非遗项目，意为先评为"区级"非遗项目，后又评为"市级"非遗项目。

二、民俗活动类

斗牛，金东非物质文化遗产民俗活动最有地方特色的是斗牛，他处所无。根据民国时"金华中学"教师叶熙的《斗牛述略》中的说法，金华的斗牛活动起源于金华东北的金东一带，往西过了婺城区白龙桥镇后就没有了。旧时尤其在金东与义乌、兰溪（时属浦江）交界一带此风最为炽烈。

与西班牙斗牛和国内贵州等地的斗牛不一样，金华斗牛其实是一种具有强烈博彩性质的民俗活动。首先参与的牛并不是耕田的牛，为了让牛专心"赛事"，平时不仅不用参加劳作，还精心供养。临上赛场前经常喂以黄酒等俗称"发性"的物品，以激发其斗志。取胜后，牛的身价即刻上涨，旧时转手倒卖有贵至千元的。这千元是大洋，换算成今天的人民币，约要6位数，实在有些令人咋舌。其利可见！

清乾嘉年间曾任江苏徐州知府的金东人张作楠，以及年幼时曾在金东生活的现代著名画家黄宾虹等人都对此表示过决绝的态度，认为它害人不浅。但斗牛举行时乡人云集的场面，锣鼓喧天、鞭炮齐鸣的场景，却是金东旧日民俗风情的重要组成部分，须辩证地去看待！

三、传统游艺类

（一）迎龙灯

金东最具普遍性的民俗活动是过年时的迎龙灯。这也是我国东南沿海浙、赣、闽、徽等地最有群众基础的一项民俗活动，集娱神、祈福与竞技于一体。但以金东为代表的金华地区和他处相比仍有一些不同。

金东的龙灯首先在龙头制作上和他处不同。他处的龙头多为用竹篾扎好支架后纸糊描绘而成。金东则几乎村村都有木雕的龙头，上面安装用纸壳制作而成的"行灯"或者"琉璃灯"，其变化主要体现在不同木雕师傅雕制的龙头风格上。灯身则有拱形的龙鳞灯、多面形的箩灯与小型红灯笼状的"红壳枣"灯三种，其中又尤以龙鳞灯与箩灯因为需要在上面描绘图案与写字所以显得变化多端、耐人寻味。

迎灯有灯期，一般在元宵将近之时开始。相邻的村每村迎灯的日期必不相同，以便大家互相观赏。迎灯时经过的路称为"灯路"。"灯路"每村都不同，有长有短，有只在本村经过的，也有绕行三四个村子的。"灯路"途经的人家，门前要摆放香案，鸣放爆竹"接灯"，以示祈福。不在"灯路"上的人家则在白天时可以去龙头安放处先行祭拜。也有的村子会在白天先行"游龙"，将龙头与龙尾接在一起抬至每一户人家门前供大家祭拜。晚上迎灯时则有"拔灯"和"盘灯"等活动。

"拔灯"类似拔河，有一定的体育竞技性质。一般方式是龙头、龙尾各自呈不同方向拉扯。由于灯身安装在一块近似条凳（本地称"四尺凳"）的硬板上，所以此举有一定的危险，在众人的合力拉扯下木板可能会开裂或者折断伤人。但大家还是乐此不疲。俗称"拔拔长长，越拔越长"，视为吉祥与利市之举，年轻人尤喜欢"拔灯"。

"盘灯"是整个迎灯活动中的最后一项。将整条龙灯迎至一个较宽敞的晒谷场后盘绕在一起，呈现出线圈或者蚊香一样的图案，然后又反方向绕出，也有绕出阿拉伯数字"8"字形的图案，是集体力量与智慧的结晶，也很像大型团体操。寓意上类似北方的"蛇盘兔，必定富"。盘完灯后，整个"迎龙灯"的活动才算完成！

（二）扛花架

"扛花架"活动是金东除了迎龙灯外第二项重要的迎神祈福活动。"扛花架"中所谓的"花架"其实是一座香亭。有的做成亭台楼阁状，有的做成轿子状。中间往往安放有神、佛的雕塑。其实模拟的是神、佛出巡的场景，以示其不忘人间疾苦，降福消灾。所以，"扛花架"与和"扛佛""迎佛""扛花灯""扛香亭"所指相同，均为我国民间信仰活动。

金东"花架"中的神佛以"胡公"和"邢公"最具代表性，即"三佛五侯"中的两侯，称胡赫灵侯与邢刚应侯。胡公为北宋永康官员胡则，因据说曾为衢婺二州百姓奏免身丁钱而受到爱戴，故此成了旧时浙江中西部、南部地区深受民间崇拜的土神。因其曾在永康方岩名胜区读书，所以方岩后来成了供奉他的道场的主要所在地。金东民间不光许多土庙供奉胡公，历来还有在胡公生日（农历八月十三）上方岩拜佛的习俗。

邢公，据说亦为宋人，力大无比，曾应武举不第，后悲愤而死，有"大丈夫生不能报国，死亦当庙食百世"之语。传说他能驱瘟病，尤以能驱稻瘟而闻名。亦传说他为今赤松镇山口村人，所以旧时民间又有"胡爷爷保浙江，邢爷爷保金华"之说。邢公的信仰在金华（市）不似胡公那样普遍。主要流行在旧金华县地区。

（三）迎大蜡烛

迎"大蜡烛"也是最有特点的金东民俗之一。所迎的"蜡烛"并不是一根真的蜡烛，因其动辄数米之高的体量，是传统蜡烛工艺所无法制作的，也不利抬着出行。大蜡烛基本的制作方式是先以竹子为骨架，扎成圆柱状，再在上面糊以纸张，做成蜡烛形状并绘上图案，安放到一个类似肩舆的"轿子"上，由六至八名壮汉抬着前行。蜡烛头上飘着彩带，挂着元宝等装饰！另外，也有如孝顺镇中柔村那样以木雕拼板制作而成的大蜡烛。

大蜡烛又称"天子烛"，这一名称据说与汉光武帝逃难时曾藏身其中有关。不过看它的基本形式，可能跟日本川崎的金魔罗节中的男根信物差不多，与原始的生殖崇拜仪式有关。另外在中国，蜡烛本来就是"香火"或"香烟"的重要组成部分，代表子嗣的绵绵不绝。而在金东方言里"天子"的发音与"添子"也是差不多的。但它的本意后来渐渐失传了。

（四）迎花树

"迎花树"活动是金东最有创造性与最美的民俗活动。

"迎花树"活动为孝顺镇让河街村、南仓村两个自然村所独有。它是一种于正月里百花未开时节，在常绿树的树枝上缚扎纸花，擎着列队出行祈福的活动。"花树"又有"娘花树"（又称"龙头花"）、"子花树"等别称。"迎花树"活动由祭拜花娘、对接花龙、分发利市、花龙巡游、争抢花树等环节所组成。其树枝由村中男性到附近山上砍来，而纸花则由村中心灵手巧的妇女扎制。旧时有抢到花者得利市、能娶妻生子的寓意。"迎花树"活动是参与性很强的一种民俗活动，出行时也有锣鼓并燃放鞭炮！

根据让河街村《西湖何氏宗谱》的记载，"迎花树"活动的由来据说和村中曾有一个"茶花厅"有关。茶花不能四季开放，难从人愿，故以纸花代替，其实反映了人们在经过了漫长的冬天后盼望春天到来、大地重复生机的迫切心情！是一种"迎春""盼春""接春"的活动！

让河街村"迎花树"因为取材方便、参与面广、活动过程中的危险性小、寓意美好而深受群众喜爱，是一朵当之无愧的金东非遗奇葩，值得我们珍视！

除以上外，金东的大型民俗活动还有"拉线狮子""划龙船""划旱船"等，品种多而丰富。但都不及以上具有普遍性、代表性与原生性，兹不赘述。

四、传统表演类

（一）婺剧

又称金华戏，广泛流行在浙江的中西部地区如建德、金华、衢州、丽水，以及江西省与浙江靠近的北部地区。它并不是单一声腔的剧种，而是集乱弹、徽戏、昆腔、滩簧等多种声调于一体的一种特殊地方戏。它保留了许多古老的剧目，梅兰芳曾称京戏如果要找老祖宗的话可以到婺剧里面找。婺剧和京昆不同，它不是一种以细腻的表演与精致的妆容见长的地方戏。婺剧的演员们大多都是草根出身，有些就是农闲时客串的农夫。草根性、原始性是它的重要特点。婺剧的传统剧目资源丰富，据统计有大小剧目500多种。如今在舞台上常演的还有《百寿图》《僧尼会》《三请樊梨花》《碧桃花》等。即使是同一剧目，婺剧的演出方式也与其他剧种不同，号称"文戏武作，武戏文作""文戏踩破台，武戏慢慢来"。如婺剧的《断桥》一折，就有"天下第一断桥"之美誉！

由于婺剧在金东民间的普遍性，故此在金东古村落中戏台也很常见。为区别于露天的草台，金东民间把戏台称为"雨台"，因其下雨天也可以演出。2013年香港影星成龙捐赠给新加坡科技设计大学的四栋古建中就有一栋戏台，即出自金东区鞋塘。同时婺剧中这些剧目的场景也常常会在建筑的装饰中体现出来，尤以出现在雀替（梁垫）、撑拱（牛腿）以及额枋（骑门梁）的木雕中居多。

除可以正式登台彩唱的正规剧团外，在金东民间过去还盛行一种锣鼓班，以"坐唱"的方式演出。这些"坐唱班"的演员，有些是专业演员，有些是"票友"，他们不化妆、不登台，仅仅以吹拉弹唱等简化了的方式演出剧目，打破了专业与业余的界限，也深受民众喜爱！因羡慕其闲适自在，而被称为"太子班"。

此外，金东过去还有一种"打行锣"的锣鼓"演奏"形式也与婺剧有一定关系。它往往在迎神娱佛的活动中作为先行的鼓乐出现。有敲有唱，不外是一些请神、祝福的吉祥话语。

（二）金东曲艺

金东曲艺种类丰富，有道情、小锣书、讲大书（说书）等。其中道情更为典型与普遍！

金东道情，金东道情的从业者过去多为身体有一定缺陷的残疾人。他们怀抱"情筒"走四方，借此为生。它们的工具简单，一只情筒（也叫"渔鼓"），两片竹板，敲起来发出"吉吉嘭、吉吉嘭"的声响。一个人便能演一台戏。是集戏曲、说书、口技等为一体的一种曲艺演出形式。它不拘场所，田间地头尽可演出，更多时候在大户人家的厅堂、祠堂中演出，在旧时是金东农村主要的娱乐方式。唱道情又称"唱新闻"，其演绎的故事大多发生在本乡本土，因而很接地气。有的剧目跟戏剧中的"连台本"差不多，要几天几夜才能演完。老艺人们赖此留住观众，以养家糊口。

唱道情还需有师承关系，如现今还活跃在舞台上的岭下朱老艺人朱顺根，师承民国时期的本地道情名家澧浦人夏云登，传承了夏云登的许多剧目。其表现力很强，一张嘴即能模拟出天地山川万物之相，演尽人间悲欢喜乐之情。可惜因为方言的关系，识者不多。

小锣书，又名杭州"小热昏"。据说清朝末年最早出现在杭州、上海一带，原为卖"梨膏糖"的商贩演唱的曲目。走街串巷，靠打锣说书吸引人，讲到紧要关头就止住，先贩卖"梨膏糖"，等顾客买了糖后再讲下文。原来是一种招揽顾客的手段，后来遂成为一种独特的曲艺种类。著名小锣书艺人有施水云等。

五、传统体育类

五经拳，是一种流传在澧浦镇蒲塘村一带的民间武术，又称"五擒拳""五禽拳""五径拳""蒲塘五经强拳"。据说在明崇祯末年时，有位凤阳女子行走江湖，流落至蒲塘村为婢为妾，由于身份低贱，经常遭受主人毒打。有一次主人打她时，她为躲避，竟一步跨过三四米的高墙，让人诧异。左邻右舍不信，又令人试探她，让她蹲在门槛上让四五个壮汉去牵扯她，竟不能推动她半分毫。受她感染，从此村人习武成风。他们在广泛结合南拳、北拳、凤阳拳、义乌拳等特点的基础上，独创出一种适合在村庄中、小弄堂里散打的拳种。五经拳全套共有72式，分正反两路，能攻能守，可以单打和对打。一招一式，刚毅矫健，灵活多变，四乡闻名！

岳家拳，是我国古代著名武术种类，据说最早时由岳飞在抗金作战的过程中发明、整理与开创出来的。在金东流行的"岳家拳"又称"岳武穆柔术"，有"套路""桩工""散手""点穴""炮锤""劈挂""擒拿"等，可以配合"刀、枪、棍、剑、铜、拐、钩、锤、斧、匕首"等武器使用。讲究内外兼修、刚柔兼济，无论用以养生保健还是竞技都有其他拳术无法比拟的好处。

大成拳，是近代由籍贯属河北的王芗斋所创，结合了"形意""八卦""太极""少林"等诸家武术之长，具有养生、技击、理趣等多种功能，习练容易，见效快。金东大成拳由原金华县武术协会在20世纪90年代后推动传播，2005年时被浙江省武术协会命名为"浙江大成拳之乡"。

六、传统美食类

金东土特产主要有火腿、米酒、酥饼与馒头等。

火腿，火腿是金华著名的文化名片。金华火腿的有名据说首先与这里的一种猪的品种'两头乌'有关系。这种猪皮薄骨细、肉质鲜美，其后腿是腌制火腿的最佳原料。金华火腿的腌制需经过选腿、修腿、腌制、晒腿、定型、发酵等多道工序。其中光发酵的时间就要半年左右，非常费时，所以其声名远播内外！

米酒，论历史早于绍兴酒而扬名。明代小说《金瓶梅》中数次出现"金华酒"之名，深受当时富裕阶层喜爱。时称"晋字金华酒，围棋左传文"。清人袁枚在《随园食单》中称，"金华酒，有绍兴酒之清，无其涩；有女贞之甜，无其俗。亦以陈者为佳，盖金华一路水清之故也"！金华米酒是一种粮食酿造酒。金东旧时冬月里，家家户户会用糯米红曲酿制，以备新年待客用。

酥饼，是一种焦黄的、类似蟹壳的薄饼，其馅主要为咸味的霉干菜与猪肉，经过炭火炉的烘烤而成。吃时需托在手心，以防其屑掉落！酥饼耐储存，不易馊坏且酥脆喷香。过去为出门、待客的一种重要食物，可代餐，也可下酒。

馒头，金华的馒头与其他地方很不一样，不仅发酵充分，口感异常绵软，而且一无例外，要在上面盖个红红的印戳。或为店铺牌记，或为"福"字，或为"喜"字，或为"寿"字，皆有和谐美好、吉祥如意的寓意。是金华人办喜事、搬新居、贺生日宴席上少不了的食物。金东馒头以仙桥产的最为有名，仙桥馒头店铺众多，做馒头的师傅掌握馒头发酵的火候精准，蒸出的馒头绵软、香甜，略微带一点酸味，远胜它处。年节时分仙桥馒头包揽了城里、乡下大部分的市场份额。另外，源东乡长塘徐村徐正元家的馒头，传承了四代，远近闻名，附近乡民过年时争相购买。这样的商户在金东不胜枚举，是金华人记忆中乡愁的主要味道。

七、传统工艺类

金东非遗种类丰富。除了以上拥有悠久历史以及具有一定的群众基础的门类外，近现代以来，还从外地传入或者恢复、发展了一些新的门类。其中民间美术里有木板年画、剪纸等。

（一）民间刻版

民间刻板活动历代有之。宋刻中婺州刻版是一著名品种。金华双桂堂于南宋景定二年（1261年）刻印的《梅花喜神谱》是中国现存最早的木版画画谱。画谱共两卷，描绘100个花品。双桂堂始创于北宋，为婺州穆氏家族书坊，是中国印刷史上彩色套印的开创者，率先融文字和图片为一体，是传统文人艺术与民间文化相结合的古代典范。另据杨亿《武夷新集·卷六》中记载，金华开元寺曾刊印《大藏经》版以及木版画。南宋定都临安后，金华木版雕刻及印刷技术得到了空前的发展，成为当时全国印刷业的核心区之一。

（二）木版年画

贴年画是我国一项历史悠久的传统年俗。

金华木版年画制作分为画、刻、印、晒4大类别共22道工序。相比北方年画，金华木版年画的人物形象细腻，画面线条纤细工整，造型平和温润，具有鲜明的南方审美取向。在着色表现上，有浓淡两种色版，其中浓版有强烈的地方特色，图案多呈斑点状。随着现代印刷业的发达，金华木版年画已逐渐退出历史舞台。目前，金东区涌现出黄菁菁、黄晨等新一代"非遗"传承人，金华木版年画作为文化艺术品热销海内外；通过跨界整合，形成年画主题文创产品，走进千家万户。

（三）婺州窑陶瓷

"中国陶瓷史，半部在浙江"。婺州窑作为重要的早期窑系，为中国制瓷工艺的发展开创了先河。据贡昌《婺州古瓷》一书论证，婺州窑因州得名，兴于商周，盛于唐宋，于明清时期逐渐衰弱，前后绵延2700多年。首创化妆土工艺，汉代中期即开始使用青、褐两色釉。西汉以前，婺州窑原始瓷多见于墓葬，胎厚釉薄，也曾出现过青黄釉、彩釉等丰富的釉色，以及针点纹、网格纹、连珠纹等修饰图案。南宋时期，婺州窑吸收各地窑口之所长，烧制青白瓷、青瓷等，出产日用瓷及观赏瓷，远销全国各地，并出现出口瓷。

金东澧浦镇宋宅村一带，松林茂密，取水便利，黏土及原矿釉资源十分丰富。历代以烧窑为业，出产的多为民用瓷。据《青池宋氏宗谱》载，宋宅始祖允焕公（1270—1331年）由义乌平望迁居青池，遂以制陶、烧窑为生。今清塘西首大弯头处是宋宅村最早的窑口，后经几代人采土制瓷，黏土被采挖殆尽，窑工们屡次新建龙窑。村中现存还有3座古龙窑。

2014年，婺州窑烧造技艺被列入国家级非物质文化遗产代表性项目名录后，金东区也涌现出尹根有、方益进等新一代"非遗"传承人。陶瓷企业古婺窑火与金华古陶瓷博物馆合作，出品以"玉琮"系列为代表的文博文创瓷，并以艺术生活化为理念，出品以玉青瓷为代表的日用艺术瓷，建设婺州窑主题展馆及体验场馆，探路婺州窑研学体验经济，成为婺州窑文化经济发展领域的后起之秀。

（四）传统建筑壁画

传统建筑壁画分两种：一种是作为建筑不可或缺的结构出现的，例如院墙檐下抛方大小框式壁画；一种是出现在房屋隔断（或称"槛墙"）上的作为观赏艺术而添加的壁画。其艺术性和美学价值都很高，包涵建筑设计学、民俗学、耕读文化思想、材料学和书法诗词，是表现建筑主人修养和婺派建筑文化艺术的重要组成部分。

金东壁画是婺派古建筑上的重要装饰，婺派建筑中的"三雕一画"即是指砖雕、石雕、木雕和墙体壁画。婺派古建筑传统壁画，绘制工艺独特，在粉刷好的石灰墙墙面还处于湿的状态时画上去，颜料渗入石灰里，与写意国画画到生宣纸上有相同的内涵。因此，壁画可以在露天风雨下百年不退，只要石灰在，颜色就在。

金东壁画内容广泛，随着历史变迁、社会发展与民俗向往，表现本地区的审美，以"忠孝节义、仁义礼智信"等儒家思想为主题，用画面去教化子孙。此外还有福禄寿喜、花鸟虫鱼等吉祥图案，是对生活的美好向往。

八、本章归纳与评价

（一）一个"大"字

金东非遗的第一个特点，是用大项目、大场面、大气势表现婺州大家族文化之大。例如迎花树、大蜡烛、扛花架、迎龙灯等项目，不但参与的人多似千军万马，观看的人也人山人海，其场面之大，气势之大，真是万分热闹，不可言状。

（二）一个"多"字

金东非遗第二个特点是项目多，630多项，真把人看得眼花缭乱。其中地方戏婺剧，有大小剧目500多种。

其实这个多，表现了儒文化、婺文化、国学文化的多样性、丰富性与人民性。唯其如此，儒文化、婺文化、国学文化才能根深叶茂、万古长青。

（三）一个"久"字

金东非遗第三个特点是产生时间之久。例如婺州窑兴于商周，盛于唐宋，于明清时期逐渐衰弱，前后绵延2700多年了。再例如"岳家拳"，据说最早由岳飞在抗金作战的过程中发明、整理与开创出来的。产生时间之久可以说明大家族文化历史悠久，也可以说明千百年来为人们喜见乐闻，已成为不可或缺的文化生活之需。

第九章　传承后继有人

在金东区注册登记的古建筑相关企业不少，通过走访调查，长期从事传统古建筑修缮和营造的工匠有40人左右，能够满足当地婺派建筑保护修缮工作需要，并且还能外出承揽古建筑相关业务。本章以实事求是的态度介绍金东区主要参与文物古建、传统建筑修缮保护的相关企业和优秀传统工匠，激励其保持初心，弘扬工匠精神，争作新时代传统文化复兴的楷模。

一、古建筑相关企业

浙江亭熙建筑工程有限公司。注册地为金东区多湖街道，在传统古建筑工匠出现断代的大背景下，"亭熙"应运而生，公司以金东传统工匠为依托，注重婺派建筑传统工艺的保护与传承，在工程项目中使用当地传统工匠，通过师徒"传帮带"的形式培养新的技艺传承者，并适时建立传承基地，使婺派建筑营造技艺得到有效保护和传承。

金华筱臻古建园林工程有限公司。是金华市级非物质文化遗产古砖古瓦砖雕技艺基地，企业地址上还现存村上的古窑，具有金华市仿古建筑修缮专用建材的烧制及销售资格。该企业致力于传统文物的修缮保护、历史建筑的专业设计修复以及新式古建筑的设计改造。完成绍兴兰亭、大禹陵、蔡元培纪念馆、鲁迅纪念馆、岳飞庙的古建筑修缮工程，完成金华第一批古建筑群的修复设计与改造（天宁寺、八咏楼）以及由北京专家邀请参与侍王府改造项目，为黄宾虹公园、金华宾馆、莲花井、东阳横店的新圆明园古建筑系列、东阳横店华夏文化园古建筑系列等项目提供指导并供应材料。现如今，企业更致力于对古建筑的潜心研究，结合新时代的开拓精神，努力完成新农村改造，用匠心精神服务祖国建设。

金华大中市政园林工程有限公司。成立于2011年，公司始终以文物保护、传统建筑文化传承弘扬、中华文化展示为己任。经过多年的磨炼，已经成长为金华市文物建筑修缮的杰出代表。公司承接的古建筑工程主要有金华市"三普"登录点傅村镇畈田蒋村古民居修缮项目——仁德堂（十八间）九间堂修缮工程、金华市金东区下吴村景观提升工程（长廊）、金华市金东区孝顺镇严店村永隆祠修缮工程、金华市金东区曹宅镇莲塘潘村勤仁堂修缮工程、金华市金东区源东乡长塘徐村古建筑群修缮设计（怀德堂与新厅工程）、南浔古镇文化旅游综合提升项目（一期）老屋旧宅修缮工程三期——宝善街89～99号建筑整治工程等。

浙江展驰建设有限公司。成立于2018年9月28日，曾独立优质完成东阳上槐古建筑工程厉氏祠堂迁建、金华市金东区下吴村露天奇石馆修缮等古建筑项目，以其优质、高效、守信赢得了顾客的满意。

浙江铭匠环境建设有限公司。成立于2017年4月，注册地为金东区东孝街道，企业着重于文物修缮以及历史建筑、传统建筑及近现代代表性建筑的修缮保护。完成了全国第一批传统村落、浙江省历史文化村落保护利用重点项目——寺平古村改造，婺城区塔石乡群乐一村（塘头自然村）传统村落保护项目，抗日英雄——雷烨故居修缮，澧浦镇蒲塘村元房堂楼修缮项目——王志卫民居修缮工程，金东区源东乡洞井村三杰堂修缮工程，洞井村中厅（义和堂）修缮工程、赤松镇郭村祠堂修缮工程等。浙江铭匠环境建设有限公司以保护古建筑为自身责任，不断积累工作经验，提高自身素质与业务水平，以适应时代和企业的发展。

金华市贵泰环境建设有限公司。成立于2016年8月，注册地为金东区多湖街道，企业专长于文物、古建筑保护修缮，施工团队经验丰富，施工能力强。完成了金东区源东乡长塘徐村古建筑群修缮及设计，江山清湖街道华厦村家宴中心古屋修缮，义乌义亭镇先田祠堂、下腾祠堂修缮，义乌上溪镇寺口陈大会堂修缮，天台县和乡白妮坦村——夏氏祠堂修缮，义乌佛堂蜀山寺、仙山禅寺重建工程等。古建筑是文化的载体，金华市贵泰环境建设有限公司以保护古建筑为己任，不断在工作中学习并积累经验，提高古建筑保护实践操作能力，做好古建筑的保护与修缮，为文化的传承与发展打下牢固的基石。

金华久汇建筑设计有限公司。成立于2016年2月，公司主要从事古建筑维修、保护、勘察、设计，是中国勘察设计协会传统建筑分会理事单位，浙江省古迹遗址保护协会会员单位。公司凝聚了一批热爱古建筑、热爱古村落的年轻人，以保护文化遗产为主、合理利用为辅，积极服务传统古村落和古建筑的保护利用工作。涉及的项目有文物保护工程勘察设计、历史文化（传统）村落保护、文化展陈、仿古建筑、农村文化景观等。积极参与当地建筑遗产的保护工作，参与金东区文物建筑、历史建筑修缮设计30余项，传统村落保护项目5项。

公司技术负责人简介：倪佳，浙江兰溪人，中共党员，金华市城乡建设领域历史文化保护传承专家库成员，金华市文物专家，金东区传统村落保护专家，2005年6月毕业于浙江师范大学美术学院，2016年2月创办金华久汇建筑设计有限公司，从事文物古建保护工作近15年。现持有国家文物局颁发的文物保护工程责任设计师证书，曾担任金华职业技术学院中国古建筑工程技术专业兼职讲师，曾参与大运河申报世界遗产杭州段的档案编制工作。积极参与金东区住房和城乡建设局传统工匠培训，讲解"古建筑修缮保护原则及工程案例"。参加浙江省人力资源和社会保障厅主办的"2019年村镇古建筑文化保护与美丽乡村文化旅游建设高级研修班"。2019年12月参加第四期浙江省非遗传承人群（传统民居营造技艺）培训班。2023年4月参加第三届中国文化遗产（南京）大会。

倪佳

二、古建筑知名工匠

（一）大木匠陈岳春

陈岳春，金东澧浦人，传统村落（建筑）修缮带班工匠，曾出任金华市第一届传统建筑工匠技能比武大赛"木工组"评委。从事传统木工近40年，近十几年来专门从事传统建筑修缮，主持带班完成岭下镇坡阳街、江东镇松溪老街、孝顺镇老街立面修缮，澧浦镇郡塘下村寺庙、岭下镇严坞村严蒲庙、六角塘堂、支家祠堂、横店祠堂、日辉路村香火厅、郑店厅、新亭余庆堂、岭三村下明厅、国湖村古厅、下章厅等传统建筑修缮。

（二）木雕艺人庄雪成

庄雪成，1973年生，金东孝顺人，古建筑传统木雕技艺的坚守者，第四届金华市工艺美术大师。现为金东区千工古建工艺品厂负责人、东阳市九运园林古建工程有限公司技术总监。在长达30余年的耕耘中，获得国家级、省级、市级近20余项木雕比赛金、银奖项。在第一届金华市传统建筑工匠技能比舞大赛中荣获"木雕组"第一名和金华市技术标兵称号。在古建筑工程实践中，曾打造安徽全椒占地120余亩的太平古城、福建南平考亭书院木构建设等大型古建筑群，参建佛堂古民居苑、挽澜亭、杨氏宗祠、蒋氏宗祠、二十四间头、十三间头等建筑，修复来自于江西、安徽、山西等诸多省份的传统建筑。作为婺派建筑传统木雕的践行者，庄雪成在实践的过程中不断总结经验，领悟自身木雕技艺提升的三大阶段：第一阶段，多做，熟能生巧，掌握不同的雕刻手法和技巧；第二阶段，多想，学习儒家传统文化和思想，不能盲目地为了雕刻而雕刻；第三阶段，多看，要多看古代传承下来的优秀木雕作品，提升自己的审美、技艺和创作。在不断的学习和领悟中，始终保有一颗富有专研精神的工匠之心，在技艺和艺德上获取更深更高的修为。

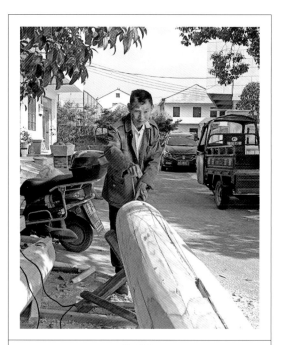

陈岳春

庄雪成

（三）木雕艺人邵顺根

邵顺根，金东源东人，传统村落（建筑）修缮带班工匠，曾获第一届金华市传统建筑工匠技能比武大赛"木雕组"二等奖。祖孙三代经营传统手工木雕，个人从事手工木雕40余年。近15年专业从事传统建筑修缮，主持带班完成金华西市街太和堂门楼，金华畈田蒋村礼耕堂和十八间堂楼及九间堂楼、艾青故居和红屋，傅村镇山头下村和乐堂和三益堂、亦政轩、余庆堂及其他28栋民居，酥饼博物馆门

邵顺根

楼、兰溪市祝氏宗祠、莲塘潘村张氏宗祠、含香村曹氏宗祠、横塘村朱氏宗祠、郑店村戏台、下吴村望硕堂和方圣瑞故居及其他民居，佛堂镇田心二厅、洞井村崇善居和义和堂、孝顺镇鞋塘七户厅等传统建筑修缮，还有金东区文保点赤松镇雅潘村上顶厅修缮。

（四）木雕艺人王国营

王国营，金东人，传统村落（建筑）修缮带班工匠，曾获第一届金华市传统建筑工匠技能比武大赛"木雕组"二等奖。个人从事传统手工木雕40余年，近十几年专门从事传统建筑修缮与建造。主持带班完成曹宅镇安国寺大雄宝殿、塘雅镇拜佛寺大雄宝殿、兰溪市梵音寺天王殿的整体设计与建造，以及黄鹤山村钱氏宗祠、汽车城薛氏宗祠、义乌市上金金氏宗祠、长塘徐村徐氏宗祠建造，雅湖村明厅、傅村铁门厅、孝顺镇鞋塘支家村翁氏宗祠和水上大戏台、曹宅村曹氏宗祠等大量古建筑的修建项目。

王国营

（五）大木匠庄雪龙

庄雪龙，金东区孝顺人，传统村落（建筑）修缮带班工匠，第十批金华市金东区民俗类非物质文化遗产代表性项目传承人，曾获金华市第一届万佛塔杯传统建筑工匠技能比武大赛"木工组"第二名和2022年八婺金匠技能竞赛优胜奖。初中毕业后开始当学徒，学习大木作，已从事传统木工近30年，近年专门从事传统建筑修缮工作，主持带班完成傅村镇傅大宗祠、爱敬祠，塘雅镇下金山村徐氏宗祠，孝顺镇新叶店村新厅、后堂楼，浦口村花厅、十八间，严店村永隆祠、戏台，金华市文物保护单位培德堂等传统建筑

庄雪龙

修缮项目以及民居民宿项目。"锯一刨二墨三年，斧头一世难周全"，大木斧头是最难把握的，能把一根冬瓜梁做好的师傅才是有真功夫的。在文物建筑与传统建筑修缮实践过程中，庄雪龙不断总结经验，掌握建筑不同部位修缮方法和细节处理技巧，这种工匠精神是非常难能可贵的。

（六）大木匠胡汝照

胡汝照，1943年出生，金东区傅村镇水阁村人。一生以木工为业，为各地主持修建了大量传统建筑，以及微缩古建筑模型。胡汝照构思时会在墙上按比例绘制草图，思路非常清晰。其自住的"栈房"是古建筑，位于向阳村向阳路17号，其视若珍宝，亲自维护，大木构架从未走样。两个儿子也承袭了

胡汝照

家业，一个从事古建施工，一个专攻古建设计，胡师傅的手艺在后代得到了传承。

（七）泥瓦匠贾林华

贾林华，金东澧浦人，1976年生，传统村落（建筑）修缮带班工匠，是传统建筑工匠中较为年轻的匠人。2022年全国文物行业职业技能大赛浙江省选拔赛第一名，2022年金华市砌筑工职业技能竞赛一等奖。17岁当学徒，跟师傅学泥水工，从事传统砌筑30余年，2005年开始转向古建专业，通过拜师学习，钻研瓦作和马头墙，经过十几年的打磨，其所盖的瓦面顺滑，瓦垄均匀，屋脊平直，已成为金华地区传统建筑屋面瓦作的佼佼者。主持带班完成太平天国侍王府、八咏楼、寺平古村落、杨塘下村藤氏宗祠、雅湖村十八间、下金山村徐氏宗祠、永康厚仁村伟丰祠堂、永康夏杜曹村文化礼堂等大量文物建筑或传统建筑。

贾林华

（八）壁画师俞文建

俞文建，金东区孝顺镇浦口村人。金华市美术家协会会员，金华市非物质文化遗产保护协会会员，金华市非物质文化遗产（金东壁画）项目非遗传承人，金东区非物质文化遗产保护协会监事，金东区民间文艺家协会理事，金东区书法家协会理事，长期从事金华地区古建筑传统壁画修复和保护工作，

俞文建

在孝顺镇成立金华市首家传统婺派古建筑壁画非遗研学馆。

金东传统壁画是婺派建筑中的重要装饰，称"三雕一画"——砖雕、石雕、木雕和墙体壁画。金东传统壁画艺术性和美学极高，包含了建筑设计学、民俗学、材料学和书法诗词，是表现主人修养和婺派建筑文化艺术的重要组成部分。

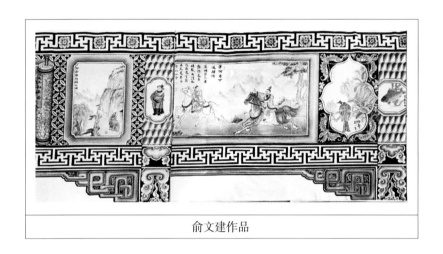

俞文建作品

三、本章归纳与评价

金东区传统建筑工匠队伍众多，门类齐全，设计、施工人才济济，是金东区文物建筑与传统建筑保护的有力支撑。

传统建筑工匠是传统建筑营造技艺的重要传承载体，肩负着本地区传统建筑修建和营造技艺传承的历史使命，由于市场环境和政策等多种因素影响，其生存现状堪忧。传统建筑工匠老龄化严重，年轻人不愿意学，传统建筑营造技艺面临失传，亟需政府引导保护老工匠，加强营造技艺的传承。

金东区相关部门经常组织、参与传统工匠培训活动与技能比武活动，积极推荐传统工匠参与本地区婺派建筑修缮和营造，为传统工匠的保护与营造技艺的传承创造有利条件。

第十章　精品聚落：坡阳街

一、坡阳街简介

坡阳街，位于岭下镇朱五村（以下简称岭五村），处于集镇的闹区。坡阳街在宋代初具雏形，是上通温台处，下达金衢的交通要道，明代以来就是金华商业重地，如今是浙中地区保存最完整、历史最悠久的古街之一，被誉为"浙中第一古街"。

古街全长约400余米，看似朴实无华，但处处让人触摸到前世的繁华。古时老街商贾云集，南来北往的客商、行人多选择在坡阳街憩息与住宿。故有明清建筑千余间，古建筑面积达18000平方米。其中上街有大王殿、观音阁、祭星顶；中街有清乾隆年间开挖的大井，后塘巷有较多特色独具的泥墙民居；下街除了鳞次栉比的古商铺，还有明代著名画家朱性甫故居、朱氏宗祠、石洞门等，马头墙高昂蓝天，胸怀凌云壮志，多是婺派建筑特色。2019年6月6日，坡阳街被列入第五批中国传统村落名录。

据当地老人介绍，老街84号原是"同和"商号，民国时期开过布店。当时老街的路中间铺青石板，两边嵌鹅卵石，石板下面是连通两边民居的排水沟，能听到哗哗的流水声。"水作坊"曾经是馒头店，"同泰"开过副食部，"同和"开过邮局，"豆腐坊"卖豆腐，最值得一提的是街上还曾有过警察局。如今，岭五村正将一些特色食品和手工艺品引入古街，要恢复同泰、同和、豫康、叶乾元等一些著名商号的经营，安排婺剧表演乐团在茶馆中进行表演，修整观音阁前的空地，常年开放大王殿。

走完古街便来到坡阳岭。据传清乾隆皇帝巡幸时一行人出了金华梅花门，浩浩荡荡地去往永康方岩。谁知到了岭五村时，万丈高的坡阳岭阻挡了去路，乾隆皇帝只能绕道而行。这条让乾隆皇帝绕道而行的岭，可见其凶险艰难。但旧时有一种说法，要是谁能越过这条岭，就是越过万阻千难，能步步高升、万事顺利。

越过坡阳岭，往左走约百步，就能看见岭五村至高点——祭星顶。祭星顶上有一棵古老的樟树，要四人才能合抱。"祭星"是古代重要祭祀礼之一，每年春至，天子出东郊设坛而祭祀星辰，传说这棵古樟树就是与神仙相通的灵气之物。在这里可以看到整个岭五村的风貌。

村域内非遗资源丰富，有迎布龙、编草鞋、道情、剪纸、砂罐茶壶、面塑、棕编等项目，并在古街上开设场馆，以全面展示岭五村的文化资源。

二、老字号店铺

保元堂：为叶汝德创立，生意最繁荣的时候店里伙计就有五六个。保元堂经营中药生意，店主叶汝德性格温和、慷慨仗义，对每一位顾客都一视同仁。遇上一些贫穷的村民前来看病抓药，他都允许其可以赊账，待有钱时再来还，从不主动逼账。附近街坊都赞许他侠义心肠。据悉，民国时期，整条坡阳街最热闹的时候，光药店就有六七家，而保缘堂是其中留存较好的一家。

惠生堂：新中国成立前由澧浦镇灵岳村人郑惠松开的一家中药铺，生意一度非常红火。

客栈：是人称"朝哥"的永康人所开的旅馆，主要为去永康方岩的人提供住宿。由于坡阳街为旧时著名的官道，连通金华与永康方岩，因此，过往的商客都会在此处歇脚住店。得益于此，客栈生意兴隆，客源不断。

同泰酒坊：同泰酒坊的主人当时是一名徽商，看中坡阳街当时的繁华景象，在此扎根经营酿酒生意。由于良好的酿酒工艺，生意蒸蒸日上，客人络绎不绝。后由于抗日战争等原因，酒坊关闭。之后在原址上重建一家饮食店。

同和酒坊：由叶小弟、叶文禄、叶流泉三兄弟经营。酒坊里有蒸煮酿酒用的各种粮食的土灶台，而一只只大酒缸里则装满了正在发酵的高粱、大米、荞麦等粮食，春去秋来，酿造着各种口味的粮食酒，酒香四溢，南来北往的游人、商贾临街沽酒，喝得不亦乐乎。新中国成立后，酒坊停业，叶家三兄弟到七里畈望府墩开酒厂，之后叶氏全家去缅甸经商，在商海中几经浮沉，现于金华城区定居。

项隆客栈：坡阳街当时地处金华至永康方岩的必经之路，因此有众多的游客和善男信女从坡阳街经过，由此催生了繁华的住宿行业。项隆客栈就是其中的一家，由一永康人创办，主要接待过路游客，客源不断。后由于20世纪30年代公路改建，客源减少，客栈生意才逐渐衰败。

茶馆：中国的茶馆由来已久，据记载两晋时就已有了茶馆。在老舍先生的名作《茶馆》里，我们看到茶馆内人来人往，会聚了各色人物，一个大茶馆就是一个小社会。而坡阳街上的这家茶馆虽经多人易手，却是当地、当时的一个缩影，叙述着那些随历史逝去、物是人非的社会变迁。坐在茶馆里，泡一杯清茶，聊一段人生，听一段小曲，人生惬意莫过如此。

糖坊：新中国成立前，一位名叫杨德良的人经营"糖营生"，所开的糖坊是从祖上传下来的，店里的主要产品有鸡子糖（外面裹着芝麻粒儿）、白糖粒等，这家糖铺子是手工作坊的形式，里间有几个工人做活，店铺门口摆着做好的各种糖产品，也就是现在较流行的"前店后厂"模式。

蛋糕坊：为岭下镇本地人所开的糕饼店，主要制作、销售金华传统糕点，例如，老金华婚嫁文化中的"四斤头"风俗，即红回回、双喜糕、连环糕、擦酥各一斤。冬芙蓉、寸金糖、桔红糕、芝麻酥糖、桃酥、油金枣、角糖、芙蓉糕、冻米糖、花生糖等糕点也有售卖。以前的生活比较艰苦，有油有糖就是最好的享受，因此糕点都是以"重油重糖"为主。后来蛋糕坊就逐渐式微了，很多金华传统糕点离我们的生活越来越远，难觅踪迹。

叶乾元：《易经》中象曰："大哉乾元，万物资始，乃统天"。叶家人将商铺名为"叶乾元"，希望生意兴隆、长盛不衰。叶氏两兄弟将祖上留传下来的店面一分为二，一家人卖小百货，另一家人经营布料店，街坊们买日用品、扯布做衣裳都非常方便。后来客源减少，生意凋敝，叶乾元就关张了。

朱永源：为朱永源所开的一家小作坊，主要加工、销售柞糕、馃子以及金华馒头等传统食品。金华馒头，也称金华大酵馒头，是金华地区婚丧嫁娶、逢年过节的必备食品，由于手艺好、口味正宗，因此十里八乡的老百姓都来光顾，朱永源一年四季都生意兴隆，门庭若市。后来朱永源关门歇业，如今朱永源的子孙还生活在岭五村。

豫康：为旧时岭下镇大地主朱志彝所开，他广有房产，良田百顷。豫康是一家销售食品、酒类以及杂货的副食品店，特色是"麻雀虽小，五脏俱全"，凡家居用品大多皆可购得，很像现在的便利店。

祝阿山：由江西人祝阿山所开，不知因何到此。店里主要为客人提供饺子、面条等面食以及住宿，类似于客栈，价钱实惠，干净卫生，是过往旅客打尖儿、住店的不二选择。

吴恒裕：一家卖杂货的杂货铺。锅碗瓢盆、柴米油盐、砧板、菜刀、手炉、木杵以及各种农具摆满了各个角落，一目了然，就像一个陈列室，生活中要用到的东西在这儿都能买到，而且价钱实惠，真正实现了"一站式购物"。与坡阳街上其他商铺一样，新中国成立后吴恒裕也关门歇业了。店主的后代如今还在岭五村，以务农为生。

米作坊：店如其名，米作坊就是制作、售卖米制品的手工作坊。经过浸泡、磨浆、蒸煮、定型、冷却等工艺，寻常百姓早饭爱吃的米粉、冷淘、年糕等米制品就加工好了。由于手艺好、口感佳，口耳相传，米作坊的客源不断，顾客争相购买。后米作坊停业。

豆腐坊：制作豆腐的小型作坊，历史由来已久，更是岭下镇的特产之一。岭下镇山南头村还是远近闻名的豆腐制作专业村。在坡阳街上同一时期也遍布好几家豆腐作坊。时至今日，我们已无从知晓这些豆腐坊里是否也曾经坐着美丽绝伦的豆腐西施吸引顾客的眼球，也无从考证这些豆腐坊的主人后代是否还在别的地方从事着豆腐行业。但是我们依稀能从这些古建筑中窥探出豆腐坊当时的繁荣景象。

警察局：新中国成立前为国民党岭下乡警察机构。1942年，日本占领岭下后，改为保长派工的地方。新中国成立后，警察局变为民居。

（注："二、老字号店铺"为岭下镇政府供稿）

三、现存旧时建筑选例

（一）民居

养志堂，位于岭下镇岭下朱三村（以下简称岭三村）中部，清代建造。坐北朝南，四合院式，占地496.6平方米，三开间前后两进两弄左右厢房，硬山马头墙。一进门厅设后廊，明间前檐辟正门，水磨砖门面。一二进间天井有水池。二进正厅五开间有楼重檐设前廊施天花，明间敞开式，梁架混合式用五柱，次间梁架穿斗式。左右厢房五间两层重檐，两弄山面辟边门。格局完整，做工考究，牛腿、梁架等木构件雕刻精细，有较高的文物价值。

楼下厅，位于岭下镇岭三村尚贤路27号，清代建造。坐西朝东，平面不规则，占地530平方米，五开间前后三进左右厢房，硬山顶。一进门厅有楼重檐，明间前辟正门，水磨砖门面，北梢间较小。一二进间设天井。二进中厅五间有楼重檐，北梢间较小。二三进间设天井，南厢房单间。三进后厅四开间有楼重檐。格局完整。规模较大，用材考究，牛腿、梁架等木构件雕刻精湛，有较高的文物价值。

和德堂，位于岭下镇岭下朱一村后方街16-1、2号，民国时期建筑。坐东朝西，占地164平方米，三合院式，正屋三间两弄左右厢房。正屋有楼重檐设前廊。两弄置楼梯。左右厢房单间有楼重檐，中间天井前置院墙辟正门。格局完整，牛腿、雀替等木构件雕刻精细，有一定的文物价值。

（二）亭阁

岭下朱村[1]追远亭，位于岭下镇岭下朱四村西北山坡上，清代建造。2006年和2007年大修，基本恢复原貌。坐西朝东，平面布局呈六角形，阁区范围占地面积386.7平方米，三层攒尖顶。底楼内柱和檐柱分别用六根，柱之间梁枋连接，东面辟正门，南北两面辟出入门。三楼葫芦顶，每楼设葫芦状栏杆。每面檐柱置牛腿、斗栱，雕刻有人物、花草。格局完整，造型优美，极具历史、文物和艺术价值。

（三）寺庙

岭下朱村太祖殿，距离岭下镇朱村坡阳岭500米许有一座以庙命名的山，太祖殿山。山脚下有一座庙，叫太祖殿。在农村一般村庄都有太祖庙。

岭下朱村太祖殿由土砖瓦建成，建筑面积10多平方米。庙堂内仅设石桌一张、香炉一只，并绘制了三幅壁画。正中壁画绘制着身穿龙袍的明太祖朱元璋皇帝，左侧壁上绘制青龙一条，右侧绘有白虎一只。岭下朱村先祖为何要绘制这幅龙虎争斗图？人们猜测

---

[1] 坡阳街位于坡阳岭朱姓人聚居的"朱村"，民间俗称"岭下朱村"。后分出一、二、三、四、五村，文中提及"岭一村""岭三村""岭四村"皆源于此。

种种，或许，太祖殿中的龙虎斗图就是暗示建文元年爆发的"靖难之役"。

岭下朱村香火殿，位于岭下镇朱村上街头上明堂，10多平方米，土木结构。殿正中悬挂"朱家香火之神位"及"天地君亲师之神位"，左、右联分别落款为"金炉不断千年火"以及"玉烛长明万盏灯"。香火殿正中摆放着神檀桌，供人们摆放祭品，还摆设一只香火炉以及一个高大的蜡烛台，逢年过节祠堂总理与族人长辈们扛着全猪、全羊来祭拜。平常百姓家也各自提着鸡、鹅、猪头以及新鲜瓜果等供品前来祭拜，焚香燃烛，朝着"朱家香火之神位"行三跪九叩之礼，恭敬之至。

岭下朱村大王殿，位于岭下朱村街头坡阳岭脚❶，原是一座规模很小的"本保殿"。为何要叫"大王殿"呢？据传东汉开国皇帝刘秀在此小庙里逃难并躲过一劫，后刘秀推翻了王莽政权，登基后便敕令重修岭下朱本保殿，并敕封该殿为"大王本保殿"。

四、附平面图

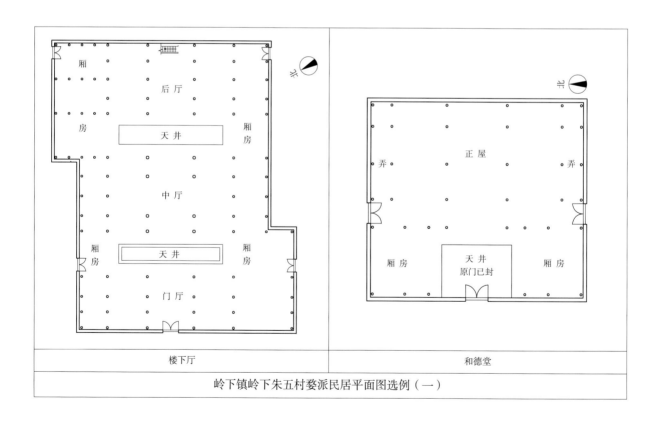

楼下厅	和德堂

岭下镇岭下朱五村婺派民居平面图选例（一）

---

❶　其实香火殿、大王殿均在坡阳街端头，民间称"坡阳岭脚"。

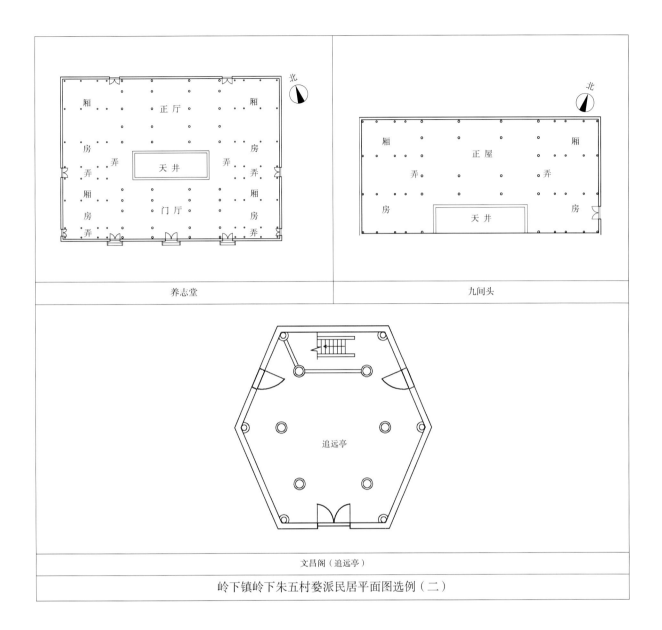

养志堂

九间头

文昌阁（追远亭）

岭下镇岭下朱五村婺派民居平面图选例（二）

五、本章归纳与评价

坡阳街保护有方。老街上老字号店铺特别多，原汁原味地保存着原有结构与样貌，给人以富有历史、故事、情调之感，是极为珍贵的历史文化资源。

岭五村老物件不少。除老字号店铺多之外，岭五村还保存有民居、寺庙、文昌阁及桥梁等传统建筑，可谓旧时建筑类型保存数量较多。

三个皇帝结缘坡阳。刘秀逃难在坡阳本保殿躲过一劫，朱元璋被岭下朱村人供为香火之神，乾隆皇帝因坡阳岭之高不得不绕道而行。虽多为传说，但已口口相传数百年。

关于婺派建筑特色，从楼下厅、养志堂民居与老街店铺建筑可见，大户型、马头墙、敞口厅、精装修等表现得淋漓尽致。

第十一章　精品聚落：山头下村

一、村庄概况

（一）地理位置

山头下村位于浙江省金华市金东区傅村镇与义乌交界处，03省道在村后约200米处横贯。村庄坐落于形似蝴蝶的小山岗而得名"山头下村"。南为广阔田亩和自东向西奔流的东阳江。

（二）村庄规模

全村面积79.93公顷，折有1198.95亩，其中耕地370余亩。

（三）人口状况

全村现有320户，780人，其中男性388人，女性392人。

（四）历史遗存

山头下村保存了完整的村落原始结构与形态，核心区面积2.69公顷，街巷井然有序，房屋鳞次栉比，宛如一座袖珍型小城。有明清古建筑12502.4平方米，粉墙黛瓦，雕梁画栋，甚为雅致而华美。鹅卵石铺就的街巷齐齐整整、干干净净，颇有特色。

（五）经济状况

村民大多种田为生，另有外出经商打工者，也有家庭加工户。2020年人均年收入15000元。

（六）几项荣誉

因为保留了众多明清古建筑群，老村落街坊式结构较为完整并别具特色，2007年2月15日被浙江省人民政府批准为省级历史文化保护区，2010年7月被住房和城乡建设部、国家文物局评为国家级历史文化名村。

二、现存民居简介

（一）清代所建

古新路8号民居，又名小厅位于山头下村古新路8号，明代建造，清代重修。坐北朝南，占地321.8平方米，三合院式。格局完整，做工考究，牛腿、雀替等木构件雕刻精细，有较高的文物价值。

宝田鉴，位于山头下村南门街18、20号隔壁，清代建造。坐东朝西，占地194.5平方米，三合院式。格局完整，牛腿、雀替等木构件雕刻精细，有一定的文物价值。

北门街12号民居，位于山头下村北门街12号，清代建造。坐北朝南，四合院式，占地151.2平方米。格局不完整。普通型民居，做工一般，对金东区民族风俗建筑有一定的研究意义。

东门路10号民居，位于山头下村东门路10号，清代建造。坐北朝南，占地201.3平方米，四合院式，五开间前后两进左右设厢房。格局完整，牛腿、雀替等木构件雕刻精细，有一定的文物价值。

和乐堂，位于山头下村北门街36号，清代建造。坐东朝西，占地257.6平方米，正屋两弄左右设厢房，三合院式。格局完整，做工考究，牛腿、雀替等木构件雕刻精细，有一定的文物价值。

南门街6、8号民居，位于山头下村南门街6、8号，清代建造。坐东朝西，占地145.9平方米，三合院式。格局完整，做工简单，有一定的文物价值。

南门街18、20号民居，位于山头下村南门街18、20号，始建于明代，清代翻修。坐东朝西，占地221平方米，正屋七开间三合院式。格局完整不规则，做工简朴，有较高的文物价值。

仁寿路28号民居，位于山头下村仁寿路28号，清代建造。坐东朝西，占地185平方米，三合院式，正屋五开间左右厢房，硬山马头墙。格局完整，做工一般，有一定的文物价值。

沈锦标民居，位于山头下村南门街16号、东门街18号，清代建造。坐西朝东，占地172平方米，正屋四开间左右厢房，三合院式。格局完整不对称，做工简单，有一定的文物价值。

树德堂，位于山头下村南门街2号，清代建造。坐东朝西，占地145.9平方米，正屋三开间左右厢房三合院式。格局完整，做工简单，有一定的文物价值。

永安街50号民居，位于山头下村永安街50号，清代建造。坐北朝南，占地171平方米，正屋五开间左右厢房三合院式。格局完整，做工一般，有一定的文物价值。

馀庆堂，位于山头下村永安街36、38、40、42号，清代建造。坐东朝西，占地255平方米，正屋三间两弄左右设厢房三合院式。格局完整，做工一般，有一定的文物价值。

亦政轩，位于山头下村北门街22、26、28号，清代建造。坐东朝西，占地269.8平方米，正屋三间两弄左右厢房三合院式。格局完整，做工简单，有一定的文物价值。

沈锦忠民居，位于山头下村，清代建筑。坐北朝南，占地282平方米，正屋七间左右厢房三合院式。格局完整，牛腿、雀替等雕刻精细，有较高的文物价值。

三益堂，位于山头下村，清代建筑。坐东朝西，占地259.6平方米，前后两进左右设厢房对合院式。格局完整，做工一般，原浙江省文化厅厅长沈才土出生于此，一直生活到高中毕业后到北京大学就读。有一定的文物和历史价值。

（二）民国期间遗存

沈本立民居，位于山头下村北门街29号对面，民国时期建造。坐南朝北，占地102.9平方米，正屋三间左右厢房三合院式。格局完整，做工简单，有一定的文物价值。

仿西洋建筑，位于山头下村南门街，民国时期建筑。坐东朝西，占地227平方米，前后两进，正屋五间左右厢房四合院式。格局完整，做工一般，中西合璧建筑风格，有一定的代表性。

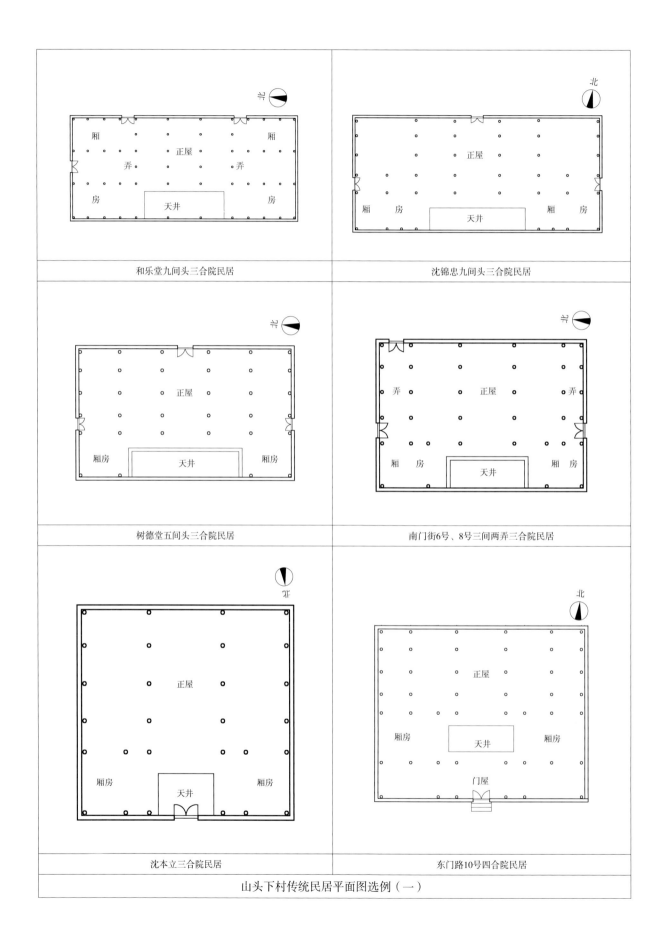

和乐堂九间头三合院民居

沈锦忠九间头三合院民居

树德堂五间头三合院民居

南门街6号、8号三间两弄三合院民居

沈本立三合院民居

东门路10号四合院民居

山头下村传统民居平面图选例（一）

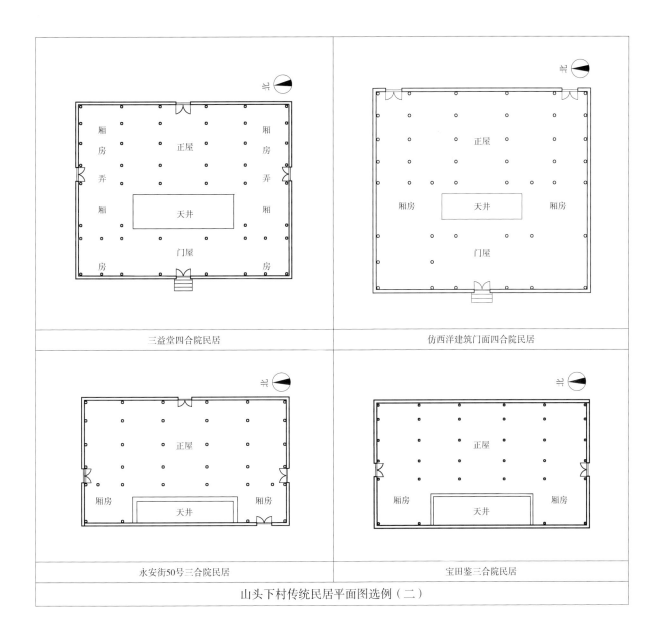

三益堂四合院民居

仿西洋建筑门面四合院民居

永安街50号三合院民居

宝田鉴三合院民居

山头下村传统民居平面图选例（二）

三、宗祠建筑简介

　　沈氏宗祠，位于山头下村南部，清代建造。坐东朝西，占地336.4平方米，三开间前后三进。一进门厅三间两弄有楼，明间前檐辟八字门，后施天花，梁架混合式，次间梁架穿斗式。一二进间设天井。二进正厅三间单檐，明间梁架五架抬梁，次间梁架穿斗式。二三进间设天井。三进后厅三间两弄单檐，2000至2001年在废墟上修建。格局完整，做工考究，牛腿、雀替等木构件雕刻精细，有较高的文物价值。

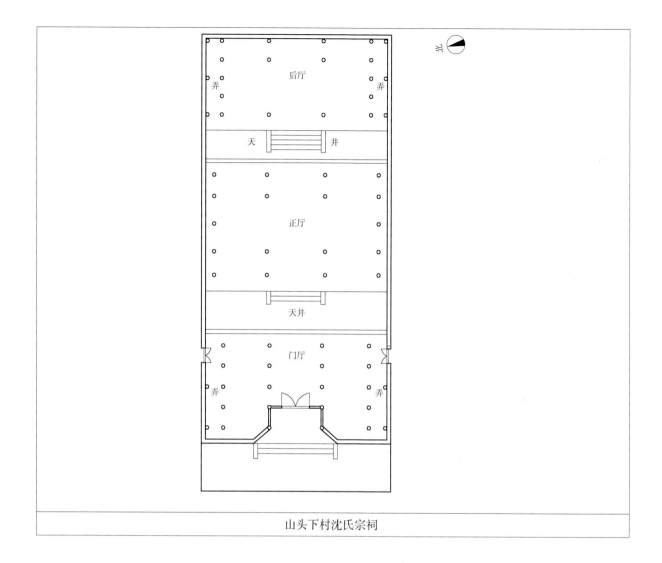

山头下村沈氏宗祠

四、本章归纳与评价

（一）山头下村沈氏玄孙与巨硕、名儒、皇亲、国戚沾亲

斗转星移，世序更替。自一代始祖隐侯公沈约生卒至今，历史长河浩荡奔流一千五百余载，其后裔生生不息繁衍五十余代，实乃雄才辈出，宏业代传，千古流芳。其中不乏具世界级、国家级知名度的族人。

始祖沈约（441—513年），字休文，汉族，吴兴武康（今浙江湖州德清）人，南朝史学家、文学家。出身于门阀士族家庭，历史上有"江东之豪，莫强周、沈"的说法，家族社会地位显赫。其祖父沈林子，南朝宋征虏将军。父亲沈璞，南朝宋淮南太守，于元嘉末年被诛。沈约孤贫流离，笃志好学，博通群籍，擅长诗文。少年时代，他白天读的书，夜间一定要温习。母亲担心他的身体支持不了这样刻苦的学习，常常减少他的灯油，早早撤去供他取暖的火。青年时期的沈约，已经"博通群籍"，写得一手好文章。沈约历仕南朝宋、齐、梁三朝。在宋仕记室参军、尚书度支郎。在齐仕著作郎、尚书左丞、骠骑司马将军，为文惠太子萧长懋太子家令，"特被亲遇，每直入见，影斜方出"。竟陵王萧子良开西邸，招文学之士，沈约为"竟陵八友"之一，与谢朓交好。齐梁禅代之际，沈约帮助梁武帝萧衍谋划并夺取南齐，建立梁朝，曾为武帝连夜草就即位诏书。萧衍认为成就自己帝业的，是沈约和范云两个人，萧衍封沈约建昌县侯，官至尚书左仆射，后迁尚书令，领太子少傅。晚年与梁武帝产生嫌隙。梁天监十二年（513年），忧惧而卒，时年七十三。诏赠本官，赐钱五万，布百匹。有司谥请谥沈约为"文"，梁武帝道："怀情不尽曰隐。"故改谥为"隐"。沈约好学，聚书至二万卷。著有《晋书》一百一十卷，《宋书》一百卷，《齐纪》二十卷，《高祖纪》十四卷，《迩言》十卷，《谥例》十卷，《宋文章志》三十卷，文集一百卷，并撰《四声谱》。作品除《宋书》外，多已亡佚。明人由张溥在《汉魏六朝百三名家集》中辑有《沈隐侯集》。沈约在史学、文学方面都有巨大成就。

睿真皇后，第八世孙沈易直之女睿真皇后，貌似天仙，才智超凡，名传遐迩，被唐德宗皇帝李适封为睿真皇后，因此她父亲获恩赠太师，祖父沈琳官封徐国公。

科坛泰斗，第十八世孙沈括（1031—1095年），字存中，号梦溪丈人，北宋杭州钱塘县（今浙江杭州）人。《宋史·沈括传》称他"博学善文，于天文、方志、律历、音乐、医药、卜算无所不通，皆有所论著"。英国科学史家李约瑟评价沈括为"中国科学史上的坐标"和"中国科技史上的里程碑"。1979年7月1日，为了纪念沈括，中国科学院紫金山天文台将该台在1964年发现的一颗小行星2027命名为"沈括星"。沈括在其所撰写的《梦溪笔谈》一书中，把历史上沿用的石漆、石脂水、火油、猛火油等名称统一命名为"石油"，并对石油作了极为详细的论述，这是我国最早的对"石油"的命名。沈括曾被英国科学家李约瑟称为"中国科学史上最卓越的人物"。

京城总师，第十九世孙沈遘、沈遼兄弟两人，同朝先后任"将作监簿"，职掌宫殿、寺庙、陵寝和其他土木营建。

宣和状元，第二十一世孙沈晦，北宋宣和六年（1124年）状元，因"才贯群英，名魁多士"而官封徽猷阁直学士。

明代大孝,有割股救母的孝子沈起儒,以"孝音可靖"被皇上恩封。

另有三十三世孙沈宾国,以其鸿篇巨著《五经注疏》《太极图衍皇极》等闻名朝野。三十九世孙沈廻澜,挂印明代天启太子少保,以平白莲妖寇名垂史册。此外,还有教子有方的沈承兴,以御题"五代同堂""七叶衍祥"而饮誉乡里。

近现代,山头下村可圈可点者亦不乏其人。

(二)山头下村疑似我国古代城市雏形的活标本

建村之始,沈氏先人即有希望子孙后代把村庄发展成为集镇、城市的长远规划理想,具体表现在以下几个方面:

平面形式:现存山头下老村,与周人所言"匠人营国,方九里,旁三门,国中九经九纬,经涂九轨,左祖右庙,面朝后市,市朝一夫"的城市规划模式甚为相似。虽然远远不足"九里",但山头下老村形状方方正正,酷似古城池。

路网系统:村内虽然没有"九经九纬",但有南街、北街、东街、西街相互垂直交叉,其他小街小巷也平行布置,形成了富有中国特色的古代城市方格网道路系统。

城门设置:村内虽然没有"旁三门",但有南街、北街、东街、西街进口大门,似城门,夜间关闭,盗贼不敢贸然进出。

里坊结构:村内虽然没有上规模的里坊街区,但是所见厅堂和住宅都规规矩矩地平行于街巷,横平竖直,这就是城市意识的真实存在。

推出结论:两千多年来,中国城市方格网道路系统布局形式在山头下村一直沿用,这在我国农村建设史上极为罕见,极为宝贵。

寻找作者:那么人们会问,这样具有远见卓识的规划出自何人之手?

回答是不知道,因为无有历史文字记载。

然而深入深入可以让人惊喜地发现,家谱上写着沈氏第十九世孙沈遨、沈遒兄弟曾同朝先后任"将作监簿"。这是什么官?是职掌都城宫殿、寺庙、陵寝和其他土木营建的高官,相当于现在北京城的总规划师、总建筑师、总工程师。

由此推想,山头下村可能是他俩亲手规划的,这是一种可能;第二种,山头下村不是他俩亲手规划，但是可能得到他俩的指导；最后一种可能，是后裔们在与二人交往之中耳濡目染的必然结果。

为什么山头下村的规划要如此这般地慎重？

因为要为子孙找一块可以千秋万代繁衍生息的"风水宝地"。

山头下就是"风水宝地"。

特点三个：其一，山头下村，背座北山，面襟义乌江，地理环境格局极佳。其二，村前水路，村后陆路，对外水陆交通条件特好。其三，地处金衢盆地，空间开阔，留有巨大的发展建设空间。

此段文字在著作中这样写，似乎有失严谨。但编者保留此部分，因为也许三五十年之后，会有专家学者从中获得更多更大更佳的认知。

第十二章　精品聚落：琐园村

一、村庄概况

（一）地理特征

琐园村位于澧浦镇北1公里处，海拔村南为47.41米、村北最低处为42.00米。村域面积1.5平方公里，金义南线以北1.17平方公里，金义南线以南0.33平方公里。村中耕地995亩。

琐园村西侧有潺潺西溪自南往北汇入义乌江，村内有三条引流自西溪的南北向水渠汇入后余村的翼膀湖，被喻为"七星伴月"的十多口水塘错落分布在金义南线以北地块，既为生产生活提供了方便，也为村庄景观增加了秀丽。

（二）历史沿革

最早居住在琐园村的是陈姓人，有明代老宅为证，大概有500年历史了。后，汉代名士严子陵六十一世孙严守仁于明朝万历年间从孝顺镇严店村迁居于此，至今已有430多年历史。锁园村严氏始祖守仁公，乃严店再一公的第十世孙，第十一世是严惟公，到了第十五世元善公是太学士，娶范氏为妻，因不孕续娶陈氏生一女，再娶徐氏生一子，即第十六世秉燧，字思仪，号兰田，更讳舒泰，官州司马，娶郑氏，年轻守寡养育四子（讳会泗、曾宗、曾智、曾成）一女，其中大儿子是贡生，另三个是太学士，家族因此十分荣耀兴盛，闻名于世，朝廷赐建旌节牌坊，《金华县志》有载。

明万历年间，琐园村属金华县文星乡，民国27年（1938年）属澧浦镇的岭下乡镇办事处，1956年撤区并乡属澧浦镇的西溪乡，1959年属澧浦人民公社，1961年改属浬浦区，1985年属澧浦镇的澧浦乡，后澧浦乡改澧浦镇至今。

那么严氏祖先为何选在琐园村卜居呢？

村里流传着一首民谣："头顶灵岳山，脚踏金鞍桥，口食西湖水，两手披麒麟。"据专家考证，现在孝顺镇的严店村、车客村、紫江塘村和塘雅镇的黄古塘村以及澧浦镇的琐园村和湖北村，都为严氏后裔聚居地，当时这六个村是按照"五行"风水格局选址的，如严店为"青"，车客村为"白"，紫江塘为"紫"，黄古塘为"黄"，琐园为"青"，湖北为"黑"。以青、白、黄、紫、黑来命名"五色地"的六个村落，正是五行中的金、木、水、火、土的一种衍化。而在琐园村周围分布着七座小丘，靠北有一湖，故又形成了天然"七星拱月"的星象地理，再加上村外的环村水系，很好地体现了人与自然和谐统一的"天人合一"境界。所以，有了琐园村这么一块宝地。而且琐园村"地处龙背"，整体布局造型极似一把金锁，所以先人取村名为"锁园"。经数百年后，人们觉得"锁"字太过封闭保守，就改用王字旁的"琐"字，因为"琐"有"玉之声""宫之门"的含义，寓意吉祥，加之古时"锁"与"琐"可通用，故此村名就改为"琐园"并沿用至今了。

（三）人口与社会

琐园村除了严子陵后裔聚居之外，还有俞、徐等姓氏人同住。

最新统计资料显示，全村现有460多户、1200多人。村级经济主要靠砂石加工厂的租金，每年六七十万元收入。人均年经济收入15000元。

（四）老村介绍

琐园村，以金义南线为界，其北有村中心区（或称为"聚居区"），其南为近二十年新建居民点。而金义南线以北的中心区，以青锁街为界，又可分青锁街以东的老村片区和青锁街以西的新村片区。

老村片区，保留着相当完整的街巷结构，现存的十八座明清时期厅堂民居已被评为省级乡土（文物）建筑，另外还有许多建于20世纪50—90年代的砖木结构、泥木结构和断砖、缸片砌墙的房屋，有的以三合院、四合院为单元，有的成行成排，一幢紧挨一幢，布局甚为集中、紧凑，总占地面积达35000平方米，其中古建筑总面积12150平方米，是金华八个县、市、区乃至浙江全省，保存数量较多、规模较大、建筑类型较全的古村落。

二、现存古民居分享

　　两面厅，又叫忠恕堂、继述堂，由前后两个厅构结而成。为重檐二层楼屋，砖木结构，建于清乾隆早期，占地面积986.8平方米，规模宏大。总平面布局为三进，面宽三间，各进之间有长方形的天井，左右各为弄道和十间厢房。第一进，面宽三间楼屋，一层明间为客厅，左右次间为房，设前廊。第二进的构造非常特殊，明间梁架抬梁用五柱，次间穿斗用七柱。根据遗迹可见，明、次间的中柱均有抱框，依据地方的做法原构应该安装了屏风墙，以此为界，形成前后两个厅——前厅明间内额悬挂"忠恕堂"匾，前廊施平綦天花，厅内用月梁、方形楼栅和雀替作雕饰；后厅明间内额悬挂"继述堂"匾，构造形制与前厅同。第三进为楼屋，面宽三间，一层明间为客厅，左右为房，设前廊。此外，在两次间的隔断墙和后檐墙面上保存许多"大跃进"运动时期的宣传壁画，具有较多的历史信息，非常宝贵。该建筑还有特殊之处是不辟正门，仅开边门。两面厅的特殊构造、保存现状以及保留的历史信息，在中国古建史上不多见。

　　务本堂，为重檐二层楼屋，砖木结构，四合院式。建于清乾隆四十二年（1777年）。占地面积986平方米。建筑正立面墙体也不辟正门，只开边门。总体平面为两进，左右各为弄道和六间厢房。第一进面宽三间楼屋，一层明间为客厅；第二进的一层，是三间高敞的厅堂，设前廊。厅内采用月梁形制，梁背用多攒栌架科支托楼栅，天井左右两侧筑墙体，造作讲究：下为青石槛墙，其上是万字花的槛窗。在天井周边筑墙体，使厢房与天井之间形成弄道，产生相对的私密空间，这种布局是琐园村文物建筑中极具地方特色的。

　　广承堂，二层，砖木结构，建于清乾隆年间，占地面积260平方米。原厅堂的总体平面布局为三间两厢房的三合院，现建筑主体已毁，残存一侧厢房。

　　崇德堂，据说该堂是整个锁园村最古老的建筑——陈氏祖屋，严氏迁入前琐园村以陈姓为主。依据门厅保存的个别构件形制判断应系明末建筑，清代做过大修。该建筑始建于明万历年间，前后三进，每进三开间，左右有厢房，除正厅为单层露明造外，第一、三进均为楼屋。门厅明间设正门，门楣上有砖雕"华萼相辉"四字，两厢前端也辟边门。门厅和两厢槛窗用回字纹、格子纹或万字纹。正厅明间梁架九架前后双步廊用四柱，抬梁式；山面用五柱，穿斗式。第三进建筑为住宅之用，设前廊和天井。

怀德堂，二层楼屋，砖木结构，四合院。建于清乾隆年间。占地面积884平方米。总体布局两进，面宽三间，左右各为弄道和五间厢房。第一进三间楼屋，不辟正门。第二进的一层是三间厅堂，设前廊。厅内梁的形制采用月梁，梁背用多攒栌架科支托楼栅。廊的顶部施斗八平棊天花。前檐方形挑檐檩的底皮透雕凤凰牡丹及花卉图案。厅前天井三面筑墙体，造作讲究：槛墙用清水磨砖，其上是多种图案的木构槛窗，形成令人愉悦的艺术效果。这种空间组合是琐园典型的地方特色。

显承堂，该堂是锁园村规模较大的一座厅堂建筑，又因大门表层用饰有乳钉的铁皮包裹，故又名"铁门厅"，为四合院厅堂类建筑。建于清康熙三十五年（1696年）。占地面积1210平方米。总体平面布局为三进，面宽三间，各进之间有长方形的天井，左右各为弄道和厢房。第一进面宽三间，为楼屋，一层的明间为客厅，左右两边各有厢房八间，设前廊。二层重檐，为缠柱造。采用渐进式布局，依次有门厅、正厅和后楼。门厅明间不开大门，而在两侧弄道前端辟边门，门楣上有砖构斗栱、仰覆莲等，保留明代风格。第二进正厅毁于1997年，现仅存青石须弥座的台基和硕大的柱顶石及柱础。第三进后楼面宽三间，底层明间为客厅，左右是上房。据村民说，原在正厅的内额上挂有"显承堂""儒林佛堂""燕山懿躅"三块古匾，匾额上有清康熙年间落款。西次间檐墙上残留清道光年间的墨书题记数条，记录了各房派修房财力分配的情况。

集义堂，因该建筑的梁、柱、楼栅、檩条等构件都用方形断面，故又名"方厅"。传说是利用永思堂剩余材料建的，有着教育裔孙规规矩矩做人的寓意。集义堂为二层的楼屋，砖木结构，是一座四合院建筑。建于清嘉庆初年。占地面积702平方米。建筑坐东朝西，高大的正立面墙体不开正门，只开两扇边门，门前有一条青石板铺筑的通道，该堂的大门就辟在甬道南端的骑楼之下。总体平面为两进，左右各为弄道和五间厢房。第一进为面宽三间的楼屋；第二进是三间高敞的堂楼，设前廊，施平棊天花，厅内梁的形制采用《营造法原》中的扁作梁。厅前天井的三面均筑墙体，造作十分精致：下为清水磨砖的槛墙，中间是海棠纹的木构槛窗及浮雕祥云的额枋，其上是木构横披窗。整座建筑显得格外华丽，具有浓郁的地方特色。

小九间，二层，砖木结构三合院，建于1931年，占地面积192平方米。总平面布局三间正屋，两侧厢房。楼层的木构槛墙上沿挑出约50公分深的木构平板，可晾晒小件生活用品，是该村的建筑特色之一。

俞姓三间两钩头，为村民对该建筑的俗称。二层，砖木结构，是一座三合院式的住宅建筑。总体平面布局为三间正屋，两侧厢房。建于1936年，占地面积141平方米。结构坚固，装修简朴。

三斯堂，该堂名典出"瑞叶三斯"，即"生于斯、长于斯、老于斯"。二层，砖木结构，是一座三合院式的住宅建筑。建于清光绪年间，占地面积252平方米。建筑坐东朝西，不开正门，只开边门。正立面前檐墙的里侧，其上檐下面绘制壁画，有：牧童吹笛图、吉祥瑞兽图及清供图等。总体平面为三间正屋，两侧厢房。一层建筑空间高敞，明间用作客厅。

怡德堂，二层，砖木结构，一字形布局。建于1916年，占地面积155平方米。正屋三间，左右为厢房。

享会堂，二层，砖木结构，三合院。建于民国初年。占地面积225平方米。坐北朝南，不开正门，只开边门。正立面前檐墙的里侧，其上檐下面绘制壁画，题材有：农夫劳作图、四君子平安图及戏剧故事图等等。总体平面为五间正屋，两侧厢房。一层建筑空间高敞，明、次间为客厅，上方均施平棊天花，大梁与楼搁栅之间安置方形童柱和柁墩，其两侧以饰作卷曲鸥鱼状的单步梁等木构件作联接；左右正房均用木构墙体。前廊也施平棊天花。楼层的木构槛墙上沿挑出约50厘米深的木构平板，可作晾晒之用。整体建筑的木构件雕刻精致，突显地方风格。

正齐堂，意寓"日莫人倦，齐庄正齐而不敢解惰"，要求人之衣冠保持整齐。该堂二层楼屋，重檐，砖木结构，是一座三合院住宅建筑。建于清代。占地面积314平方米。总体平面为三间正屋，两侧三间厢房，村内俗呼"九间堂"。一层建筑空间高敞，净高约3.6米，设前廊。明间用作客厅，木构件雕刻精美，两侧为正房。

润泽堂，该建筑是儿童文学作家鲁兵的故居，二层重檐，为缠柱造，砖木结构，四合院住宅建筑。建于民国初年，占地面积416平方米。两进，第一进面宽三间，明间为穿堂，两侧是房。第二进三间正房，设前廊，两侧各三间厢房。

鲁兵原名严光化，笔名鲁兵、严冰儿。1924年出生于澧浦镇琐园村。中共党员。就读于浙江金华师范附小，浙江大学英文系毕业。1949年春参加浙东游击队，后随解放军进入西南，1951年，参加抗美援朝战争。历任中国人民解放军某部宣传干事，1955年转业到少年儿童出版社任编辑、编辑室主任。曾任中国出版协会幼儿读物研究会会长，上海市作家协会理事，上海市诗词协会理事。享受政府特殊津贴。1946年开始发表作品，1979年加入中国作家协会。著作有《鲁兵童话集》《寓言的寓言》、诗集《神奇的旅行》以及专著《教育儿童的文学》等。儿歌《唱的是山歌》获第二次全国少年儿童文艺创作二等奖，《好乖乖》《教育儿童的文学》获全国优秀专著奖，《小猪奴尼》获第一届全国幼儿图书著作二等奖，《虎娃》获全国优秀儿童文学奖。另获首届韬奋出版奖、中国福利会妇幼事业樟树奖。1991年获全国先进少年儿童工作者称号。

尊三堂，村内俗称俞姓十八间。二层重檐，为缠柱造。砖木结构，是一座四合院住宅建筑。建于清宣统元年（1909年）。占地面积445平方米。总体平面为两进三间，天井较小，呈横长方形，左右各为弄道和六间厢房。第一进面宽三间，为楼屋；第二进三间，一层的明间为客厅。该堂不辟正门，开边门。

新九间，二层重檐，为缠柱造。砖木结构，是一座三合院住宅建筑。建于民国初年。占地面积300平方米。总体布局为五间两厢，开正门。正屋五间设前廊，左右为房。一层明间为客厅，其承重梁的迎面镌刻龙凤呈祥。正屋前有长方形天井。

徐雄泽老屋，二层重檐，为缠柱造。砖木结构，是一字形排列的住宅建筑。建于清道光年间。占地面积64平方米。面宽三间，均筑槛墙，仅在次间的一侧开小门。建筑前有一水塘。

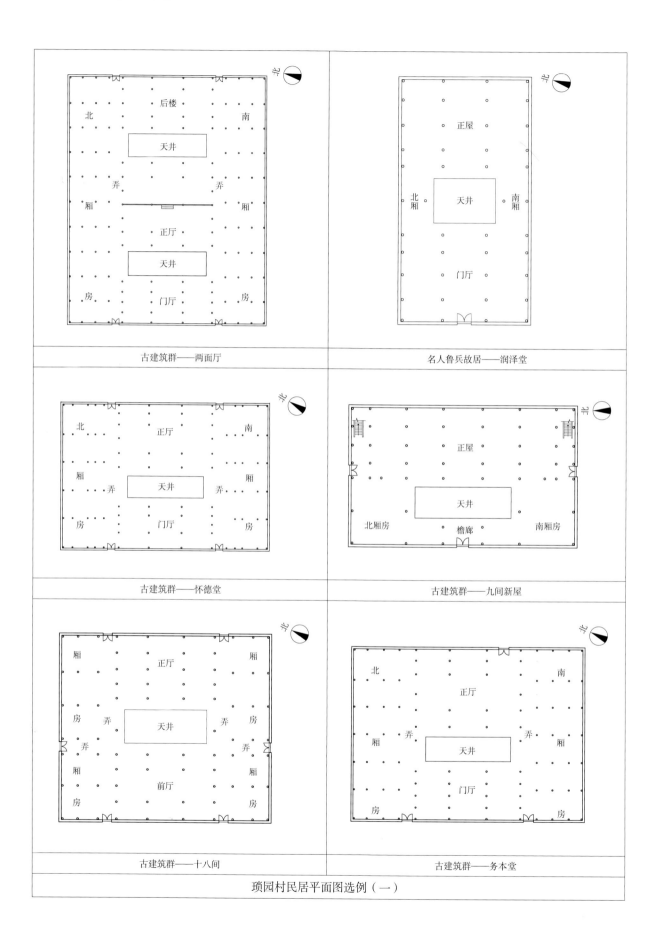

古建筑群——两面厅

名人鲁兵故居——润泽堂

古建筑群——怀德堂

古建筑群——九间新屋

古建筑群——十八间

古建筑群——务本堂

琐园村民居平面图选例（一）

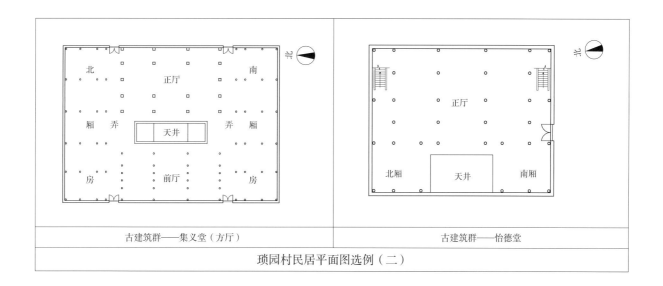

古建筑群——集义堂（方厅）	古建筑群——怡德堂

琐园村民居平面图选例（二）

三、现存古祠堂

严氏宗祠，位于村落的西北角，始建于清乾隆二十五年（1760年），坐北朝南，占地1350平方米，是琐园村现存规模最大的古建筑，堂号"敦伦堂"。该建筑坐北朝南偏东16度，前后共四进，每进两侧均有廊庑。第一进中间三间为门厅，大门安装在明间中柱间，八字门，两侧置抱鼓石。前廊上方平棊天花饰彩绘。匾额"山高水长"取自宋范仲淹为严子陵所写的"云山苍苍，江水泱泱，先生之风，山高水长。"门厅与第二进间设天井，青石墁地。第二进前厅三间加左右门房共五间，上施平棊天花，月梁、牛腿、琴枋、雀替、斗栱等木构件分别雕刻花卉、亭楼、狮子、麒麟等图案。第二、三进天井两旁是进深五架的廊屋各三间，原敞口，现加了木门窗。第三进正厅面阔五间，明、次间九架前后双步用四柱抬梁式，梢间梁架穿斗式，采用直梁形制。第三进建筑的金柱均为砍凿粗糙的圆形石柱，与制作细腻的石构方形抹角檐柱形成强烈反差，据说当年建造时怕耽误了上梁时辰，才迫不得已匆忙为之。后檐原屏门现无存。第三、四进间天井左右是进深五檩的廊屋各两间。第四进后厅建造在高台基上，面阔五间，安放着先祖牌位，明间设三级台阶。

严氏宗祠有鲜明的地方特色：以雕刻华丽的"牛腿"支撑屋檐，月梁两端阴刻龙须纹，柱头两侧均装饰透雕水浪花的木构，寓意"辟火"。各间额枋与檐檩之间施二攒一斗六升。木构不作油饰。清乾隆时期的建筑在浙江中部留存下来的并不多，因此该宗祠具有一定的历史价值；木构件雕刻华丽，穷尽雕刻技艺，反映出较高的艺术价值；规模大，空间组合多元，建筑区块功能明确，檐柱采用石构不受风雨飘淋的侵害，也具科学价值。

永思堂，俗称"小祠堂"，始建于清嘉庆年间。坐东朝西，共三进，五开间，左右为廊庑，总占地面积841.02平方米，比称之的安徽歙县棠樾村"清懿堂"（占地面积817.96平方米）多23.06平方米。两者都出于清嘉庆年间，永恩堂建于1815年，清懿堂建于1805年，永恩堂可被称为中国现存规模最大的女祠。

据记载永思堂由严家小妾郑氏建造，这在男系氏族社会罕见。永思堂具有历史、艺术和科学价值，而且还有较大的社会文化价值，在中国古建史上不多见。

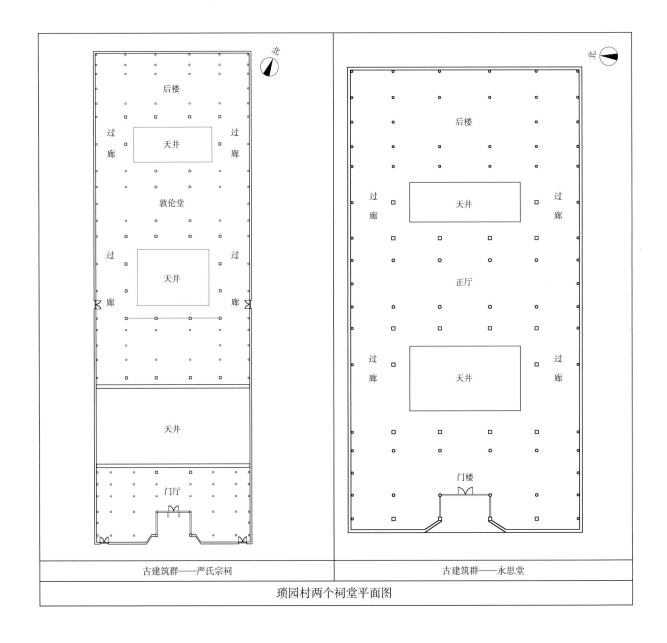

古建筑群——严氏宗祠　　　　　古建筑群——永思堂

琐园村两个祠堂平面图

四、其他建筑物分享

水阁楼，二层重檐悬山顶，缠柱造。木、泥夹竹墙结构。建于清代。占地面91平方米。进深和面宽各两间。临水一侧用四根方形石柱筑入水塘，房屋转角用角梁。

黄氏旌节牌坊，石构，建于清乾隆五十二年（1787年），三间四柱五楼，各石柱下安放须弥座，夹柱石通体镌刻水浪花。明间中枋分别有"为故民严锡佩妻黄氏建""大清乾隆岁次丁未年孟冬穀旦立"；上枋浮雕仰莲和仙鹤祥云等图案。

关帝庙，砖木结构，寺庙建筑。原构已毁，于2009年重建。坐北朝南，三间，三进，依次有门楼、大殿和后堂。占地面积335平方米。各进建筑均为露明造，明间抬梁式，次间梁架穿斗式。采用月梁形制，建筑构件均作红色油饰。由村民集资修建。

五、附表

文物建筑清单

序号	建筑名称	建筑年代	建筑面积（平方米）	（拟报）文物保护等级	备注
1	严氏宗祠	清乾隆二十五年	1335.60	拟申报国家重点文物保护单位	
2	永思堂（俗称"小祠堂"）	清嘉庆年间	841.02	拟申报国家重点文物保护单位	女祠，正在维修
3	怀德堂	清乾隆年间	884.00	已评为省级乡土建筑	民居
4	务本堂	清乾隆四十二年	985.91	已评为省级乡土建筑	民居
5	集义堂（又名"方厅"）	清嘉庆初年	702.00	拟申报国家重点文物保护单位	民居
6	两面厅（继述堂、忠恕堂）	清乾隆早期	986.80	拟申报国家重点文物保护单位	民居
7	显承堂（俗称"铁门厅"）	清康熙三十五年	1210.00	已评为省级乡土建筑	民居
8	润泽堂（鲁兵故居）	民国初年	416.08	已评为省级乡土建筑	民居

续表

序号	建筑名称	建筑年代	建筑面积（平方米）	（拟报）文物保护等级	备注
9	亨会堂	民国初年	225.00	已评为省级乡土建筑	民居
10	崇德堂	明万历年间	446.88	已评为省级乡土建筑	民居
11	宜顺堂	清初	500.00	已评为省级乡土建筑	民居
12	正齐堂	清	313.56	已评为省级乡土建筑	民居
13	广承堂	清乾隆年间	259.90	已评为省级乡土建筑	民居
14	水阁楼	清	90.95	已评为省级乡土建筑	民居
15	关帝庙	明	335.00	已评为省级乡土建筑	2009年重修
16	黄氏旌节牌坊	清乾隆五十二年	130.00	已评为省级乡土建筑	石质
17	王姆山炮台	1943年	300.00	已评为省级乡土建筑	遗址

注：以上文物建筑17座，合计面积：9832.54平方米，占乡土建筑总面积11383.94平方米的86.37%。

六、非物质文化遗产

琐园村非物质文化遗产调查清单

序号	类别	名称	年代	数量	保存状况
1	祖像谱牒	清湖严氏宗谱	清嘉庆年间	四、五卷	完好
2		木雕版琐园村形势图	清嘉庆年间	1张	严承训保管
3	礼仪	三年一度祭祖大典	宋代至今		原在严氏家谱记载
4		每年一小祭	宋代至今		原在严氏家谱记载
5	房屋修缮技术	碎缸片砌墙技术	较早就有		老泥水匠做过
6		泥木工建房技术	较早就有		尚在民间传承应用
7	工艺	制陶技术	1966—1996年办过缸窑		尚在民间传承应用
8		铜钱八卦	据说为琐园村独有，出现时间较早		尚在民间传承应用

序号	类别	名称	年代	数量	保存状况
9	工艺	剪纸	较早就有		剪纸老艺人严明海还健在
10		织草鞋	较早就有		尚在民间传承应用
11		打年糕	较早就有		尚在民间传承应用
12		做豆腐	较早就有		尚在民间传承应用
13	菜肴	腊肉咸制技术	较早就有		尚在民间传承应用
14		米酒土烧酿制技术	较早就有		尚在民间传承应用
15		各种干菜晒制技术	较早就有		尚在民间传承应用
16	演艺	迎龙灯	严姓两年、 杂姓一年轮流举行		近十来年没有举行
17		少年龙灯队	已有十余年		尚有民间传承应用
18		摆祭碗	早在数百年前就有		数十年没有举行
19		婺剧罗鼓班	已有较长历史		
20		腰鼓队	已有十余年		尚在民间传承应用
21		琐园春晚	已有七年历史		
22	宗教	道教	早在数百年前就有		已失传
23		关帝（财神爷） 信仰	早在数百年前就有		尚在民间传承应用

七、本章归纳与评价

（一）古村落乃是别具特色的风景线

琐园村保存明、清、民国及新中国成立初期不同历史年代建造的房屋较多，鳞次栉比、雕梁画栋、较为精美。其资源实体完整，保持着原来的形态与结构，是琐园人生存空间环境不可移动的"硬件"，是在我国旧村改造大拆大建浪潮中幸存下来的一大宝贵的文化遗产，具有很高的观赏游憩价值和历史、文化、艺术、科学价值，是琐园旅游资源吸引力的标识性存在。

（二）永思堂是全国规模最大的女祠

作为女祠的永思堂，总占地面积841.02平方米，比称之"世界第一女祠"的安徽歙县棠樾村"清懿堂"大23.06平方米，是我国现存规模最大的女祠。这是一个特别值得开发利用的旅游资源。

（三）琐园人鲁兵是著名儿童文学家

鲁兵是琐园村一个极为了不起的文化品牌。他不但是儿童文学编辑、儿童诗人、儿童文学家，同时还是战士。鲁兵还写过小说、散文、杂文等，而且擅长于书法、漫画，生前与叶圣陶、张乐平、贺宜等名人交往甚深，也是一个很好的旅游开发资源。

（四）国际研学作旅游项目前景看好

国际研学作为旅游项目其实是新开发出来的，但极有创意，前景甚为看好。2015年6月，来自14个国家24所高校的42名师生，另有30多名志愿者，在琐园村进行了为期21天的研学。该活动开启仪式有国家级、省级和地方媒体10余家参加，产生了巨大的新闻效应。研学师生和社会反响都很好，说明这是具有吸引力和时尚性的旅游项目。这在琐园村为首次，为外国人走进金华、走进琐园古村，为中西文化进行零距离的交流、融合、碰撞，提供了绝佳的机会和模式。琐园村16户村民以"农家乐"的形式提供了100个床位。7月2日，据南非、英国、保加利亚、美国的学生反映，在琐园村研学期间吃得好，住得好，房东爷爷奶奶叔叔阿姨服务周到，有家的温馨和亲切，活动安排丰富多彩，他（她）们很满意！实践证明，琐园村以后可以尝试每季度或每月举办一次研学活动，以带动旅游业的发展。活动对象可以发展到国内、省内大学师生、高中或初中甚至小学师生，并由此形成极佳的研学产业乃至研学项目链，成为金华旅游的新品牌。

（五）琐园村民间表演节目丰富多彩

琐园村虽规模不大，但民间表演节目有少年龙灯队、腰鼓队、扇子舞队、道情、杂技、硬功以及"琐园春晚"等，有着相当的娱乐性和观赏性，其中很多节目在区、市举办的文艺会演中得奖。其实这是吸引人气、丰富游客文化生活不可或缺的一大资源，可以开发为旅游产品。

（六）两面厅做法在民居类中极罕见

两面厅以太师壁为界分为前后两个部分，一叫忠恕堂，一叫继述堂。为什么？无据可查。但不管原因为何，民居中两个厅堂背靠背而设，是极为罕见的。

第十三章 存在特征分析

金东区的婺派建筑，与金华其他县市婺派建筑相比较，地方特色甚为明显。其中有六个特征尤为珍贵、重要，别有意义。

一、上钱村香火前民居是稀世的宋元期遗构

清华大学郭黛姮教授、东南大学潘谷西教授，分别在其2003年、2001年由中国建筑工业出版社出版的《中国古代建筑史》宋辽金卷、元明卷中断言，宋元的住宅已无实物存在。笔者在编写《金华万年建筑史》中也遗憾地发觉，我们有宋元的佛塔、桥漾、祠堂、寺庙实物，但缺少宋元的住宅实例。

想不到金东区赤松镇上钱村的"香火前"民居，填补了历史空白！

我们把郭黛姮书上"宋画《文姬归汉图》中的住宅"插图，与"香火前"民居遗构照片作细细比较，可以一清二楚地看到实物中的檐柱、中柱、大梁、小梁及穿枋，跟宋画中的檐柱、中柱、大梁、小梁及穿枋是一模一样的。

这说明什么？说明上钱村"香火前"民居定为宋代住宅是正确的。

《玉泉钱氏宗谱》新序有载："钱氏十三世祖柔中公，为宋宝文阁待制福建安抚使，于南宋嘉熙二年（1238年）卒葬于白泉溪边（赤松乡建昌里，后改玉泉），为玉泉钱氏始迁祖，迄今传三十世，790多年，有数十个钱氏裔孙聚居的村庄分布于附近，成为八婺泱泱之大族。"这段文字能佐证香火前民居定为宋代住宅的可能性。

| 宋画《文姬归汉图》中的住宅 | 金东区赤松镇上钱村香火前民居 |

二、金东区宗祠特色在于石柱林立、刻有满文楹联

婺城区雅畈镇石楠塘村徐氏宗祠，因全石结构被评为全国重点文物保护单位。其结构特点是仿木的肥梁胖柱月梁制。

但金东区宗祠建筑中，却多为石头方柱木头月梁混合式梁架结构。也有石头圆柱石头月梁结构者，如山南孙氏宗祠。

金东区宗祠建筑中的石头方柱断面多为23厘米左右见方，石柱细、挺、长，作栋柱者长度超过10米。如此的石头方柱，其石料开采难度，柱子加工难度、运输难度、起重吊装拼装难度，让人难以想象。这成为金东宗祠建筑一大特征。此其一。

其二是金东区宗祠建筑的石柱上镌刻的楹联数量特别多，而且书法艺术水平甚高。这在金华其他县市宗祠建筑中是极为少见的。

其三是满文楹联出现在曹宅镇龙山村张氏宗祠。大堂后檐柱上的满文，经金东文史专家张根芳辨认，写的是："诸葛一生唯谨慎，吕端大事不糊涂"。满文楹联镌刻在婺派建筑中，是绝无仅有的。

大门石柱上的牛腿雕有双狮图，门顶砖雕为人物故事。整个建筑内的石头方柱上共有楹联20对，用满、汉两种文字刻写。其中汉字楹联用篆、隶、楷、行、草五种字体写成，端庄俊秀，堪称珍品，有极高的文物价值和艺术价值。正厅明间后柱一副满文对联

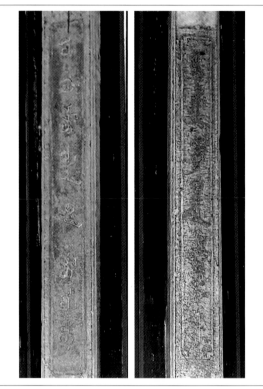

龙山村张氏宗祠大堂后檐柱上的满文楹联：诸葛一生唯谨慎，吕端大事不糊涂（张根芳　译）

龙山村张氏宗祠后堂明间檐柱上的满文楹联

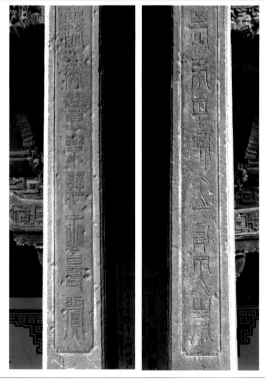

龙山村张氏宗祠大堂楹联：克己若将军容物却宜宰相，守身如处子临事便当丈夫（张根芳　译）

龙山村张氏宗祠大堂楹联：孝悌中和立身大本，诗书礼乐经世良贤（张根芳　译）

与后堂明间前檐一副满文对联，写得苍劲有力，是不可多得的满文书法珍品，堪称我国古代民间祠堂建筑中罕见的少数民族文字楹联珍品。由此从国家的、民族的层面来解读，龙山张氏宗祠这副满文对联，可视之为满汉两个民族大团结的历史标本。

三、向阳村惟善堂发现了我国最早的消防设计

傅村镇向阳村铁门巷的惟善堂，整个建筑极为了不起的是布设立体的排水系统，从屋面檐沟到伸进石头柱础的落水管，到有盖板的天井水沟，再到有石头盖板的、埋在走廊地下的18口陶质太平缸，数百年来缸中之水清清凉凉，不污不臭，不涸不溢，平时缸中水可取出浇花草、洒扫庭院，火灾时是消防用水，极现科学性与合理性，具雨水收集系统和消防用水贮存系统双重功用。惟善堂建筑科技含量之高，在国内实属罕见。

2005年12月8日，我国古建筑界著名专家罗哲文、谢辰生先生与原国家文物局局长吕济民先生等到惟善堂考察，对此大加赞赏。

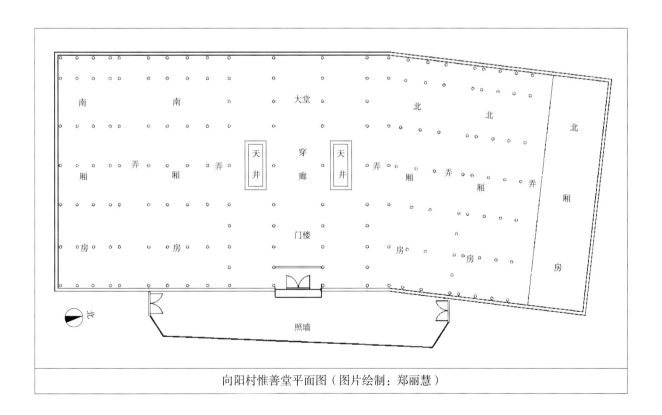

向阳村惟善堂平面图（图片绘制：郑丽慧）

惟善堂白铁檐沟及落水管收集雨水至地沟

惟善堂有盖板的输水地沟

惟善堂有盖板的贮水池（太平缸），埋在走廊地下

四、琐园村永思堂创造了我国女祠堂面积之最

琐园村永思堂，始建于清嘉庆年间，占地面积841.02平方米，比我国最早的女祠安徽歙县棠樾清懿堂迟建10年，大23.06平方米。

琐园始迁祖为严子陵的六十一世孙、严店一世再公的第十世孙严守仁，在明朝万历年间从孝顺镇严店村析居卜宅于此。到了第十五世元善公是太学士，娶范氏为妻，因不孕续娶陈氏生一女，再娶徐氏生一子，即第十六世秉燧，字思仪，号兰田，更讳舒泰，官州司马，娶郑氏，年轻守寡养育四子（讳会泗、曾宗、曾智、曾成）一女，其中大儿子是贡生，另三个是太学士，家族因此十分荣耀兴盛，闻名于世，朝廷赐建旌节牌坊，金华县志有载。

据记载永思堂专为对严氏家族治理有重大贡献的小妾郑氏建造。这在男系氏族的封建社会实属罕见。

（相关图文内容详见本书"第十二章　精品聚落：琐园村"）

五、琐园村两面厅是空间组合技术的成功范例

两面厅由两个厅堂背对背构结而成，建于清乾隆早期，是金东区民居建筑中规模宏大的实例。

第一进三间楼屋。第二进构造非常特殊，明间梁架抬梁式用五柱，次间梁架穿斗式用七柱，中柱均有抱框，是地方做法中安装太师壁处，以此为界，形成前后两面厅——前厅明间内额悬挂"忠恕堂"匾，后厅明间内额悬挂"继述堂"匾。该建筑两面厅是非常特殊的空间组合设计亮点，在我国古代民居建筑史上是不可多见的实例。

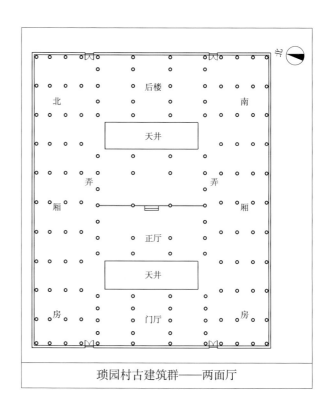

琐园村古建筑群——两面厅

六、匠心独运，将婺派建筑大院落天井化

大院落是婺派建筑五大特色之一，但金东人不墨守成规，而是敢作敢为，敢于革故鼎新，大胆地将传统住宅中120多平方米的大院落，缩至80多平方米，甚至40多平方米。于是创造出了十八间头、九间头之类的新户型。

在东阳、义乌、浦江、磐安、永康等县市最常见的中国婺派建筑基本单元为"十三间头"，金东则用"十八间头"替换。

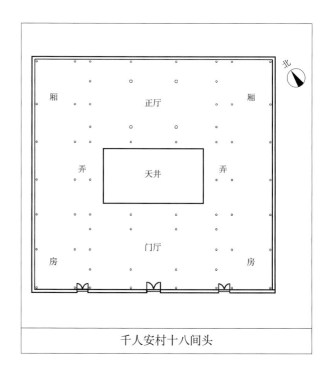

千人安村十八间头

金东人特别喜欢的、建得量大面广的十八间头，中国婺派建筑五大特色之大户型、大厅堂、大院落、马头墙及精装修，除大院落，其他四大特色在十八间头中保持得原汁原味。

"十八间头"与"十三间头"之区别，一在建筑本体间数"十八间""十三间"多少之区别；二在院落面积120多平方米与80平方米、40平方米的大小之区别；三在十八间头四合院与十三间头三合院之院落模式之区别。

我们且不说大院落缩版之后消防作业区面积缩小会否出现诸多不便，也不评论原先"三明两暗"直接采光时间肯定会因之有所缩减，笔者想到首先值得肯定的是金东人有胆量、有作为，敢于对传统提出改革，这是思想解放的行为，是社会经济文化大发展的物化行为、物化标志、物化成果，极为了不起！

第十四章　保护价值分析

因为金东区的婆派建筑地方特色甚为明显，而且特别的宝贵，特别的重要，特别的有意义，因此也便特别的有保护价值。

一、保护上钱村香火前民居是保护中国古代建筑史的完整性

（一）《中国古代建筑史》定论

清华大学郭黛姮教授在其主编的《中国古代建筑史·宋辽金卷》住宅章节中写下，我国"在今天无一宋代实例"。

东南大学潘谷西教授在其主编的《中国古代建筑史·元明卷》中写下，"历史的沧桑，使元代住宅实例已荡然无存"。

这是两位名家在参编五大卷《中国古代建筑史》中下的结论。

（二）《金华万年建筑史》的欣喜

有宋代佛塔三座：延庆寺塔，位于松阳县郊，宋咸平二年（999年）动工，咸平五年（1002年）建成。龙德寺塔，位于浦江县城东龙峰山，建于北宋大中祥符九年（1016年），是一座砖木结构的楼阁式塔。舍利塔，在龙游县城东11公里湖镇下街，有记载为北宋嘉祐三年（1058年）重建。

有宋代桥梁二座：东村桥，又名"滕家桥"，位于婺城区长山村，东西跨石道溪，长7.8米，宽1米，高2.1米，为三孔石板八字形支撑桥。约建于宋元祐八年（1093年），现为省级文保单位。古月桥，位于义乌赤岸镇雅治街村西，建于宋嘉定六年（1213年），东北—西南走向，横跨龙溪，五折边单拱桥，全长31.2米，净跨15米。

有南宋祠堂一座：三泉世德堂，位于兰溪黄店镇三泉村，为三间三进二明堂带照壁建筑，坐西北朝东南，占地面积995.5平方米。中进建于南宋淳熙八年（1181年）。为国

家级重点文物保护单位。

有元代寺庙二座：延福寺大殿，位于武义县柳城镇，元延祐四年（1317年）重建，殿方形，分五间，重檐歇山顶。天宁寺，位于金华城区婺江北岸，元延祐五年（1318年）重建。

有宋代住宅一座：香火前民居位于金东区赤松镇上钱村，约建于南宋嘉熙二年（1238年）之后十年期间。古人到一地方定居，必定先建香火庙，然后营建第宅。上钱村始祖于南宋嘉熙二年（1238年）定居于玉泉附近，十年内建起香火前民居是有可能的。"香火前"这个代名词可以佐证这个存在。

（三）拿宋元时期其他建筑实物作为标本

与香火前民居对比，可见其梁身断面呈矩形，符合宋代《营造法式》的规定：受力构件断面高宽比3∶2；而且梁身采用拼合法，梁端无梁须刻线；其柱为梭柱；斗栱下弦部有明显"卷杀"；大梁榫头直接插入柱顶斗栱；加之柱础形状等，均似同历史密码、建筑符号，可以证明着一个真实的存在。

（四）一定要做好保护工作

上钱村香火前民居被我们发现并断定为宋代建筑，这是填补中国古代建筑史空白的重要事件。因此，香火前民居必须先把它好好地保护起来，管理起来。一不能任其损毁，二不能任其倒坍，三不能在保护中随意变更，一定要根据相关法律法规做好保护工作。保护好上钱村香火前民居，有着保护整个中国古代建筑史完整性的重要意义。

二、保护向阳村惟善堂民居是保护金东人的科学创造精神

金东区傅村镇的惟善堂，位于向阳村铁门巷，俗称"铁门厅"，清代中期道光年间建造。占地面积约计1000平方米，坐西朝东。

需要说明的是整个惟善堂，其实可分为三部分：

中间部分，坐西朝东，是极为规矩的正房三间、前厅后堂、用穿堂联接的工字形带两个小天井的住宅平面。

其左部分，实质上是两座用弄堂分隔、坐南朝北、五间一弄的排屋。

其右部分，实质上是三座用弄堂分隔、坐北朝南、五间一弄的排屋。与左边部分不同之处在于，首先右边是三座排屋。其次靠中间的第一座排屋西宽东窄，故导致整个建筑出现转折而呈扇面状。

特别说明，因为左右五幢排屋的东西两端马头墙都与惟善堂中间部分前后墙连在一起，所以外表上看是一座坐西朝东的大宅院建筑。

有照墙位于一进门楼外约3米处，两端设铁皮台门。中间一进门楼三间单檐，明间敞开式，前檐正门包铁皮，后施藻井。

重要价值。惟善堂整个建筑极为了不起的是布设了有组织的立体排水系统，从屋面檐沟，到伸进石头柱础的落水管，到有盖板的天井水沟，再到有石头盖板、埋在走廊地下的18口陶质太平缸（平时缸中水可以取出浇花草、洒扫庭院等）。极现科学性与合理性，具备雨水收集系统和消防用水贮存系统双重功用，这在国内实属罕见之例。

但是惟善堂留给我们的真正意义，是先人们的科学精神与创造能力。试想，距今200年前后，未经传授建筑消防知识与雨水收集技术，单靠业主与工匠的自主研究，这是值得后人永远学习的精神财富，是敢于创造发明、敢于人先的伟大精神所在。

三、保护龙山村张氏宗祠的满文楹联是保持民族团结的标记

金东区现存宗祠建筑中石质梁架结构之多，是方圆百里范围内所罕见的。

石质梁架结构中，石头方柱、圆柱上镌刻的楹联数量之多，书法艺术水平之高，可以说是整个婺派宗祠建筑中所罕见的。

而同时还有满文楹联出现，当推龙山村张氏宗祠为全国独一无二。

满文发源：明万历二十七年（1599年）二月，努尔哈赤结合满洲语在原有蒙古文的基础上创制满文。因为慈禧太后读不懂晦涩难懂的满文，就下一道懿旨，废除了满文制度。直到现今，会满语的人越来越少，这一文字也受到了保护。

因此从国家、民族的层面来看，龙山村张氏宗祠的满文对联，堪称满汉两个民族大团结的历史标记。

四、保护好琐园村永思堂实质上是保护我国妇女权益的象征

在金华各县、市、区，保存着古代祠堂数千座，但作为专门给女姓建的祠堂，琐园村永思堂是绝无仅有的，因此有着重大的社会文化价值。

古代祠堂向来为男人们的"圣殿"。男人们在祠堂里供奉祖宗牌位、决议族中大事、惩罚违背族规者。在男尊女卑的旧时代，女性不被允许进入祠堂，除非她们因触犯族规在祠堂接受惩罚。因此，女性祖先在祠堂里也不能设立牌位，甚至在祭祀活动时连祠堂的大门都不能进入。

严氏四兄弟觉得实在有失公允。于是提出建女祠永思堂的念头，先后得到家人支持，得到村里严氏家族认可，最后获得成功。永思堂位于严氏大宗祠东侧，坐东朝西而建。

女祠永思堂建成意义不是一般的有与无的问题，而是女性获得尊重的彰显。

五、保护好琐园村两面厅有保护古代住宅空间组合智慧的意义

我国各地古代民居，其实都是模式化的设计。例如北京四合院，多是上房三间加左右厢房各三间，再加一个倒座而形成。例如云南"三房一照壁"民居，由上房与左右厢房各三间然后加一院墙围合而成。例如安徽的小民居，由三间正屋加两个小厢房组成。再例如婺派建筑基本单元"十三间头"，由上房与左右厢房各三间围着一方大院落，然后加两隅各两间洞头屋而形成。其间也不乏一些小的变化，但万变不离其宗。

然而琐园两面厅是建筑设计中的空间组合问题，属于建筑设计中的大思路、大变革、大动作。既合理、成功，也非常了不起。

两面厅是两个厅堂背对背构结的，一分为二形成两个厅，可以满足分开使用；拆去太师壁的木屏门合二为一是一个特大空间，可以满足特大活动的需要。

所以说，该建筑两面厅是非常特殊的空间组合设计亮点，在我国古代民居建筑史上是不可多见的佳例，有着非常重要的保护价值。

六、保护好金东区婺派建筑是保护中国国学多样性的大课题

金东区婺派建筑的多样性表现在哪里？

（一）表现在户型结构创新上

上房三间、倒座三间、两侧厢房各六间加一院子组成的十八间头，以及上房三间、两侧厢房各三间加一院子组成的九间头，均是金东人对婺派建筑户型创新的成果。除外还有小九间、小十八间及堂楼之类，是在九间头、十八间头基础上变化出来的新户型。

（二）表现在厅堂结构创新上

金东人对祠堂及敞口大厅建筑结构进行创新，具体表现在肥梁胖柱的精瘦化上，即用断面边长仅24厘米左右的石质方柱替代厅堂中缝、边缝的前后檐柱及金柱，甚至用石质扁作梁替代厅堂中缝大梁、小梁，大量地节省优质木材投入量。实例有澧浦镇山南村孙氏宗祠与傅村镇向阳村栈房等等。这是不同于常见婺派祠堂及敞口大厅肥梁胖柱的形式与式样，也不同于石楠塘村徐氏宗祠似的全石肥梁胖柱的形式与式样。小断面石质方柱的大量应用，表现出石质建筑构件在取料、加工、运输、吊装等方面的高超技艺。

（三）表现在木雕构件创新上

金东人对婺派建筑装饰，也敢于大胆创新。具体表现以牛腿结构为例，常见的自下而上由牛腿、琴枋、花篮栱三部分组成，遵循的共同原则是"能透尽透，不伤整体"。这是木雕匠人的一句口诀，意思是尽一切可能雕得玲珑剔透，但不能伤整体，不能伤作为受力构件的整体性。因此，不管山水、花鸟、人物、瑞兽怎么雕，都不会影响或削弱牛腿、琴枋、花篮栱三部分结构的受力状态。金东木雕匠人胆子大，他们敢于将牛腿、琴枋、花篮栱三部分结构意义弱化，将工艺技术形式强化，让牛腿、琴枋、花篮栱三部分处于似与不似的神似状态。为什么金东木雕匠人胆子大？因为他们知道，婺派建筑进

入清朝，特别是中晚期，木雕的装饰意义大于结构意义，牛腿、琴枋、花篮栱三部分的结构受力作用本身在弱化，甚至消失。

　　婺派建筑是立体的百科全书，是物化的国学标本，是国学活化石。所以说婺派建筑的多样性，就是中国国学的多样性；而金东人对婺派建筑的贡献，也就是对中国国学发展的贡献。

金东江东雅金村永慕堂木雕牛腿（胡波　摄）

篆刻：程进

下 卷

篆刻：程进

第一章　精品聚落

一、岭五村

坡阳街鸟瞰（岭下镇 供图）

坡阳街街景（岭下镇 供图）

整治前的岭五村村景

整治后的岭五村村景（岭下镇 供图）

岭五村坡阳街

岭五村坡阳街美食节（岭下镇　供图）

坡阳街景致（岭下镇　供图）

坡阳岭标志

岭下学校

严氏宗祠

怀德堂、集义堂、务本堂、显承堂（铁门厅）

两面厅（忠恕堂、继述堂）

琐园村贞节牌坊

琐园村严氏宗祠

琐园村严氏宗祠一、二进间院落与厢房

琐园村怀德堂（一）

琐园村怀德堂（二）

琐园村老巷

琐园村务本堂正厅

琐园村务本堂后一进

显承堂（铁门厅）

琐园村两面厅（忠恕堂）

琐园村两面厅（继述堂）

琐园村两面厅（忠恕堂、继述堂）第二、三进间院落与厢房

山头下村村景与鸟瞰（山头下村　供图）

山头下村东门路

山头下村西门路（一）

山头下村西门路（二）

山头下村西门路（三）

山头下村南门街 山头下村北门街（一）

山头下村北门街（二）

沈锦祝宅

沈锦生宅

沈锦贵宅

沈锦雨宅

沈继文宅

沈本立宅

金东区民间庆典锣鼓与旗灯

金东区民间祭祖仪式

金东区民间祭祀仪式

金东区农村写春联（山头下村　供图）

祭祀大典（山头下村　供图）

迎亲仪式（山头下村　供图）

篆刻：程进

第二章　民居集锦

一、填补中国古代建筑史空白的宋元民居实例

二、婺派建筑特征凸显

三、代表民居

  （一）岭下镇汪宅村花厅

  （二）傅村镇向阳村惟善堂

  （三）源东乡雅金村永慕堂

  （四）源东乡长塘徐村一经堂

  （五）塘雅镇下吴村望硕堂

  （六）塘雅镇下吴村闺蜜楼

  （七）仙桥村义质堂

四、普通民居

一、填补中国古代建筑史空白的宋元民居实例

宋画《文姬归汉图》中的住宅　　　　　　金东区赤松镇上钱村香火前的住宅

二、婺派建筑特征凸显

（一）端部起翘、左右对称的马头墙

雅金村集庆路32号、34号、36号民居马头墙（胡波　摄）

仙桥村义质堂马头墙（聿巩　摄）

上钱村鲤鱼塘街明代民居砖制博风板（胡波　摄）

雅湖村明厅第二进立面（胡波　摄）

汪宅村花厅内（胡波 摄）

雅金村永慕堂

（三）众多工种，各显神通做装修

木雕

东叶村下塘巷28号民居木雕雀替（胡波　摄）

溪口村怀德堂木雕牛腿（胡波　摄）

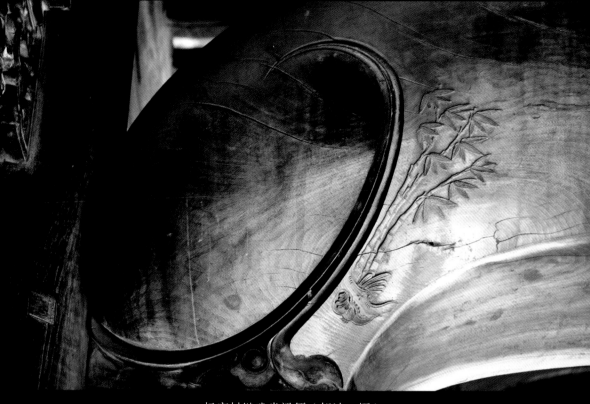

杨家村继武堂梁须（胡波 摄）

大黄村和坊厅门厅雀替（胡波 摄）

畈田蒋村礼耕堂槅扇（胡波　摄）

溪口村怀德堂槅扇窗绦环板（胡波　摄）

杨家村继武堂第二进船篷轩（胡波　摄）

杨家村继武堂第二进楼栅雕刻（胡波　摄）

郑店村花厅石雕门额（胡波　摄）

前溪边村味兰轩门额（胡波　摄）

傅村敦睦堂石雕花台（胡波　摄）

仙桥村义质堂石雕门枕（胡波　摄）

夏宅村德馨堂石雕槛墙

岭下镇汪宅民居砖雕

岭下镇九间头砖雕（胡波　摄）

仙桥村义质堂窗洞砖雕（胡波　摄）

仙桥村48号民居瓦当（胡波　摄）

傅村培德堂勾头滴水（胡波　摄）

琐园村三斯堂

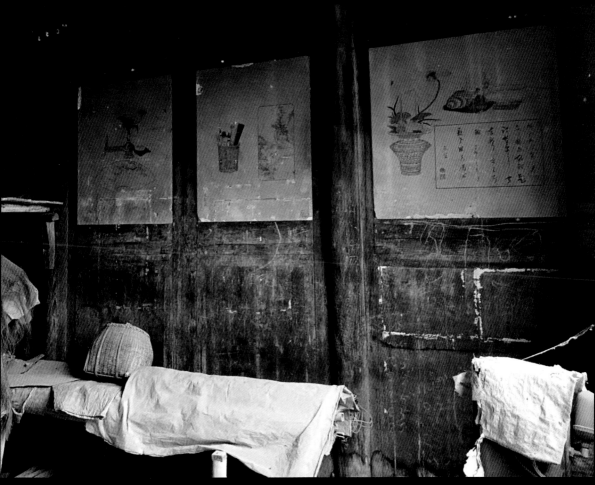

傅村镇溪口村水阁楼民居壁画①

里郑村黄乃耐故居大门灰塑（一）（胡波　摄）

里郑村黄乃耐故居大门灰塑（二）（胡波　摄）

匾额（一）（胡波 摄）

匾额（二）（胡波 摄）

花厅门墙

从门厅看第二进敞口大厅

一、二进间院落

前院厢房槛墙

大厅边缝梁架

石雕柱础青砖雕勒脚

傅村镇向阳村惟善堂拥有先进的古建筑消防贮水及雨水收集利用系统。

向阳村惟善堂民居组图

向阳村惟善堂（一）

向阳村惟善堂（二）

向阳村惟善堂将雨水通过落水管收集，经地沟流到埋在走廊地底下的太平缸，作为消防贮备用水，其设计科学合理，为中国古代建筑史上罕见。

太平缸盖板

（三）源东乡雅金村永慕堂

大户型马头墙

敞口厅

精装修（木雕）（一）

精装修（木雕）（二）

大院落

大门

厢房槛墙

槛墙板壁书法（一）

槛墙板壁书法（二）

望硕堂外形

从门楼看内院及后进

院落及后进

下吴村闺蜜楼外景

内院及厢房

从内院回头看门厅

仙桥村义质堂外景

仙桥村义质堂边门

花扇

石雕勒脚

四、普通民居

普通民居指的是大量存在的普通百姓的住房。

平面形状很随意，间数也不套某种模式。

建筑材料十分丰富，生土的、石头的，应有尽有。

但它们是婺派建筑聚落不可或缺的组成部分。

普通民居

赤松泥墙屋民居

天青坑生土民居

琐园村缸片墙民居

仙桥村鹅卵石民居

傅村普通民居

白溪村普通民居

篆刻：程进

第三章 祠堂集锦

一、龙山村张氏宗祠

　　龙山村张氏宗祠后堂一副刻有满文的楹联，是不可多得的满文书法珍品。

张氏宗祠主入口

后堂满文楹联①

---

❶ 图中满文意为"诸葛一生唯谨慎，吕端大事不糊涂"，张根芳译。

从大堂回头看前院及门楼和戏台

大堂内景

一、二进间厢楼

后堂正视

大堂后檐巨型屏门

大堂木雕梁架

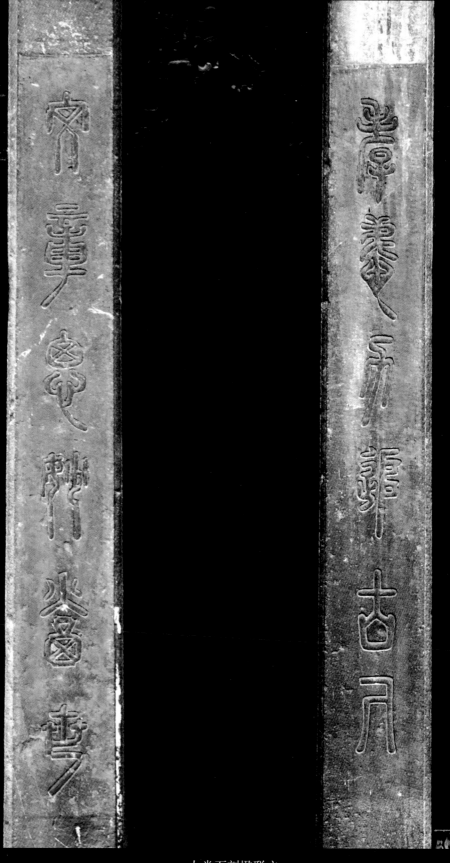

大堂石刻楹联之一

宗祠门面

宗祠侧面马头墙

一进门楼戏台

门厅八字墙木雕牛腿及壁画

大堂檐柱木石结构装修

大堂木雕牛腿

鼓楼

鼓楼木雕装修局部

鼓楼内景

三、严店村严氏宗祠

严氏宗祠外观（胡波　摄）

严氏宗祠正厅梁架（胡波　摄）

严氏宗祠牛腿（胡波 摄）

严氏宗祠正厅外景（胡波 摄）

项氏宗祠倒座戏台（维修前）（胡波　摄）

从戏台看项氏宗祠正厅（胡波 摄）

项氏宗祠正厅仰视（胡波 摄）

山南村千年樟树

祀典煌煌當羊沛衍富春流風來兹

禮容秩秩襄日支今浙婺聚族於斯

大堂边缝栋
柱石刻楹联

孙氏宗祠外景

孙氏宗祠大堂内景

余氏宗祠藻井（胡波　摄）

余氏宗祠大堂楹联（胡波 摄）

祠堂外景

大堂前檐牛腿

贾氏祠堂（从戏台一侧看大厅及后堂）

东关村姚氏宗祠门楼（胡波　摄）

蒲塘村玉氏宗祠门楼内景（胡波　摄）

蒲塘村玉氏宗祠鸟瞰（胡波　摄）

午塘头村邢氏宗祠墨书（胡波　摄）

篆刻：程进

第四章　寺庙集锦

一、赤松镇黄大仙宫
二、曹宅镇大佛寺
三、仙桥村二仙祠

一、赤松镇黄大仙宫

赤松镇黄大仙宫鸟瞰

赤松镇黄大仙宫

赤松鎮黃大仙宮

二、曹宅镇大佛寺

曹宅镇大佛寺所倚山体

曹宅镇大佛寺景区山门

曹宅镇大佛寺大雄宝殿

曹宅镇大佛寺大雄宝殿前廊

曹宅镇大佛寺天王殿

曹宅镇大佛寺罗汉堂

曹宅镇大佛寺观音殿

凿刻"古迹攸存"石碑

二仙祠，又名极本殿，中央有"黄大仙陵寝"的墓碑、墓穴等

篆刻：程进

第五章　其他公共建筑集锦

一、戏台
二、文昌阁

一、戏台

横店村项氏宗祠倒座戏台

白溪村古戏台

雅湖村胡氏宗祠倒座戏台

蒲塘村王氏宗祠倒座戏台

蒲塘村文昌阁

蒲塘村文昌阁内景（一）

蒲塘村文昌阁内景（二）

蒲塘村文昌阁内景（三）

篆刻：程进

第六章　非物质文化遗产集锦

惊心动魄的金东斗牛（佚名　摄）

地方性精品民俗活动：迎花树（王建华　摄）

金东土法制作的澧浦火腿（杨梅清　摄）

四、金东酥饼

金东酥饼（佚名 摄）

五、其他非物质文化遗产项目

祭城隍大典、婺剧、道情以及民乐队、迎龙灯、迎大蜡烛、毛豆腐制作、吹糖人、传统木匠。

祭龙头（佚名　摄）

佛手

地方性祭拜——汤溪镇城隍朝大典中的供品（一）

地方性祭拜——汤溪镇城隍朝大典中的供品（二）

金东区民间剪纸

金东婺剧

国家级金华道情传承人朱顺根在琐元书场

白溪民乐队

老戏台新节目

舞龙（岭下镇　供图）

迎龙灯、迎大蜡烛（岭下镇　供图）

毛豆腐制作

吹糖人

婺派建筑木工师傅

传统婚礼中抱新娘

琐园村非遗项目

馒头

洋梅

白薰蛋

手工玉米饼

家酿土米酒

小葱豆腐

【蜈蚣山和狮子口传说】

——章竹林 李英

　　传说低田乡白溪村早年不叫白溪叫玉溪，这个地方是块风水宝地，有山有水，有田有地，百姓安居乐业，引起两个精怪眼热，一个是狮子精，一个是蜈蚣精，两个精怪在这块好地方占山为王，每人霸了一块山头，天天在这里玩耍打闹，玩累了，狮子精就叫山上野狼、野猪来给他敲背按摩。蜈蚣精就叫山鰍、蛤蟆、蚱蜢给他推拿，肚子饿了，他们随手一抓抓来野兔野鸡吃，有时还把村民家里养的鸡鸭鹅掳来吃，说是换换口味，害得村里人叫苦连天。

　　有一日，蜈蚣精玩厌了，对狮子精说，天天玩这几套花头没意思，今天我要到江对面去玩！一听蜈蚣精说要过江去，这还了得！"蜈蚣过江，百姓遭殃！玉溪就要涨大水，田地房屋都淹光。"于是，狮子精说，你不能过江，你要过江，百姓就吃苦了。蜈蚣精一听，舞动两个血红的大毒爪子，说："老狮子你充什么好人！也配来教训我？还一口一声'百姓'，这段时间，百姓养的鸡呀鸭呀你吃掉多少吗？"狮子精说："别闹了，我劝你还是在这里玩算了！""不！我偏不！我就要过江！"

　　一个不让过江，一个偏要过江，两个精怪竟在山上打斗起来。蜈蚣精趁狮子精一时疏忽，"呼"一下腾空而起，狮子精也连忙腾空追了上去，眼看着蜈蚣精就要飞过江了，狮子精追上就拦，两个就在金华江上空一来一往打得非常厉害，一时间，狂风大作，乌云翻滚，江面上白浪滔天，空中倾盆大雨倾泻而下，顷刻之间，山洪暴发，江水暴涨，只一会，玉溪不见了，到处是白茫茫一片全是水，蜈蚣精在空中看见下面一片白，还大笑起来："哈哈，玉溪变成白溪了，玉溪变白溪了！"

　　正在两个精怪斗得昏天黑地，百姓遭殃时，天上观音娘娘要回南海，路过这里，见人间尸浮遍野，人们在呼天喊地，叫爹叫娘。而有两个精怪正在打斗，心想不知这两个是何方妖孽，如此残害生灵岂还了得！观音随手向东方一指，随即开口叫了一声："照妖镜快过来！"只见东方天空一亮，"唰"一道白光，一面镜子自远处快速飞来。原来这正是杭州西湖边一口小水塘，被观音点化成仙镜，这时这仙镜已飞到观音面前，观音伸手拿来往下一照，啊！两个精怪原来一个是龙虎山千年修炼的狮子精，一个是峨嵋山千年修炼的蜈蚣精。观音立马把镜往衣袖塞去，顺手要拿数珠打，谁知镜子未放好，滑落下去，落地变成一口水塘，后来白溪村里人就叫这口塘为"飞塘"，正是从杭州"飞"来的这口塘。

　　再说观音从袖中取出一粒弹珠石子，呼一下弹出去，只听"啊嗬"一声，蜈蚣精立时毙命；观音又拿出一粒弹出去，只因用力大了点，"啪"一下，把狮子精的身子也打飞了，飞到不知何处，只留下狮子头张着大口，后人就把这座山叫狮子口，那座山叫蜈蚣山，而两枚弹珠变的大圆石至今还在。

　　观音怕以后还有精怪妖孽来残害百姓，从另一个袖中取出一个三寸玉石小塔，塔身上有"文昌塔"三个字，观音手一扬，小塔从半空中往下落，越落越大，落到山上时已经是几丈高的文昌塔了。

　　两个精怪都死了，天也晴了，水也退了，侥幸没有淹死的村民爬起来向天跪拜，感谢观音娘娘相救！为了感谢观音拯救之恩，村民们就在飞塘中心做了个净水观音塑像，供人祭拜，以求保佑。从此，玉溪村也就改名叫白溪村了。这里有观音保佑着，有文昌塔镇着，大旗护着，村门前这条江再也不会发大水了，白溪村民又过上五谷丰登、六畜兴旺、丰衣足食、安居乐业的生

【詹都大力士】

——章竹林 李英

"詹都府，白溪县，满街路上是店面。"这四句是白溪人早年流传下来的古谣谚。原来很久以前，白溪是个县城，而且还是詹都府所在地，这里店铺很多，相当繁华热闹，直到现在还有个叫碗店桥的地方，据说当时这里的饮用水井有18口，可见人口之多。

传说这18口水井中，有一口水井最特别，常吃这口水井井水的人，头发会变红，人的力气也特别大。那时井边住着一户人家，男人长得膀大腰圆，每当耕田耕好，休工回家前，他在水塘边自己洗好脚，还一捆把水牛抱起，给水牛哗啦哗啦洗牛脚蹄；而他的妻子力气也大得出奇，能把一头大猪噔噔噔抱上楼，白溪和邻近村庄的人都称她们是詹都大力士。

詹都府白溪县街上有大力士的消息传出去了，某地有三个懂武术的拳师是好事之徒，听说白溪有这样的大力士，根本不相信。于是这天午后，三个拳师来到了白溪找到这份人家屋里。

大力士的妻子听说这三个拳师是来向他们挑战比力气的，就很客气把他们迎进院子里石桌边。"三位师傅，请坐请坐，我去沏茶"。说罢，进屋里泡好三杯茶，放在半爿石磨上。她把半爿石磨当茶盘，一只手往上一托，轻轻托起走出屋，来到三个拳师面前石桌上轻轻放下，三杯茶水晃都不晃一下。这下，三个拳师惊得张大了嘴巴说不出话来，一会那老大问："请问，你是……？""哦，我是给主人家烧饭的老妈子。"三人又一惊，心里说，一个下人都有这样大力气，不得了不得了！正呆着，又听院门口"哞——"一声牛叫，只见一个大个子男人双手托着一头牛像举着一只狗那样轻松，从门口挤进来，把牛轻轻的托到旁边的牛栏屋里放下，气不喘脸不红，来到三个拳师面前。三个拳师一看，更吓呆了。又是老大开口问："请问你就是詹都大力士吗？""不不不，在下是他家的伙计。"三个人一听张大嘴巴，这下是连大气都不敢喘一下了，这大力士家的伙计的力气都这么大，大力士自己肯定更了不得了。三人互相丢眼色，此时不走更待何时，再不走命都没了，赶快逃！准备开溜。这时，屋里大力士妻子拿着10来根手指粗的麻绳走出来，大喊："客人别走！"三人吓得脸如土色，以为要来绑他们三个了，个个两脚发抖，全身抖得像筛糠，这女人说："别误会别误会，我是用麻绳系箩筐，麻绳太长了。"只见她说着双手一拉，"嘣嘣"两下，10来根拇指粗的麻绳都断成两截，三个人吓得连忙告退，说："不打扰了不打扰了。"慌慌张张走了。从此后，詹都大力士的名气传得更远了。

参考资料

[1] （清）邓钟玉等编撰，《光绪金华县志》，民国四年（1915年）。

[2] 金华市地方志编撰委员会办公室编，《金华概览》，方志出版社，2006年10月出版。

[3] 李英主编，《金东》，浙江人民出版社，2019年10月出版。

[4] 金东区教育文化体育局、金东区文化市场行政执法大队、金东区文物监察大队编，《金东区文物古建筑精
粹》，内刊，2012年3月。

[5]《金华山旅游地理》，金华市双龙风景旅游区管委会编双龙风景名胜区文史资料选辑第九辑，内刊，2001年
10月。

[6]《双龙文物文献》引《赤松山志》，金华市双龙风景旅游区管委会编双龙风景名胜区文史资料选辑第一辑，
内刊，2001年10月。

[7] 包伟民主编，《浙江区域史研究》，杭州出版社，2003年11月出版。

[8] 陈国灿、奚建华著，《浙江古代城镇史研究》，安徽大学出版社，2000年1月出版。

[9] ［美］柏文莉著，刘云军译，《权利关系——宋代中国的家族、地位与国家》，江苏人民出版社，2015年7月
出版。

[10] 金东区教育文化体育局编，《金东区非物质文化遗产集萃》，内刊，2014年6月。

[11] 金东区教育文化体育局编，《金华市金东区非物质文化遗产资料》，内刊，2008年11月。

[12] 张根芳编，《金华斗牛资料选辑》，金东区文学艺术联合会内刊，2010年12月。

[13] 金华市艺术研究所编著，《中国婺剧史》，中国戏剧出版社，2006年8月出版。

[14] 黄晓岗主编，《金东区文物建筑集萃》。

[15] 刘叙杰主编，《中国古代建筑史》第一编，中国建筑工业出版社，2003年出版。

[16] 傅熹年主编，《中国古代建筑史》第二编，中国建筑工业出版社，2001年出版。

[17] 郭黛姮主编，《中国古代建筑史》第三编，中国建筑工业出版社，2003年出版。

[18] 潘谷西主编，《中国古代建筑史》第四编，中国建筑工业出版社，2000年出版。

[19] 孙大章主编，《中国古代建筑史》第五编，中国建筑工业出版社，2002年出版。

[20] 中国建筑历史研究所编著，《浙江民居》，中国建筑工业出版社，1984年出版。

[21] 洪铁城编著，《东阳明清住宅》，同济大学出版社，2000年出版。

[22] 洪铁城编著，《经典卢宅》，中国城市出版社，2004年出版。

[23] 洪铁城编著，《稀罕河阳》，中国城市出版社，2005年出版。

[24] 洪铁城编著，《沉浮樟溪》，机械工业出版社，2006年出版。

[25] 洪铁城编著，《原真永安》，锦绣文章出版社，2011年出版。

[26] 洪铁城著，《论东阳明清住宅的存在特征与价值》，中国传统建筑园林会议主旨报告，1990年，西安。

[27]　洪铁城著，《儒家传人创造的东阳明清住宅》，选自《中国传统民居研讨会论文集》，1992年。

[28]　洪铁城著，《东阳明清住宅木雕装饰的文化艺术价值》，《时代建筑》杂志发表，1989年。

[29]　洪铁城著，《清代木雕住宅"千柱落地"初探》，《时代建筑》杂志发表，1987年。

[30]　洪铁城著，《"十三间头"拆零研究》，戏剧出版社，2016年出版。

[31]　洪铁城著，《中国两大建筑装饰木雕》，《中国美术报》发表（《人民日报》海外版转载），1987年。

[32]　洪铁城著，《中国婺派建筑》，中国建筑工业出版社，2018年出版。

[33]　洪铁城著，《中国婺派建筑　磐安卷》，中国文史出版社，2019年出版。

[34]　洪铁城著，《中国婺派建筑　兰溪卷》，中国建筑工业出版社，2020年出版。

跋

　　《中国婺派建筑　金东卷》，有别于《中国婺派建筑》《中国婺派建筑　磐安卷》《中国婺派建筑　兰溪卷》，不再是一个老人单枪匹马的果实，而是由原金华市文物局专家组负责人、国家高级古建营造师、中国民族建筑研究会专家、金华职业技术学院兼职教授、原金华太平天国侍王府纪念馆副研究馆员汪燕鸣，金华二中美术教师、金华文史研究专家高旭彬，金华职业技术学院古建筑专业教师胡波，金华市城乡建设领域历史文化保护传承专家库成员、文物专家、金东区传统村落保护专家倪佳，金华市城市规划设计院总工程师赵夏旻及其助手傅屹等人组成团队共同完成的成果。老朽特为之高兴，因为这个组合让人看到对婺派建筑关心的人、热爱的人、研究的人多了。

　　而且，《中国婺派建筑　金东卷》是在中共金华市金东区委宣传部直接领导下完成的。区委常委、宣传部部长徐琰亲自策划、亲自领导，对书稿质量特别重视，亲力亲为，主持书稿评审会，并安排金东区文史老专家张根芳、金东区文物专家黄晓岗对书稿作最终校对。魏康星副部长也细心关注进展，而且亲自校阅书稿，还有金东区住房城乡建设局党组书记、局长余卫群大力支持，副局长邢春对调研、编著工作热心指导。老朽为之高兴，因为这可以说明对我们婺派建筑支持的人、帮助的人、指导的人变多了，日后保护、研究工作更好做了。

　　同时，编撰工作还得到金华市博物馆与金华市文物局的大力支持，包括金东区参加"三普"调查的工作人员黄晓岗、俞剑勤、郑丽慧等人的辛勤劳动。

　　感谢金东区文旅局提供非物质文化遗产资料。

　　最后，还要衷心地感谢金华市人大常委会教科文卫工委会主任方鹰、市政协文史委主任程建金、市委宣传部原常务副部长潘江涛、市政协文史委原主任吴远龙、市作家协会主席李英、市博物馆馆长徐卫、市儿童图书馆馆长周国良等老师在评审会上，对《中国婺派建筑　金东卷》书稿满腔热情地提出不少宝贵意见。

　　感谢中国建筑工业出版社边琨、兰丽婷等编辑们的辛劳。

　　但毕竟这是一本供高等学校师生及规划设计人员参考的专业书，因此必然会有诸如宋元明清、坐北朝南，及开间、进深、梁架、门窗和平面图、立面图、剖面图、节点大样图，还有斗栱、牌科、牛腿、雀替与举折、起翘、卷杀、抹角等专业语言，让普通读者会觉得干燥无味，生涩怪异，但这是构成这本专业图书不可缺少的重要组成部分，对于从事专业研究的人来说，很重要、很宝贝，所以特此恳请各位宽容。

　　如果说《中国婺派建筑　金东卷》圆满收官，那是因为以上同志参与编写和审定、校对的原由；如果说《中国婺派建筑　金东卷》还有欠妥之处，那是因为主编年迈把握不力之故，对不起！

　　路漫漫其修远兮，吾将上下而求索。

2023年6月24日于东阳